土木建筑大类专业系列新形态教材

建筑识图与构造

施继余　代　秀　赵　霞　主　编
李鹤松　裴利剑　黄胜江　副主编

清华大学出版社
北京

内 容 简 介

本书重点介绍了建筑工程图识读的基本知识及民用建筑的基本构造，主要内容包括建筑制图基本知识，投影基本知识，剖面图与断面图，施工图识读，建筑构造概述，地基、基础与地下室，墙体，楼地层，楼梯与电梯，门窗，屋顶，变形缝及建筑装饰构造。本书针对职业教育的特点，根据国家、行业颁布的现行规范、规程及标准，结合工程实际进行编写，突出新材料、新技术、新方法及新工艺的应用，将微课、工程实录视频和拓展知识等数字化资源融入二维码中，使内容更加丰富、学习更加直观和便捷。

本书可作为高职高专、中等职业院校及各类土木建筑教育培训机构的教材，也可供土木建筑工程技术人员参考使用。

本书封面贴有清华大学出版社防伪标签，无标签者不得销售。
版权所有，侵权必究。举报：010-62782989，beiqinquan@tup.tsinghua.edu.cn。

图书在版编目（CIP）数据

建筑识图与构造/施继余，代秀，赵霞主编. —北京：清华大学出版社，2023.7
土木建筑大类专业系列新形态教材
ISBN 978-7-302-61243-8

Ⅰ. ①建… Ⅱ. ①施… ②代… ③赵… Ⅲ. ①建筑制图－识图－高等职业教育－教材 ②建筑构造－高等职业教育－教材 Ⅳ. ①TU2

中国版本图书馆 CIP 数据核字（2022）第 110241 号

责任编辑：郭丽娜
封面设计：曹　来
责任校对：刘　静
责任印制：杨　艳

出版发行：清华大学出版社
网　　址：http://www.tup.com.cn，http://www.wqbook.com
地　　址：北京清华大学学研大厦 A 座　　邮　编：100084
社 总 机：010-83470000　　邮　购：010-62786544
投稿与读者服务：010-62776969，c-service@tup.tsinghua.edu.cn
质量反馈：010-62772015，zhiliang@tup.tsinghua.edu.cn
课件下载：http://www.tup.com.cn，010-83470410

印 装 者：三河市少明印务有限公司
经　　销：全国新华书店
开　　本：185mm×260mm　　印　张：16　　字　数：363 千字
版　　次：2023 年 7 月第 1 版　　印　次：2023 年 7 月第 1 次印刷
定　　价：49.00

产品编号：095469-01

前言

"建筑识图与构造"是高职高专土木建筑类专业的基础技能核心课程。随着建筑技术的发展，新材料、新工艺、新方法及新技术的不断涌现，为满足土木建筑类专业的教学需求，培养从事建筑工程施工、管理、设计等高技能人才，编者根据《民用建筑设计统一标准》（GB 50352—2019）、《蒸压加气混凝土制品应用技术标准》（JGJ/T 17—2020）、《建筑设计防火规范(2018年版)》（GB 50016—2014）、《装配式混凝土建筑技术标准》（GB/T 51231—2016）、《建筑防火封堵应用技术标准》（GB/T 51410—2020）、《铝合金门窗》（GB/T 8478—2020）、《钢筋桁架混凝土叠合板应用技术规程》（T/CECS 715—2020）、《砌体结构工程施工规范》（GB 50924—2014）和《轻板结构技术标准》（JGJ/T 486—2020）等规范及标准，结合工程实际，针对高职高专土木建筑类专业人才培养要求编写了本书。

本书的主要特色如下。

（1）根据国家及行业颁布的现行相关规范、规程及标准，结合工程实际进行编写。

（2）课程教学PPT、教案、课程标准等教学文件完备，为教师教学提供便利。

本书由施继余、代秀、赵霞任主编，李鹤松、裴利剑、黄胜江任副主编，李进、谢显宏参与编写。本书编写的具体分工为：李鹤松编写第1章、第2章和第5章，施继余编写第3、第6章和第7章，代秀编写第4章、第9章和第10章，李进和谢显宏编写第8章，黄胜江编写第10章，赵霞编写第11章和第12章，裴利剑编写第13章。

此外，本书将微课和工程实录视频化资源以二维码的形式融入书中，使本书内容更加丰富，学习更加直观和便捷。

本书在编写过程中参考了大量文献，在此一并向相关作者表示感谢。限于编者的理论和实践水平，书中难免有不妥之处，恳请读者批评、指正。

编者

2023年1月

目 录

第1章 建筑制图基本知识 ··· 1
 1.1 制图工具 ··· 1
 1.2 国家制图标准 ··· 2
 1.3 绘图的一般方法和步骤 ····································· 10
第2章 投影基本知识 ··· 12
 2.1 投影概述 ··· 12
  2.1.1 投影的概念与分类 ··································· 12
  2.1.2 正投影的特征 ······································· 14
 2.2 三面正投影 ··· 15
  2.2.1 三面正投影的形成 ··································· 16
  2.2.2 三面正投影的特性 ··································· 17
 2.3 点、直线、平面的投影 ····································· 17
  2.3.1 点的投影 ··· 17
  2.3.2 直线的投影 ··· 18
  2.3.3 平面的投影 ··· 20
 2.4 立体的投影 ··· 23
  2.4.1 平面立体的投影 ····································· 23
  2.4.2 曲面立体的投影 ····································· 26
  2.4.3 立体的截切 ··· 30
  2.4.4 组合体的投影 ······································· 32
第3章 剖面图与断面图 ··· 36
 3.1 剖面图 ··· 36
  3.1.1 剖面图的形成 ······································· 36
  3.1.2 剖面图的画法 ······································· 36
  3.1.3 剖面图的剖切方法及种类 ····························· 39
  3.1.4 剖面图在工程中的应用 ······························· 42
 3.2 断面图 ··· 42
  3.2.1 断面图的形成 ······································· 42
  3.2.2 断面图与剖面图的区别 ······························· 42

  3.2.3 断面图的类型 ······ 43

第4章 施工图识读 ······ 45

4.1 施工图概述 ······ 45
  4.1.1 施工图的概念及分类 ······ 45
  4.1.2 施工图中的常用符号及图例 ······ 45

4.2 建筑施工图识读 ······ 50
  4.2.1 图纸目录与设计总说明 ······ 50
  4.2.2 总平面图 ······ 50
  4.2.3 建筑平面图 ······ 54
  4.2.4 建筑立面图 ······ 60
  4.2.5 建筑剖面图 ······ 62
  4.2.6 建筑详图 ······ 64

4.3 结构施工图识读 ······ 68
  4.3.1 钢筋混凝土结构施工图的基本知识 ······ 68
  4.3.2 钢筋混凝土构件的基本知识 ······ 71
  4.3.3 基础结构施工图 ······ 75
  4.3.4 结构平面图 ······ 77
  4.3.5 钢筋混凝土结构详图 ······ 78
  4.3.6 平法简介 ······ 84

第5章 建筑构造概述 ······ 88

5.1 建筑分类与等级 ······ 88
  5.1.1 建筑分类 ······ 88
  5.1.2 建筑等级 ······ 89

5.2 民用建筑的构造组成及影响因素 ······ 91
  5.2.1 民用建筑的构造组成 ······ 91
  5.2.2 影响建筑构造的因素 ······ 93
  5.2.3 建筑构造设计的基本原则 ······ 94

5.3 建筑标准化与建筑模数 ······ 94

第6章 地基、基础与地下室 ······ 97

6.1 地基与基础概述 ······ 97
  6.1.1 地基与基础的概念 ······ 97
  6.1.2 对地基与基础的要求 ······ 97

6.2 基础的埋置深度及影响因素 ······ 98
  6.2.1 基础的埋置深度 ······ 98
  6.2.2 影响基础埋深的因素 ······ 98

6.3 基础分类 ······ 99
  6.3.1 按基础所用材料及受力特点分类 ······ 99
  6.3.2 按基础构造形式分类 ······ 101

6.4 地下室 ·· 104
    6.4.1 地下室的分类及组成 ·· 104
    6.4.2 地下室防水构造 ·· 106

第 7 章 墙体 ·· 110
7.1 墙体概述 ·· 110
    7.1.1 墙体的类型 ·· 110
    7.1.2 墙体的作用 ·· 111
    7.1.3 墙体的设计要求 ·· 111
7.2 墙体构造 ·· 112
    7.2.1 墙体材料 ·· 112
    7.2.2 墙体细部构造 ·· 115
7.3 隔墙 ·· 124
    7.3.1 砌筑隔墙 ·· 124
    7.3.2 立筋隔墙 ·· 127
    7.3.3 条板隔墙 ·· 129
7.4 墙体节能 ·· 131
    7.4.1 外墙外保温系统 ·· 131
    7.4.2 外墙内保温系统 ·· 132
    7.4.3 外墙自保温系统 ·· 133

第 8 章 楼地层 ·· 135
8.1 楼地层概述 ·· 135
    8.1.1 楼板层的构造组成 ·· 135
    8.1.2 楼板的类型 ·· 136
    8.1.3 楼板的设计要求 ·· 137
8.2 钢筋混凝土楼板 ·· 138
    8.2.1 现浇钢筋混凝土楼板 ·· 138
    8.2.2 预制装配式钢筋混凝土楼板 ·· 144
    8.2.3 装配整体式钢筋混凝土楼板 ·· 148
8.3 阳台及雨篷 ·· 151
    8.3.1 阳台 ·· 151
    8.3.2 雨篷 ·· 153
8.4 地面构造 ·· 156

第 9 章 楼梯与电梯 ·· 158
9.1 楼梯概述 ·· 158
    9.1.1 楼梯的类型 ·· 158
    9.1.2 楼梯的组成 ·· 160
    9.1.3 楼梯尺度 ·· 160
9.2 钢筋混凝土楼梯构造 ·· 164

9.2.1 现浇钢筋混凝土楼梯 …………………………………… 165
9.2.2 预制装配式钢筋混凝土楼梯 ……………………………… 166
9.3 楼梯的细部构造 …………………………………………………… 168
9.3.1 踏步的面层和细部处理 …………………………………… 169
9.3.2 栏杆 …………………………………………………………… 170
9.3.3 扶手 …………………………………………………………… 170
9.3.4 楼梯起步和梯段转折处栏杆扶手处理 …………………… 172
9.3.5 楼梯的基础 …………………………………………………… 173
9.4 台阶与坡道 ………………………………………………………… 173
9.4.1 台阶 …………………………………………………………… 173
9.4.2 坡道 …………………………………………………………… 174
9.5 电梯及自动扶梯 …………………………………………………… 176
9.5.1 电梯 …………………………………………………………… 176
9.5.2 自动扶梯 ……………………………………………………… 177

第10章 门窗 ……………………………………………………………… 179
10.1 门窗的功能与分类 ……………………………………………… 179
10.1.1 门窗的功能 ………………………………………………… 179
10.1.2 门窗的分类 ………………………………………………… 180
10.1.3 门窗的尺寸 ………………………………………………… 181
10.2 门窗的构造 ……………………………………………………… 182
10.2.1 木门窗的构造 ……………………………………………… 182
10.2.2 铝合金门窗的构造 ………………………………………… 188
10.2.3 塑钢门窗的构造 …………………………………………… 190

第11章 屋顶 ……………………………………………………………… 193
11.1 屋顶概述 ………………………………………………………… 193
11.2 平屋顶 …………………………………………………………… 194
11.2.1 平屋顶概述 ………………………………………………… 194
11.2.2 平屋顶排水 ………………………………………………… 195
11.2.3 平屋顶防水构造 …………………………………………… 196
11.2.4 平屋顶保温与隔热 ………………………………………… 202
11.3 坡屋顶 …………………………………………………………… 203
11.3.1 坡屋顶概述 ………………………………………………… 203
11.3.2 坡屋顶的承重结构 ………………………………………… 204
11.3.3 坡屋顶的排水构造 ………………………………………… 206
11.3.4 坡屋顶的屋面构造 ………………………………………… 207
11.3.5 坡屋顶的细部构造 ………………………………………… 209
11.3.6 坡屋顶的保温与隔热 ……………………………………… 212

第 12 章 变形缝 ………………………………………………………………… 214
12.1 伸缩缝 ……………………………………………………………… 214
12.1.1 伸缩缝设置原则 ……………………………………………… 214
12.1.2 伸缩缝的构造 ………………………………………………… 215
12.2 沉降缝 ……………………………………………………………… 218
12.2.1 沉降缝设置原则 ……………………………………………… 219
12.2.2 沉降缝的构造 ………………………………………………… 219
12.3 防震缝 ……………………………………………………………… 221
12.3.1 防震缝设置原则 ……………………………………………… 221
12.3.2 防震缝的构造 ………………………………………………… 222

第 13 章 建筑装修构造 ………………………………………………………… 224
13.1 墙面装修构造 ……………………………………………………… 224
13.1.1 抹灰类墙面 …………………………………………………… 224
13.1.2 涂料类墙面 …………………………………………………… 226
13.1.3 贴面类墙面 …………………………………………………… 228
13.1.4 裱糊类墙面 …………………………………………………… 229
13.1.5 铺钉类墙面 …………………………………………………… 230
13.2 楼地面装修构造 …………………………………………………… 230
13.2.1 楼地面类型 …………………………………………………… 231
13.2.2 楼地面设计要求 ……………………………………………… 235
13.2.3 楼地面的构造 ………………………………………………… 236
13.2.4 楼地面的细部构造 …………………………………………… 237
13.3 顶棚装修构造 ……………………………………………………… 240
13.3.1 顶棚的作用 …………………………………………………… 241
13.3.2 顶棚的分类 …………………………………………………… 241
13.3.3 顶棚的构造 …………………………………………………… 242

参考文献 ………………………………………………………………………… 244

第1章 建筑制图基本知识

1.1 制图工具

1. 手工制图工具及用法

只有了解各种绘图工具和仪器的功能与属性,并正确使用绘图工具和仪器,才能保证绘图质量,加快绘图速度。

1) 绘图板

绘图板有各种不同的规格,与图幅相配合,常用的规格有:0号(900mm×1200mm),适用于绘制A0图纸;1号(600mm×900mm),适用于绘制A1图纸;2号(450mm×600mm),适用于绘制A2或小于A2尺寸的图纸。绘图板要求平面平整,板边平直,尤其左边的工作边一定要垂直于上、下两边。

绘图板不可受潮或高温,以防板面翘曲或开裂。

2) 丁字尺

丁字尺由尺头和尺身组成,尺头和尺身互相垂直。

丁字尺主要用于绘制水平线。绘图时将尺头紧靠绘图板左侧工作边,左手把握住尺头,上下推动,直至丁字尺工作边对准要绘线的地方,再从左向右绘制水平线。切勿把丁字尺头靠绘图板的右边、下边或上边绘线,也不得用丁字尺的下边缘绘线。

丁字尺用完后应挂起来,以防止尺身变形。

3) 三角板

三角板与丁字尺配合使用,既可以画竖直线,还可以画15°、30°、45°、60°、75°等倾斜直线及它们的平行线。

两块三角板配合使用,可以画任意直线的平行线和垂直线。

4) 圆规和分规

圆规是绘制圆和圆弧的专用仪器;分规是量取线段的长度和分割线段、圆弧的仪器。

5) 铅笔

绘图人员应使用绘图铅笔。铅芯的软硬用字母B和H表示,H前面的数字越大表示铅芯越硬,B前面的数字越大表示铅芯越软。

绘图时一般用2H或H铅笔绘制底稿及细线,用HB或B铅笔绘制粗线,用HB铅笔写字。

6) 比例尺

比例尺是绘图时用于放大或缩小实际尺寸的一种尺子,常用的呈三棱柱状,称为三棱尺。

比例尺上的刻度一般以 m 为单位。当使用比例尺上某一刻度时,可以不用计算,直接按照尺面所刻数值,用分规截取长度。

7) 曲线板

曲线板是描绘各种非圆曲线的专用工具。

8) 制图模板

为了提高制图的质量和速度,通常会把制图时常用的一些图形、符号、比例等刻在一块有机玻璃上,作为模板使用。常用制图模板有建筑模板、结构模板、剖面线模板等。

除上述工具外,还有削铅笔的刀具、橡皮、量角器、掉灰用的小刷和将图纸固定到图板上的透明胶带纸等。

2. 计算机辅助制图工具

随着计算机辅助设计(Computer Aided Design,CAD)如天正建筑等软件技术的应用和发展,计算机绘图可以把工程技术人员从繁重的手工绘图中解放出来,缩短建筑工程设计周期,提高图样质量和工作效率。

1.2 国家制图标准

为了统一房屋建筑制图规则,做到图面清晰、简明,适应信息化发展与房屋建设的需要,利于国际交往,国家制定了《房屋建筑制图统一标准》(GB 50001—2017)等标准。本节将对常用标准要求进行介绍。

1. 图纸幅面

图纸幅面即图纸宽度与长度组成的图面。图纸幅面及图框尺寸应符合表 1-1 的规定。

表 1-1 图纸幅面及图框尺寸 单位:mm

图纸幅面代号		A0	A1	A2	A3	A4
$B×L$		841×1189	594×841	420×594	297×420	210×297
图框	c	10			5	
	a	25				

注:B 为幅面短边尺寸,L 为幅面长边尺寸,c 为图框线与幅面线间的宽度,a 为图框线与装订边间的宽度。

图纸以短边作为垂直边时为横式,以短边作为水平边时为立式。A0~A3 图纸宜横式使用;必要时,也可立式使用。一个工程设计中,每个专业所使用的图纸不宜多于两种幅面,不含目录及表格采用的 A4 幅面。特殊情况下,允许 A0~A3 号图幅按 1/4L 长度长边加长图纸的规定加长图纸的长边,但图纸的短边不得加长。有特殊需要的图纸,可采用 $B×L$ 为 841mm×891mm 与 1189mm×1261mm 的幅面。各种幅面的图纸如图 1-1~图 1-4 所示。

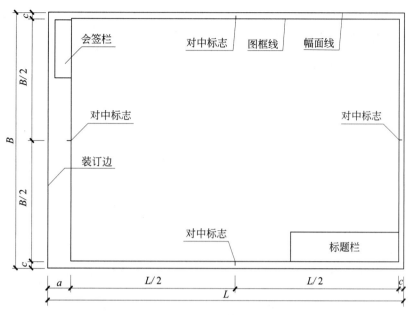

图 1-1　A0～A1 横式幅面

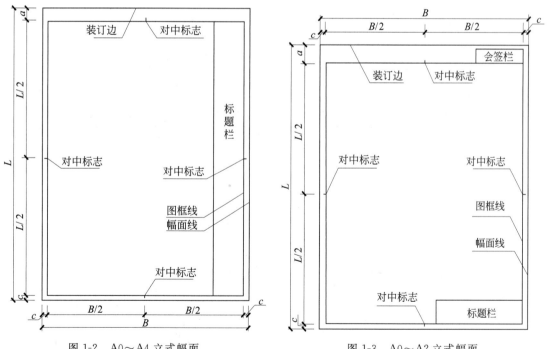

图 1-2　A0～A4 立式幅面　　　　图 1-3　A0～A2 立式幅面

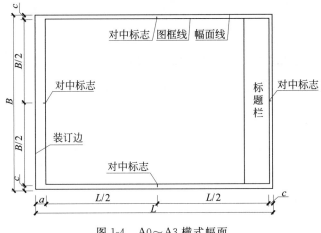

图 1-4　A0～A3 横式幅面

2. 标题栏与会签栏

标题栏如图 1-5 所示,会签栏如图 1-6 所示。

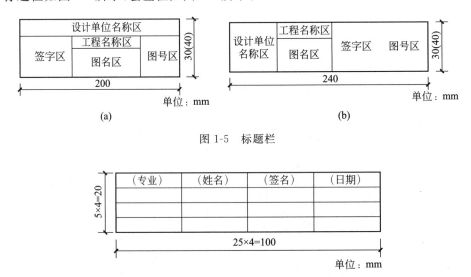

图 1-5　标题栏

图 1-6　会签栏

学生制图作业的标题栏建议采用图 1-7 所示的格式。

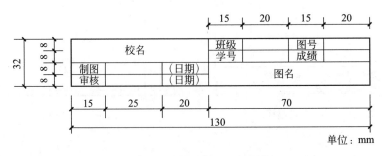

图 1-7　学生制图作业的标题栏

3. 图线

任何建筑图样都是用图线绘制而成的,因此熟悉图线的类型及用途,掌握各类图线的用法,是建筑制图最基本的技能。

1) 线宽

图线的基本线宽 b 宜按照图纸比例及图纸性质从 1.4mm、1.0mm、0.7mm、0.5mm 线宽系列中选取。每个图样应根据复杂程度与比例大小,先选择基本线宽 b,再选择表 1-2 中相应的线宽组。

表 1-2　线宽组　　　　　　　　　　　　　　　单位:mm

线宽比	线宽组			
b	1.4	1.0	0.7	0.5
$0.7b$	1.0	0.7	0.5	0.35
$0.5b$	0.7	0.5	0.35	0.25
$0.25b$	0.35	0.25	0.18	0.13

2) 线型

为了使图样清楚、明确,建筑制图采用的图线分为实线、虚线、单点画线、双点画线、折断线和波浪线 6 类,其中实线和虚线线型按宽度不同又分为粗、中粗、中、细 4 种,单点画线和双点画线分为粗、中、细 3 种,折断线和波浪线一般均为细线。各类图线的规格及用途如表 1-3 所示。

表 1-3　各类图线的规格及用途

名称		线型	线宽	用途
实线	粗	———————	b	主要可见轮廓线
	中粗	———————	$0.7b$	可见轮廓线、变更云线
	中	———————	$0.5b$	可见轮廓线、尺寸线
	细	———————	$0.25b$	图例填充线、家具线
虚线	粗	— — — — —	b	见各有关专业制图标准
	中粗	— — — — —	$0.7b$	不可见轮廓线
	中	— — — — —	$0.5b$	不可见轮廓线、图例线
	细	— — — — —	$0.25b$	图例填充线、家具线
单点画线	粗	—·—·—·—	b	见各有关专业制图标准
	中	—·—·—·—	$0.5b$	
	细	—·—·—·—	$0.25b$	中心线、对称线、轴线等
双点画线	粗	—··—··—	b	见各有关专业制图标准
	中	—··—··—	$0.5b$	
	细	—··—··—	$0.25b$	假想轮廓线、成型前原始轮廓线
折断线	细	—/\—	$0.25b$	断开界线
波浪线	细	～～～	$0.25b$	

此外,在绘制图线时还应注意以下几点。

(1) 单点画线和双点画线的首末两端应是线段,而不是点。单点画线(双点画线)与单点画线(双点画线)交接或单点画线(双点画线)与其他图线交接时,应是线段交接。

(2) 当虚线与虚线交接或虚线与其他图线交接时,都是线段交接。当虚线为实线的延长线时,不得与实线连接。虚线交接的正确画法和错误画法如图1-8所示。

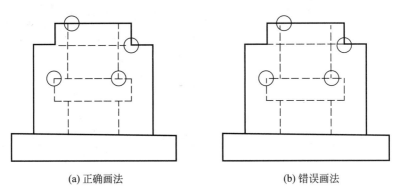

(a) 正确画法　　　　　　　　　　(b) 错误画法

图1-8　虚线交接的画法

(3) 相互平行的图例线,其间距不宜小于其中的粗线宽度,且不宜小于0.7mm。

(4) 图线不得与文字、数字或符号重叠、混淆。当不可避免时,应首先保证文字等的清晰。

(5) 在较小图形中绘制点画线有困难时,可用实线代替。

4. 字体

1) 汉字

用图线绘成图样,需用文字及数字加以注释,表明其大小尺寸、有关材料、构造做法、施工要点及标题。需要在图样上书写的文字、数字或符号等必须做到笔画清晰、字体端正、排列整齐,标点符号应清楚正确。如果图样上的文字和数字写得潦草难以辨认,不仅影响图纸的清晰和美观,而且容易出现差错,造成工程损失。文字的字高如表1-4所示。

表1-4　文字的字高　　　　　　　　　　　　　单位:mm

字体种类	汉字矢量字体	TrueType字体及非汉字矢量字体
字高	3.5、5、7、10、14、20	3、4、6、8、10、14、20

2) 数字和字母

(1) 分数、百分数和比例数的注写应采用阿拉伯数字和数字符号。字母及数字的字高不应小于2.5mm,图样及说明中的字母、数字宜优先采用TrueType字体中的Roman字型,如图1-9所示。

(2) 数量的数值注写应采用正体阿拉伯数字。各种计量单位凡前面有量值的,均应采用国家颁布的单位符号注写。单位符号应采用正体字母。

(3) 字母及数字当需写成斜体字时,其斜度应是从字的底线逆时针向上倾斜75°。斜体字的高度和宽度应与相应的直体字相等。

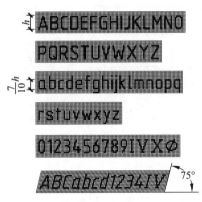

图 1-9 数字和字母

5. 比例

图样的比例为图形与实物相对应的线性尺寸之比,符号为":",以阿拉伯数字表示。比例宜注写在图名的右侧,字的基准线应取平,比例的字高宜比图名的字高小一号或两号,如图 1-10 所示。

<u>平面图</u> 1:100   ⑥ 1:20

图 1-10 比例的注写

绘图所用的比例应根据图样的用途与被绘对象的复杂程度从表 1-5 中选用,并应优先采用表中常用比例。

表 1-5 绘图所用的比例

常用比例	1:1、1:2、1:5、1:10、1:20、1:30、1:50、1:100、1:150、1:200、1:500、1:2000
可用比例	1:3、1:4、1:6、1:15、1:25、1:40、1:60、1:80、1:250、1:300、1:400、1:5000、1:10000、1:20000、1:50000、1:100000、1:200000

6. 尺寸标注

在建筑施工图中,图形只能表达建筑物的形状,建筑物各部分的尺度必须通过标注尺寸确定。房屋施工和构件制作都必须根据所标注的尺寸进行,因此尺寸标注是制图的一项重要工作,必须认真细致、准确无误。如果尺寸有遗漏或错误,必将给施工和构、配件制作造成困难和损失。

在标注尺寸时,应力求做到正确、完整、清晰、合理。

1) 尺寸标注的四要素

图样上的尺寸标注应包括尺寸界线、尺寸线、尺寸起止符号和尺寸数字,如图 1-11 所示。

(1) 尺寸界线。尺寸界线应用细实线绘制,与被注长度方向垂直,其一端应离开图样轮廓线不小于 2mm,另一端宜超出尺寸线 2~3mm,如图 1-12 所示。图样轮廓线可用作尺寸界线。

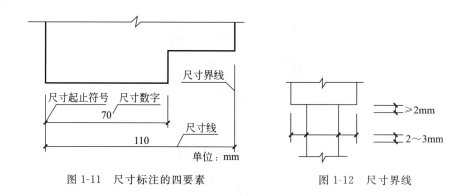

图 1-11 尺寸标注的四要素　　图 1-12 尺寸界线

（2）尺寸线。尺寸线应用细实线绘制，应与被注长度方向平行，两端宜以尺寸界线为边界，也可超出尺寸界线 2~3mm。图样本身的任何图线均不得用作尺寸线。

（3）尺寸起止符号。尺寸起止符号用中粗斜短线绘制，其倾斜方向应与尺寸界线呈顺时针 45°，长度宜为 2~3mm。轴测图中用小圆点表示尺寸起止符号，小圆点直径为 1mm[图 1-13(a)]；半径、直径、角度与弧长的尺寸起止符号宜用箭头表示，箭头宽度 b 不宜小于 1mm，高度为 4~$5b$[图 1-13(b)]。

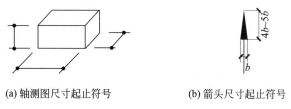

(a) 轴测图尺寸起止符号　　(b) 箭头尺寸起止符号

图 1-13　尺寸起止符号

（4）尺寸数字。图样上的尺寸应以尺寸数字为准，不应从图上直接量取。图样上的尺寸单位除标高及总平面以 m 为单位外，其他必须以 mm 为单位。尺寸数字的方向应按图 1-14(a) 的规定注写；若尺寸数字在 30°斜线区内，也可按图 1-14(b) 的形式注写。

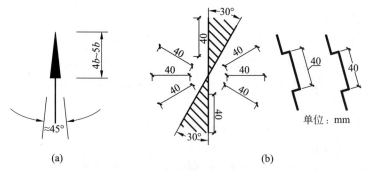

图 1-14　尺寸数字的注写方向

尺寸数字应依据其方向注写在靠近尺寸线的上方中部。如没有足够的注写位置，则最外边的尺寸数字可注写在尺寸界线外侧；中间相邻的尺寸数字可上下错开注写，可用引出线表示标注尺寸的位置,如图 1-15 所示。

图 1-15　尺寸数字的注写位置

2) 尺寸的排列与布置

(1) 尺寸宜标注在图样轮廓以外,不宜与图线、文字及符号等相交。当不可避免时,应将尺寸数字处的图线断开,如图 1-16 所示。

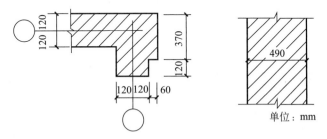

图 1-16　尺寸数字的注写

(2) 互相平行的尺寸线应从被注写的图样轮廓线由近向远整齐排列,较小尺寸应离轮廓线较近,较大尺寸应离轮廓线较远(图 1-17)。图样轮廓线以外的尺寸界线,距图样最外轮廓之间的距离不宜小于 10mm。平行排列的尺寸线的间距宜为 7～10mm,并应保持一致。总尺寸的尺寸界线应靠近所指部位;中间分尺寸的尺寸界线可稍短,但其长度应相等。

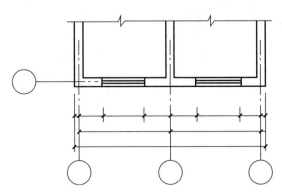

图 1-17　平行尺寸线的标注

3) 尺寸的简化标注

(1) 对于杆件或管线的长度,在单线图(桁架简图、钢筋简图、管线简图)上可直接将尺寸数字注写在沿杆件或管线的一侧,如图 1-18 所示。

(2) 连续排列的等长尺寸可用"等长尺寸×个数＝总长"或"总长(等分个数)"的形式标注,如图 1-19 所示。

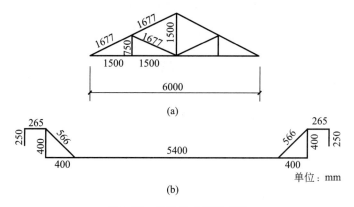

图 1-18 单线尺寸标注方法

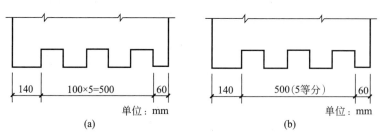

图 1-19 等长尺寸简化标注方法

（3）对称构配件采用对称省略画法时，该对称构配件的尺寸线应略超过对称符号，仅在尺寸线的一端绘制尺寸起止符号。尺寸数字应按整体全尺寸注写，其注写位置宜与对称符号对齐，如图 1-20 所示。两个构配件如个别尺寸数字不同时，可在同一图样中将其中一个构配件的不同尺寸数字注写在括号内，该构配件的名称也应注写在相应的括号内，如图 1-21 所示。

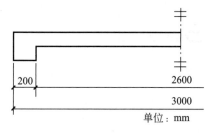

图 1-20 对称构件尺寸标注方法

图 1-21 尺寸的简化标注

1.3 绘图的一般方法和步骤

为提高图面质量和绘图速度，除必须熟悉制图标准、正确使用绘图工具和仪器外，还要掌握正确的绘图方法和步骤。

1. 制图前的准备工作

（1）准备工具：准备好所用的绘图工具和仪器，磨削好铅笔及圆规上的铅芯。

（2）安排工作地点：使光线从图板的左前方射入，并将需要的工具放在方便之处，以便顺利地进行制图工作。

（3）固定图纸：一般是按对角线方向顺次固定，使图纸平整。当图纸较小时，应将图纸布置在图板的左下方，但要使图板的底边与图纸下边的距离大于丁字尺的宽度。

2. 绘制底稿的方法和步骤

绘制底稿时，宜用削尖的 H 或 2H 铅笔轻淡地画出，并经常磨削铅笔。

绘制底稿的一般步骤：先绘制图框、标题栏，后绘制图形。绘制图形时，先绘制轴线或对称中心线，再绘制主要轮廓，然后绘制细部。如图形是剖视图或剖面图，则最后绘制剖面符号。剖面符号在底稿中只需绘制出一部分，其余可待上墨或加深时再全部绘制出。图形完成后，绘制其他符号、尺寸线、尺寸界线、尺寸数字横线和仿宋字的格子等。

3. 铅笔加深的方法和步骤

在加深时，应该做到线型正确，粗细分明，连接光滑，图面整洁。

加深粗实线用 HB 铅笔，加深虚线、细实线和细点画线都用削尖的 H 或 2H 铅笔，写字和绘制箭头用 HB 铅笔。绘图时，圆规的铅芯应比绘制直线的铅芯软一级。加深图线时用力要均匀，还应使图线均匀地分布在底稿线的两侧。

在加深前，应认真校对底稿，修正错误和缺点，并擦净多余线条和污垢。铅笔加深的一般步骤如下。

（1）加深所有的粗实线圆和圆弧。

（2）从上向下依次加深所有水平的粗实线。

（3）从左向右依次加深所有铅垂的粗实线。

（4）从左上方开始，依次加深所有倾斜的粗实线。

（5）按加深粗实线的同样步骤依次加深所有虚线圆及圆弧，以及水平的、铅垂的和倾斜的虚线。

（6）加深所有的细实线、波浪线等。

（7）绘制符号和箭头，标注尺寸，书写注解和标题栏。

（8）检查全图，如有错误和遗漏，即刻改正，并做必要的修饰。

第 2 章 投影基本知识

2.1 投影概述

2.1.1 投影的概念与分类

1. 投影的概念

施工图的绘制原理是投影。日常生活中的影子是在阳光或灯光的照射下,物体在地面或墙壁上呈现的影像。影子是一片黑影,只能反映物体底部的轮廓,上部的轮廓则被黑影所代替,不能反映物体的真面目,如图 2-1(a)所示。假设光线能透过物体而将物体上的各个点和线都在承接影子的平面上投落下它们的影子,从而使这些点、线的影子组成能反映物体的图形,如图 2-1(b)所示。我们把这样形成的图形称为投影图或投影,能够产生光线的光源称为投影中心,光线称为投影线,承接影子的平面称为投影面。

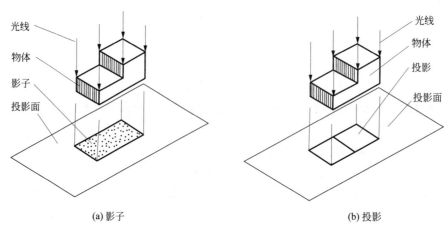

图 2-1 影子与投影

由此可知,要产生投影必须具备三个条件:投影线、物体、投影面,这三个条件又称为投影三要素,如图 2-2 所示。

工程图样就是按照投影原理和投影作图的基本规则形成的。

2. 投影的分类

根据投影中心距离投影面远近的不同,投影分为中心投影和平行投影两类。

1) 中心投影

投影中心 S 在有限的距离内,由一点发射的投影线产生的投影称为中心投影,如图 2-3 所示。

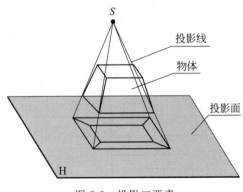

图 2-2 投影三要素

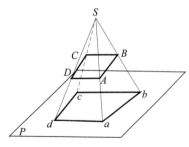

图 2-3 中心投影

中心投影的特点:投影线相交于一点,投影图的大小与投影中心 S 距离投影面远近有关。在投影中心 S 与投影面 P 距离不变的情况下,物体离投影中心 S 越近,投影图越大;反之越小。

用中心投影法绘制的物体的投影图称为透视图,如图 2-4 所示。其直观性很强、形象逼真,常用作建筑方案设计图和效果图。但透视图绘制比较烦琐,而且建筑物的真实形状和大小不能直接在图中度量,故不能作为施工图用。

2)平行投影

把投影中心 S 移到离投影面无限远处,则投影线可视为互相平行,由此产生的投影称为平行投影。

平行投影的特点:投影线互相平行,所得投影的大小与物体离投影中心的远近无关。

根据互相平行的投影线与投影面是否垂直,平行投影又分为斜投影和正投影。

(1)斜投影。投影线斜交投影面,所作出的物体的平行投影称为斜投影,如图 2-5 所示。

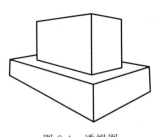

图 2-4 透视图

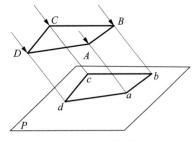

图 2-5 斜投影

用斜投影可绘制斜轴测图,投影图有一定的立体感,作图简单,但不能准确地反映物体的形状,视觉上会变形和失真,只能作为工程的辅助图样。

(2)正投影。投影线与投影面垂直,所作出的平行投影称为正投影,也称为直角投影,如图 2-6 所示。

用正投影可以在 3 个互相垂直相交并平行于物体主要侧面的投影面上作出物体的多

面正投影图,按一定规则展开在一个平面上,如图 2-7 所示,用以确定物体。这种投影图的图示方法简单,虽然缺乏立体感,但是可以真实地反映物体的形状和大小,即度量性好,是绘制工程设计图、施工图的主要图示方法。

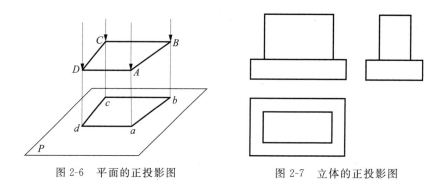

图 2-6 平面的正投影图　　图 2-7 立体的正投影图

2.1.2 正投影的特征

1. 全等性

如图 2-8 所示,当直线段平行于投影面时,其投影与该直线段等长;当平面平行于投影面时,其投影与该平面全等。

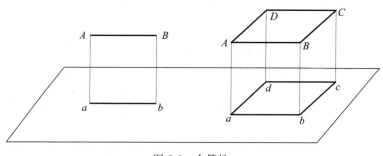

图 2-8 全等性

2. 积聚性

如图 2-9 所示,当直线段垂直于投影面时,其正投影积聚成一点;当平面垂直于投影面时,其正投影积聚成一直线。这种投影称为积聚投影。

3. 类似性

如图 2-10 所示,当直线段倾斜于投影面时,其正投影仍是直线段,但比实际长度短;当平面倾斜于投影面时,其正投影与平面类似,但比实形小。这种特性称为类似性。

由于正投影有反映实长、实形的特性,可用来表示形体的真实形状和大小,因此大多数工程图样采用正投影法来绘制。

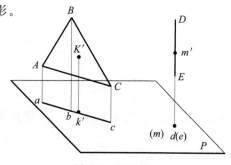

图 2-9 积聚性

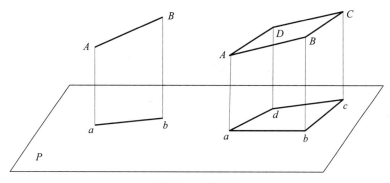

图 2-10 类似性

2.2 三面正投影

工程上绘制图样的主要方法是正投影法。因为这种方法绘图简单,绘制的投影图具有表达准确、度量方便等优点,能够满足工程上的要求,但是只用一个正投影图表达物体是不够的。例如,图 2-11 是几个形状不同的物体,而它们在某个投影方向上的投影图却完全相同。可见,单面正投影不能完全确定物体的形状。为了确定物体的形体,必须绘制物体的多面正投影图——三面正投影图。

把 3 个互相垂直相交的平面作为投影面,由这 3 个投影面组成的投影面体系称为三投影面体系,如图 2-12 所示。处于水平位置的投影面称为水平投影面,用 H 表示;处于正立位置的投影面称为正立投影面,用 V 表示;处于侧立位置的投影面称为侧立投影面,用 W 表示。3 个互相垂直相交投影面的交线称为投影轴,分别是 OX、OY 和 OZ 轴;3 个投影轴 OX、OY、OZ 相交于一点 O,称为原点。

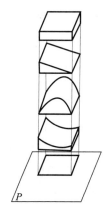

图 2-11 不同物体的水平面正投影

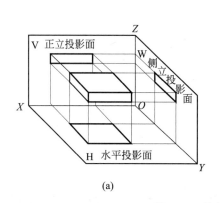

(a)

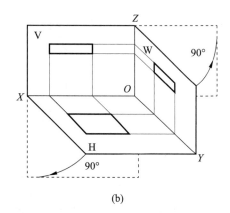

(b)

图 2-12 长方体的三面正投影

2.2.1 三面正投影的形成

如图 2-12 所示,将长方体放置于三投影面体系中,在 3 组不同方向平行投影线的照射下,得到长方体的 3 个投影图,称为长方体的三面正投影图。

长方体在 H 面的投影为一矩形,称为长方体的水平投影图。该矩形是长方体上、下面投影的重合,矩形的 4 条边又是长方体前、后面和左、右面的积聚投影。由于上、下面平行于 H 面,因此其又反映了长方体上、下面的真实形状及长方体的长度和宽度,但是它反映不出长方体的高度。

长方体在 V 面的投影也为一矩形,称为长方体的正立面投影图。该矩形是长方体前、后面投影的重合,矩形的 4 条边又是长方体上、下面和左、右面的积聚投影。由于前、后面平行于 V 面,因此其又反映了长方体前、后面的真实形状及长方体的长度和高度,但是它反映不出长方体的宽度。

长方体在 W 面的投影为一矩形,称为长方体的左侧立面投影图。该矩形是长方体左、右面投影的重合,矩形的 4 条边又分别是长方体的上、下面和前、后面的积聚投影。由于长方体左、右面平行于 W 面,因此其又反映出长方体左、右面的真实形状及长方体的宽度和高度。

由此可见,物体在相互垂直的投影面上的投影可以比较完整地反映出物体的上面、正面和侧面的形状。

图 2-12 是长方体的正投影图形成的立体图,为了使 3 个投影图绘制在同一平面图纸上以方便作图,需将 3 个垂直相交的投影面展平到同一平面上。

展开规则:V 面不动,H 面绕 OX 轴向下旋转 $90°$,W 面绕 OZ 面向后旋转 $90°$,使它们与 V 面展成在同一平面上,如图 2-12(b)所示。这时 Y 轴分为两条,用 Y_H 和 Y_W 表示,如图 2-13 所示。

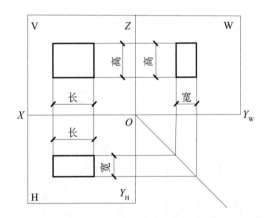

图 2-13 长方体三面正投影图的展开

在实际绘图时,不必绘制投影面的边界,也不必注写 H、V、W 字样。待到对投影知识熟知后,投影轴 OX、OY、OZ 也不必绘制。

2.2.2 三面正投影的特性

1. 长对正

水平投影图和正面投影图在 X 轴方向都反映长方体的长度,它们的位置左右应对正,即为"长对正"。

2. 高平齐

正面投影图和侧面投影图在 Z 轴方向都反映长方体的高度,它们的位置上下应对齐,即为"高平齐"。

3. 宽相等

水平投影图和侧面投影图在 Y 轴方向都反映长方体的宽度,这两个宽度一定相等,即为"宽相等"。

归纳起来,三面正投影的特性为"长对正、高平齐、宽相等"。

2.3 点、直线、平面的投影

建筑形体一般由多个平面组成,而各平面又相交于多条棱线,各棱线又相交于多个顶点。由此可见,研究空间点、线、面的投影规律是绘制建筑工程图样的基础,而点的投影又是绘制线、面、体投影的基础。

2.3.1 点的投影

点的三面投影如图 2-14 所示。过点 A 分别向 H 面、V 面和 W 面作投影线,点 A 在 H 面上的投影 a 称为点 A 的水平投影,点 A 在 V 面上的投影 a' 称为点 A 的正面投影,点 A 在 W 面上的投影 a'' 称为点 A 的侧面投影。

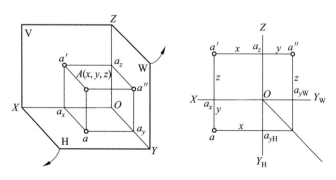

图 2-14 点的三面投影

在投影法中,空间点用大写字母表示,其在 H 面的投影用相应的小写字母表示,在 V 面的投影用相应的小写字母右上角加一撇表示,在 W 面的投影用相应的小写字母右上角加两撇表示。例如,点 A 的三面投影分别用 a、a'、a'' 表示。

2.3.2 直线的投影

1. 一般位置直线

如图 2-15 所示,与三个投影面都既不垂直又不平行的直线 AB 称为一般位置直线。3 个投影都倾斜于投影轴,且不反映与投影面的倾角,其各面投影小于实长。

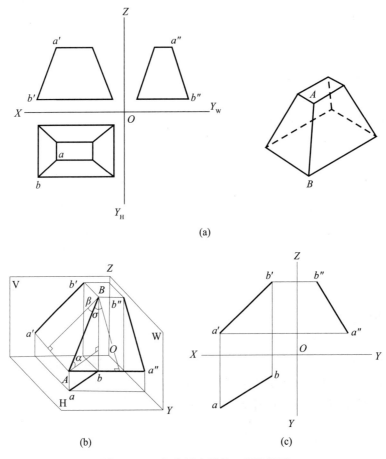

图 2-15 一般位置直线的三视投影图

2. 投影面平行直线

与一个投影面平行,且与另外两个投影面存在夹角的直线可分为正平线、水平线和侧平线。

线段在其所平行的投影面上的投影反映线段的实长,且倾斜于投影轴,该投影与投影轴的夹角反映其与相应投影面之间的倾角;其余两个投影平行于相应投影轴,且都小于实长。投影面平行直线的空间特点及投影规律如表 2-1 所示。

3. 投影面垂直直线

与一个投影面垂直,且与另外两个投影面平行的直线可分为正垂线、侧垂线、铅垂线。

在直线所垂直的投影面上的投影积聚为一点;其余两个投影平行于同一投影轴,且都反映实长。投影面垂直直线的空间特点及投影规律如表 2-2 所示。

表 2-1 投影面平行直线的空间特点及投影规律

名称	水平线（AB∥H）	正平线（AC∥V）	侧平线（AD∥W）
立体图	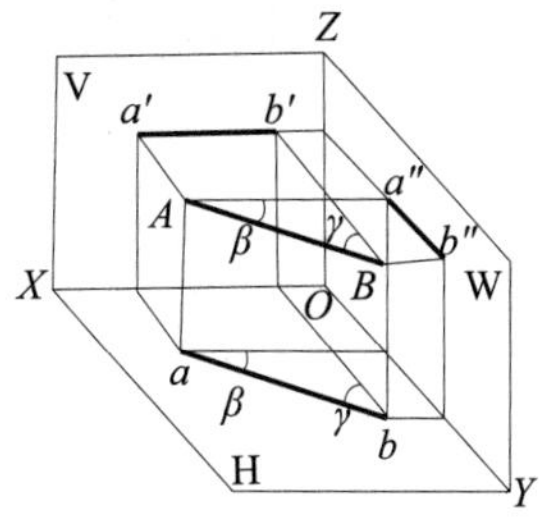	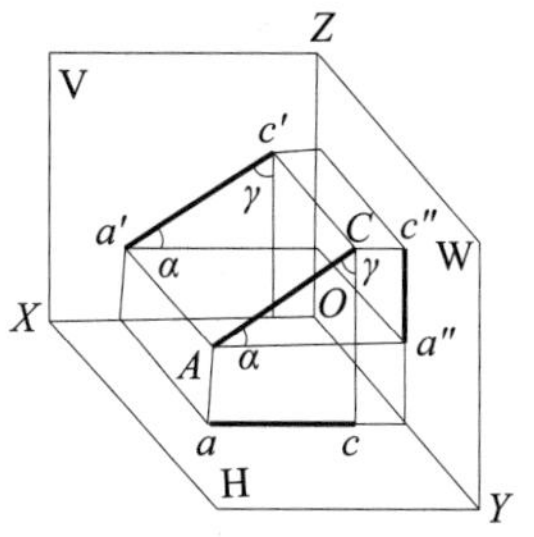	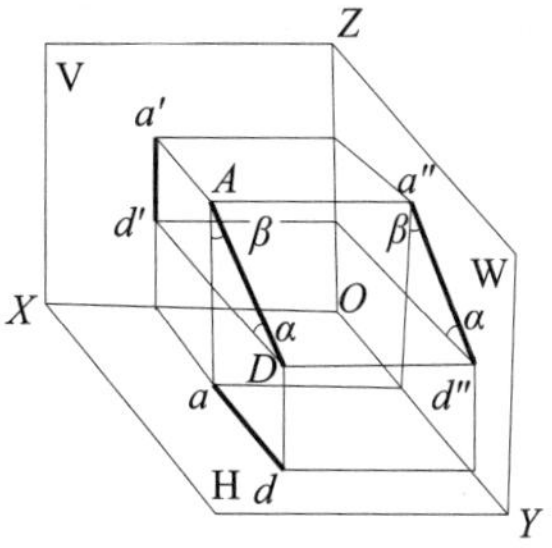
投影图	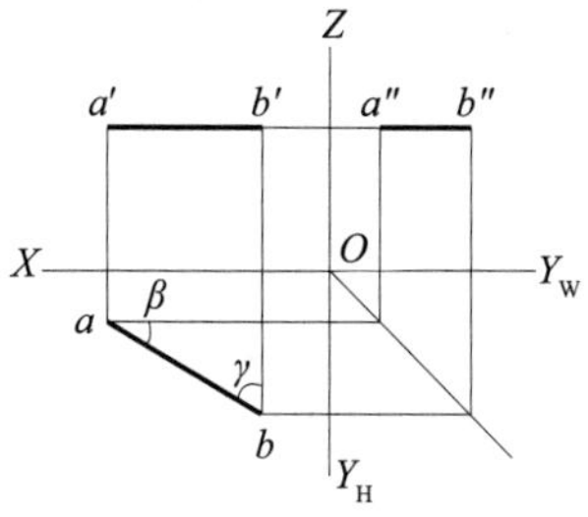	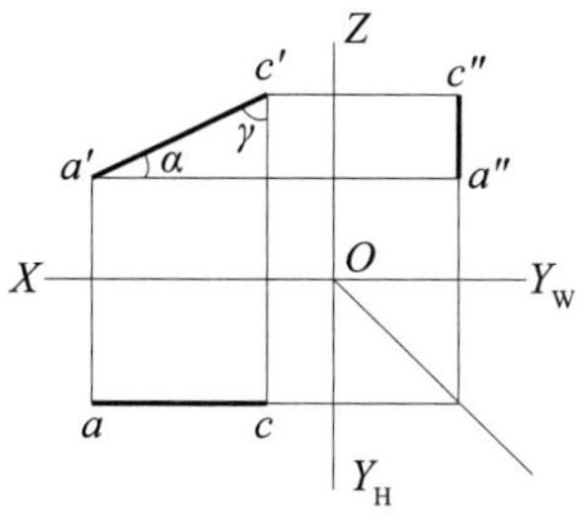	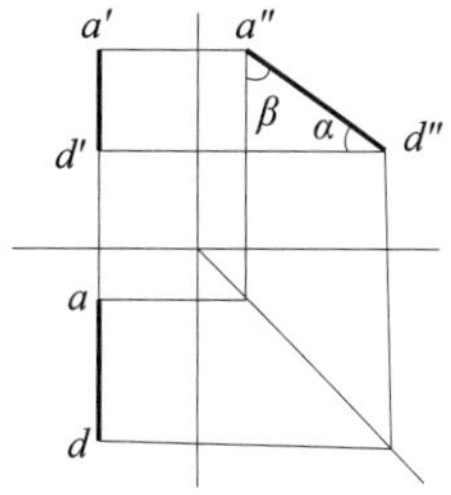
在形体投影图中的位置	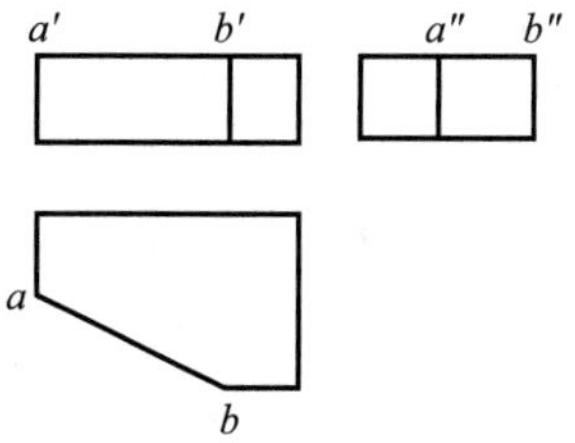	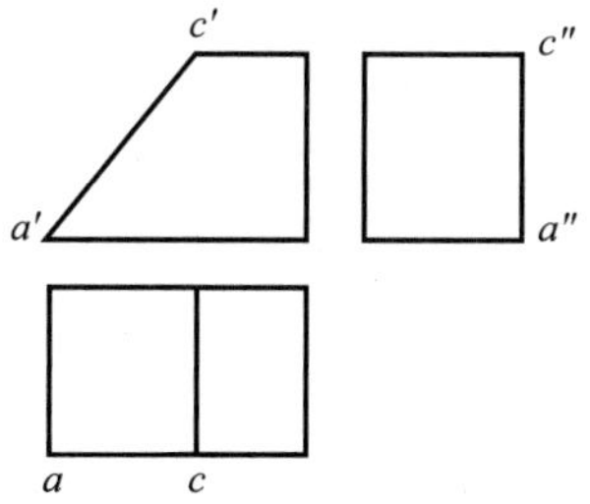	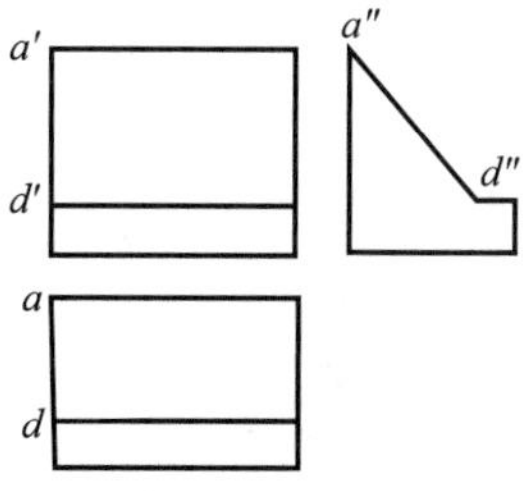
在形体立体图中的位置	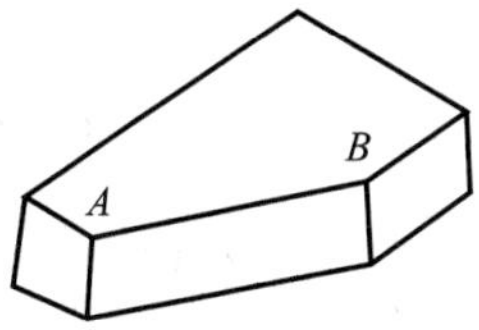	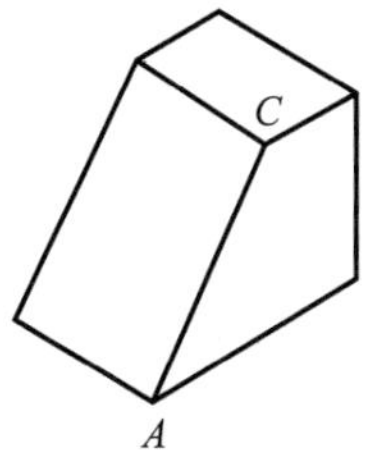	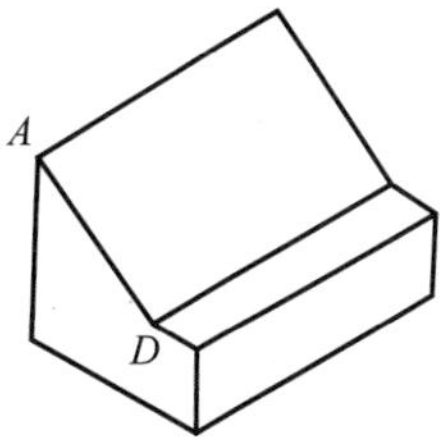
投影规律	(1) ab 与投影轴倾斜，$ab=AB$；反映倾角 β、γ 的实形。 (2) $a'b'\!\parallel\!OX$、$a''b''\!\parallel\!OY_W$	(1) $a'c'$ 与投影轴倾斜，$a'c'=AC$；反映倾角 α、γ 的实形。 (2) $ac\!\parallel\!OX$、$a''c''\!\parallel\!OZ$	(1) $a''d''$ 与投影轴倾斜，$a''o''=AD$；反映倾角 α、β 为实形。 (2) $ad\!\parallel\!OY_H$、$a''d''\!\parallel\!OZ$

表 2-2 投影面垂直直线的空间特点及投影规律

名称	铅垂线（AB⊥H）	正垂线（AC⊥V）	侧垂线（AD⊥W）
立体图	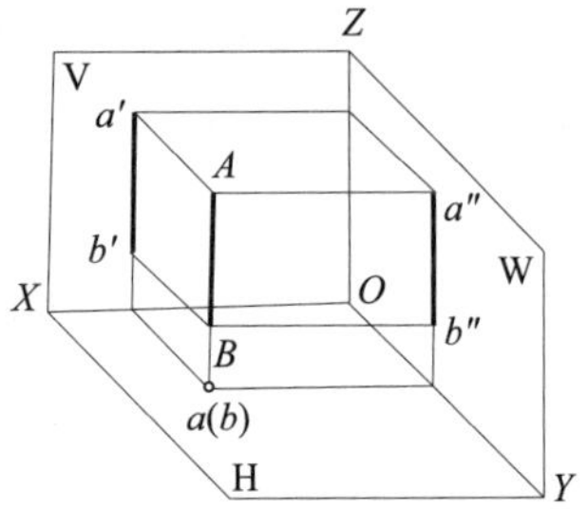	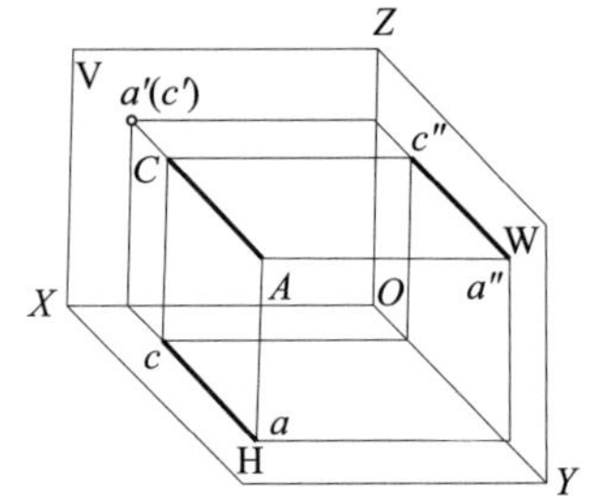	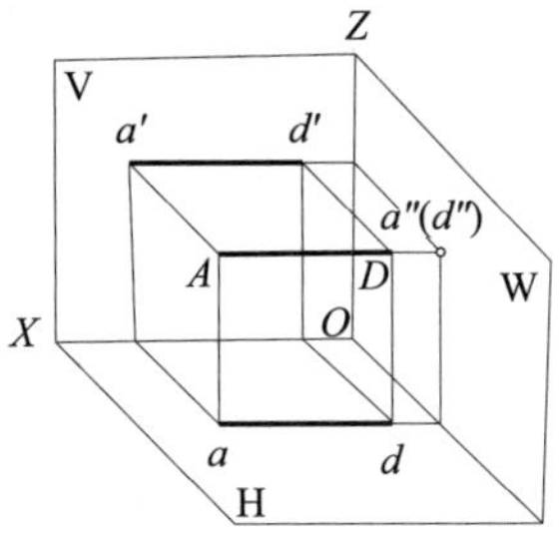
投影图	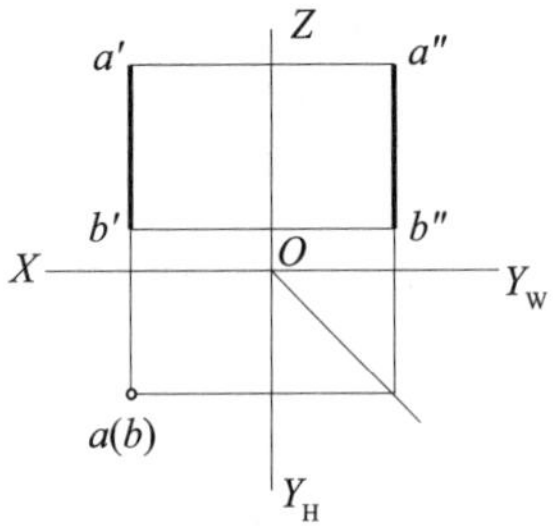	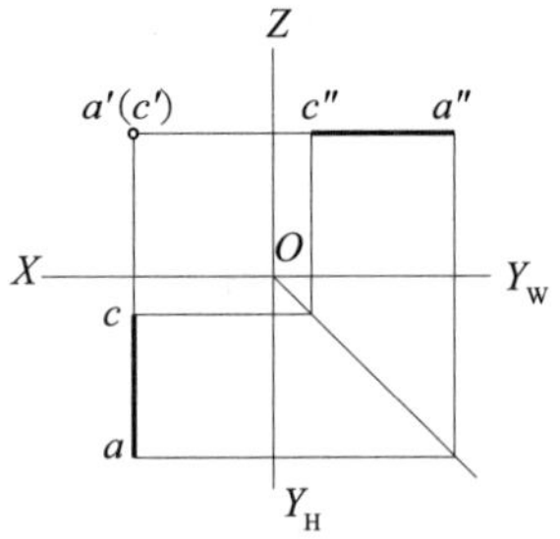	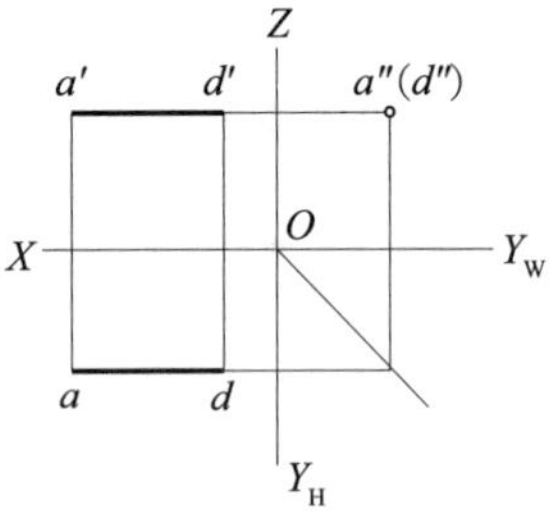
在形体投影图中的位置	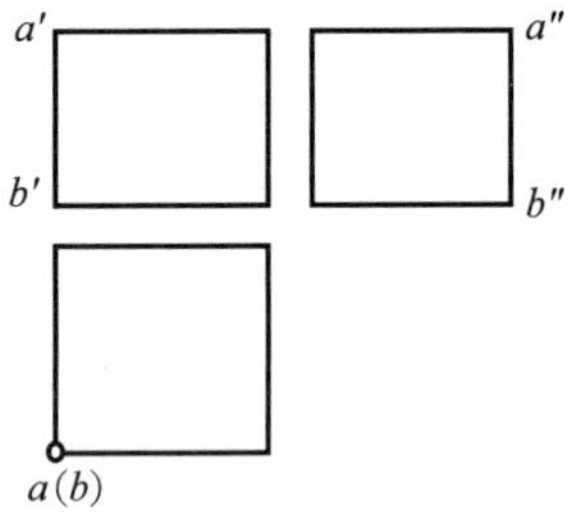	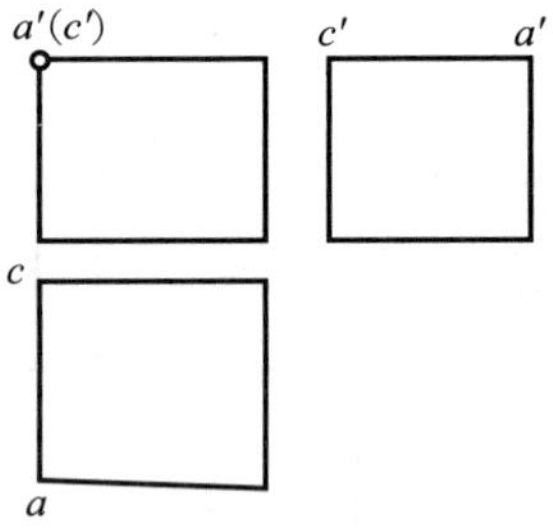	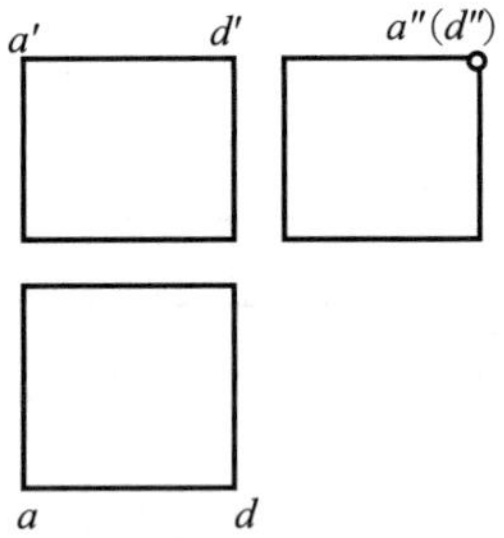
在形体立体图中的位置	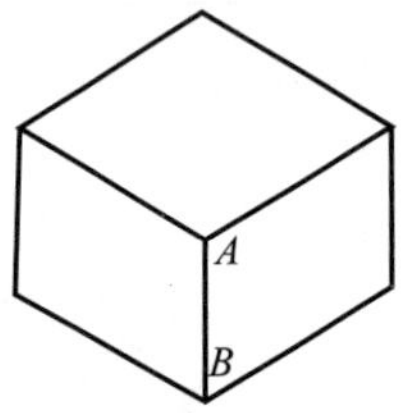	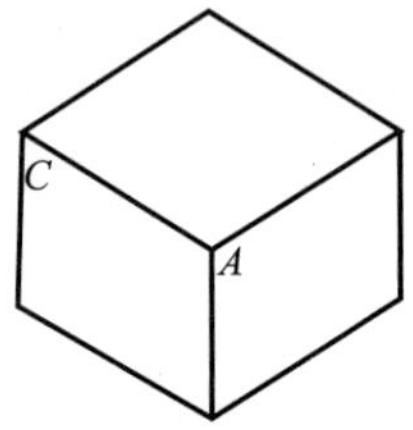	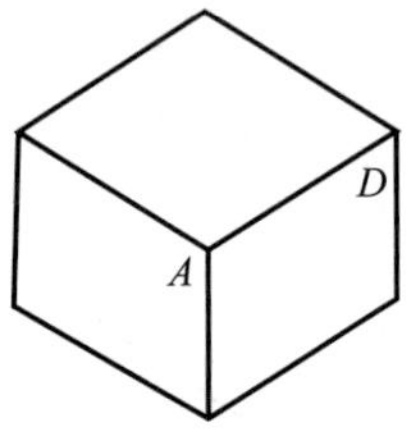
投影规律	(1) ab 积聚为一点。 (2) $a'b'\perp OX$，$a''b''\perp OY_W$。 (3) $a'b'=a''b''=AB$	(1) $a'c'$ 积聚为一点。 (2) $ac\perp OX$，$a''c''\perp OZ$。 (3) $ac=a''c''=AC$	(1) $a''d''$ 积聚为一点。 (2) $ad\perp OY_H$，$a'd'\perp OZ$。 (3) $ad=a'd'=AD$

2.3.3 平面的投影

1. 平面的表示方法

一个平面可以用图 2-16 所示的几种方法表达。

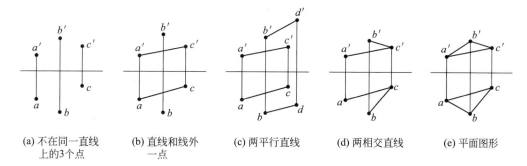

(a) 不在同一直线上的3个点　　(b) 直线和线外一点　　(c) 两平行直线　　(d) 两相交直线　　(e) 平面图形

图 2-16　平面的表示方法

2. 各种位置平面的投影特征

按与投影面的相对位置,平面可分为一般位置平面、投影面垂直平面和投影面平行平面。倾斜于3个投影面的平面称为一般位置平面;平行于某一投影面的平面称为投影面平行平面;垂直于某一投影面的平面称为投影面垂直平面。下面分别介绍这3类平面的投影特性。

1) 一般位置平面

如图 2-17 所示,一般位置平面对3个投影面都倾斜。一般位置平面的3个投影都没有积聚性,而且都反映原平面图形的类似形状,但比原平面图形本身的实形小。

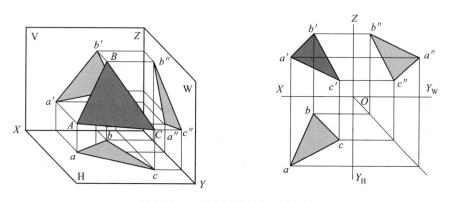

图 2-17　一般位置平面的三视投影

2) 投影面垂直平面

投影面垂直平面是垂直于某一投影面的平面,对其余两个投影面倾斜。投影面垂直平面可分为铅垂面、正垂面和侧垂面。

投影特性:平面在其所垂直的投影面上的投影积聚成一条倾斜的直线,它与投影轴的夹角分别反映该平面与另外两个平面的倾角。投影面垂直平面的空间特点及投影规律如表 2-3 所示。

3) 投影面平行平面

投影面平行平面是平行于某一投影面的平面,同时也垂直于另外两个投影面。投影面平行平面可分为水平面、正平面和侧平面。

投影特性:投影面平行平面在其所平行的投影面上的投影反映其实形,另外两个投影面上的投影积聚成与相应投影轴平行的直线。投影面平行平面的空间特点及投影规律如表 2-4 所示。

表 2-3　投影面垂直平面的空间特点及投影规律

名称	铅垂面（A⊥H）	正垂面（B⊥V）	侧垂面（C⊥W）
立体图	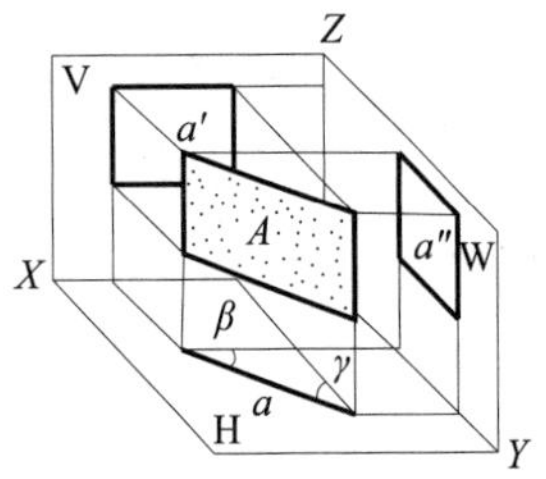	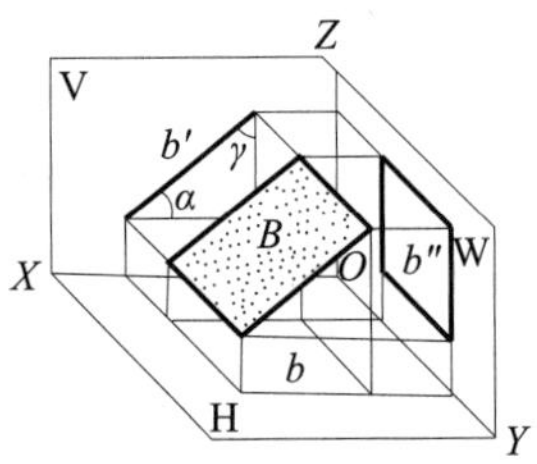	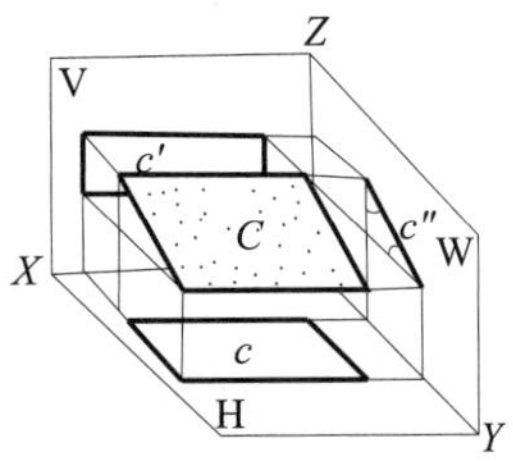
投影图	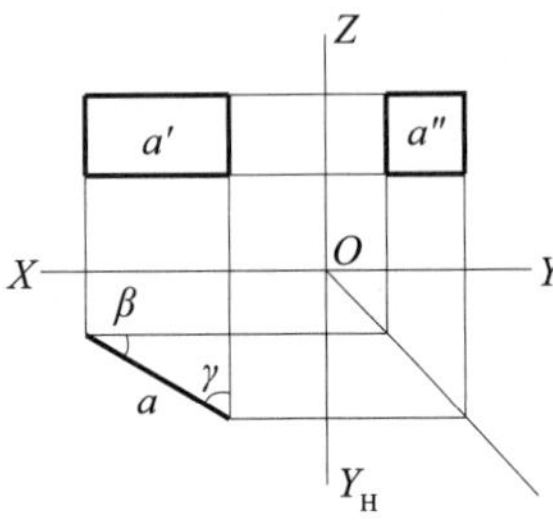	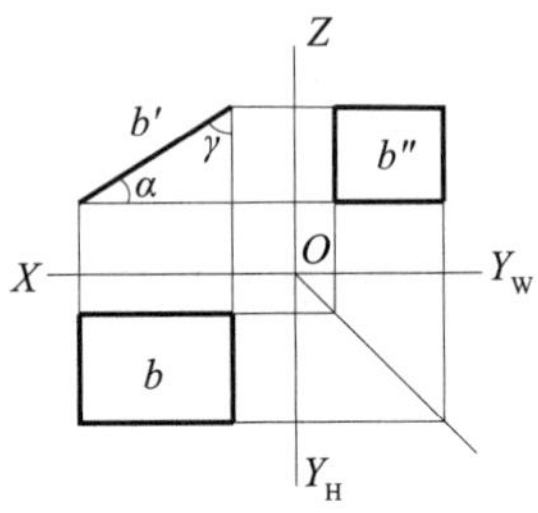	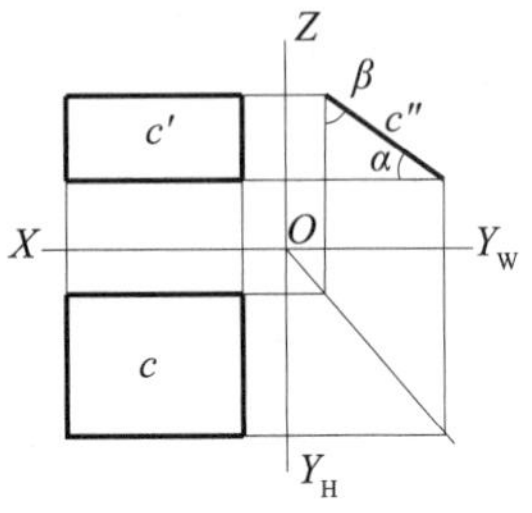
在形体投影图中的位置	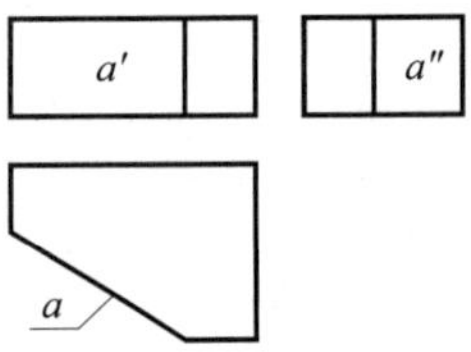	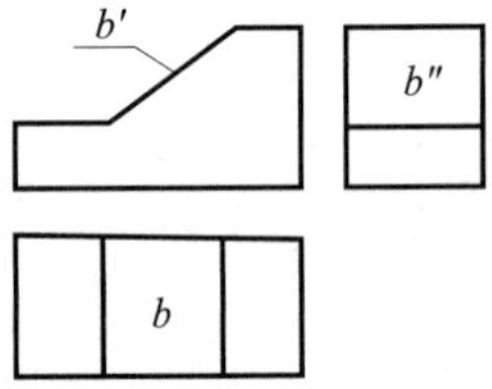	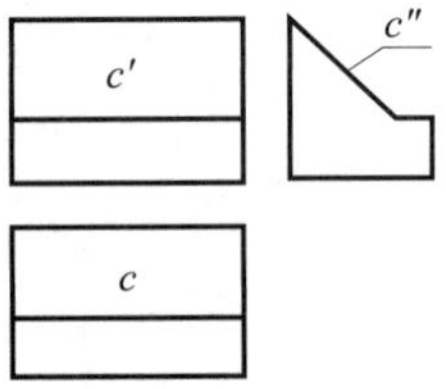
在形体立体图中的位置	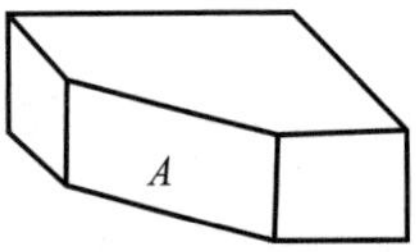	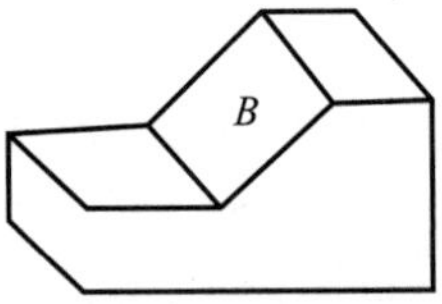	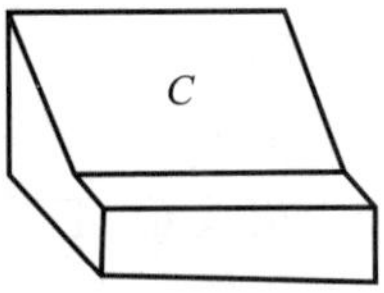
投影规律	(1) H 面投影 a 积聚为一条斜线且反映 β、γ 的实形。 (2) V 面投影 a′ 和 W 面投影 a″ 小于实形，是类似形	(1) V 面投影 b′ 积累为一条斜线且反映 α、γ 的实形。 (2) H 面投影 b 和 W 面投影 b″ 小于实形，是类似形	(1) W 面设影 c″ 积聚为一斜线，且反映 α、β 的实形。 (2) H 面投影 c 和 V 面投影 c′ 小于实形，是类似形

表 2-4 投影面平行平面的空间特点及投影规律

名称	水平面(A∥H)	正平面(B∥V)	侧平面(C∥W)
立体图	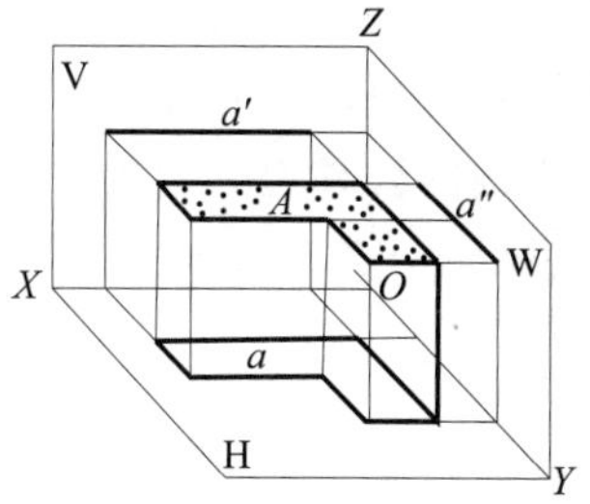	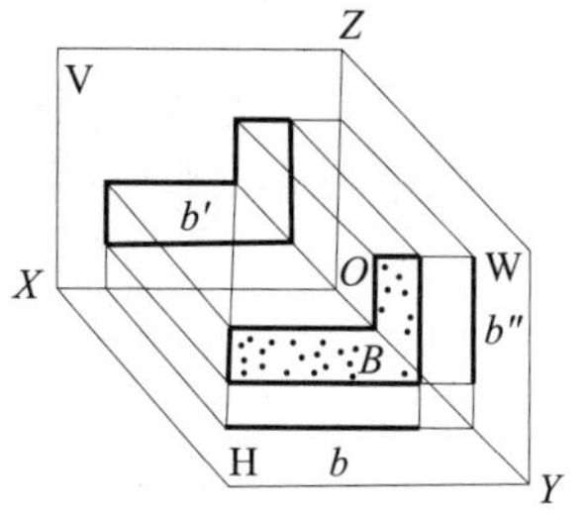	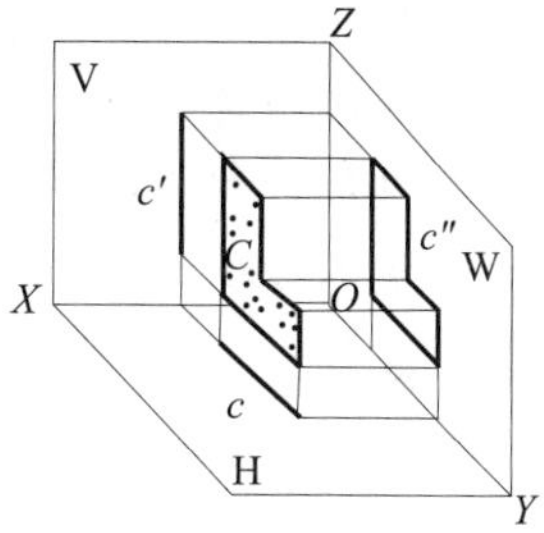
投影图	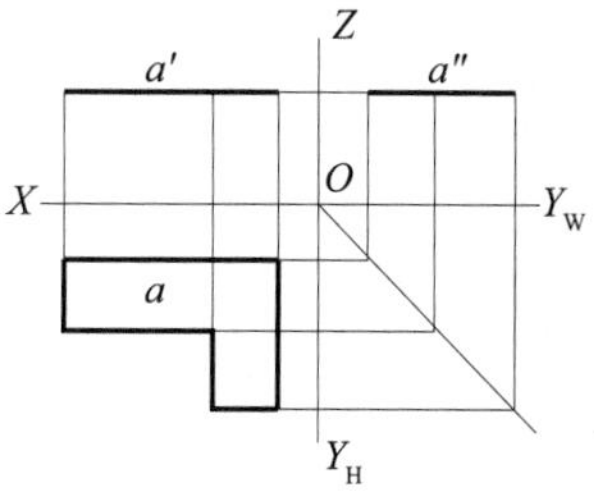	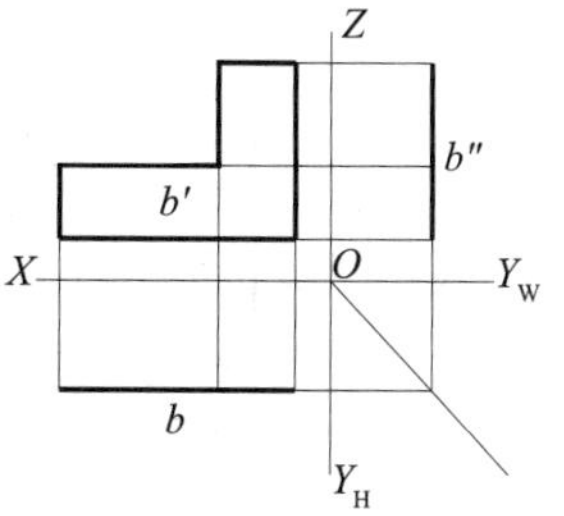	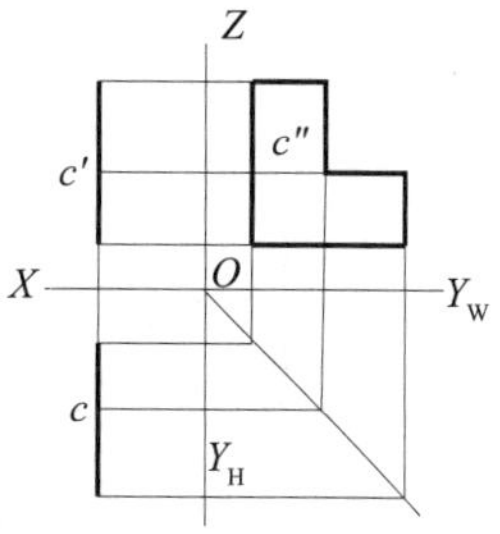
在形体投影图中的位置	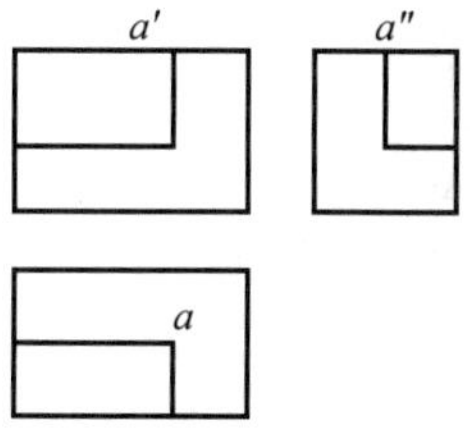	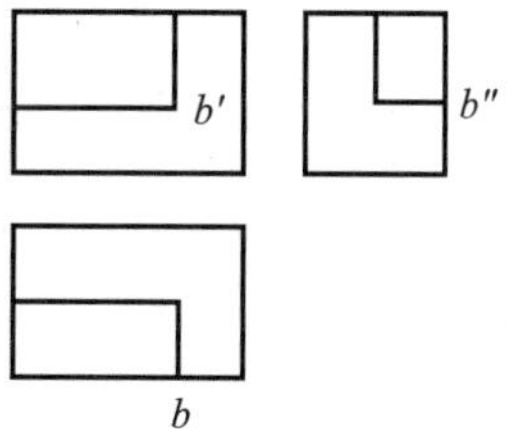	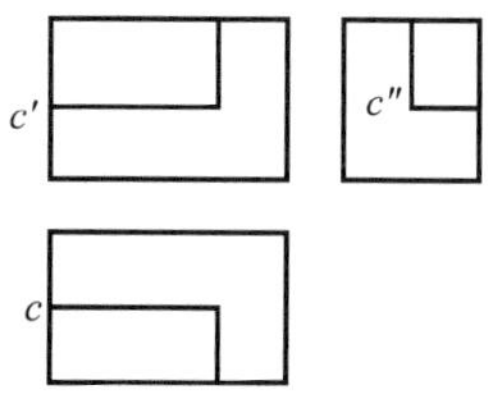
在形体立体图中的位置	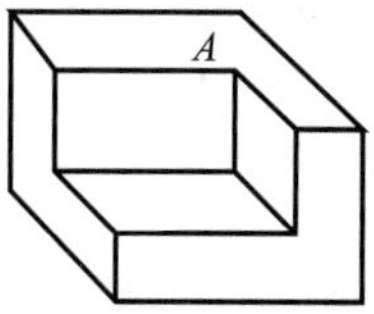	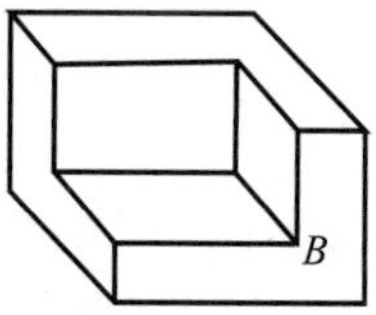	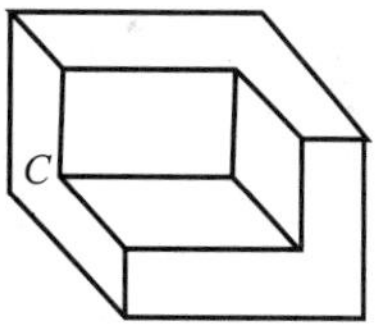
投影规律	(1) H 面投影 a 反映实形。 (2) V 面投影 a′ 和 W 面投影 a″ 积聚为直线,分别平行于 OX、OY_W 轴	(1) V 面投影 b′ 反映实形。 (2) H 面投影 b 和 W 面投影 b″ 积聚为直线,分别平行于 OX、OZ 轴	(1) W 面投影 C″ 反映实形。 (2) H 面投影 c 和 V 面投影 c′ 积聚为直线,分别平行于 OY_H、OZ 轴

2.4 立体的投影

2.4.1 平面立体的投影

由若干个平面构成其表面的基本体称为平面立体,如棱柱、棱锥等。立体的侧面称为棱面,棱面的交线称为棱线,棱线的交点称为顶点。平面立体的投影实质上就是绘制组成立体各表面的投影,看得见的棱线绘制成实线,看不见的棱线绘制成虚线。

1. 棱柱的投影

棱柱是平面立体中比较常见的一种,由上、下两个相互平行且形状大小相同的底面和若干个棱面围合而成。除了上、下底面外,棱柱其余各面都是四边形,并且每相邻两个四边形的公共边也都相互平行。这些面称为棱柱的棱面,两个棱面的公共边称为棱柱的棱线。

常见的棱柱有三棱柱、四棱柱、五棱柱等。本小节以五棱柱为例,介绍棱柱三面投影图的特性及其作图方法。

如图 2-18 所示的是五棱柱的投影特性。

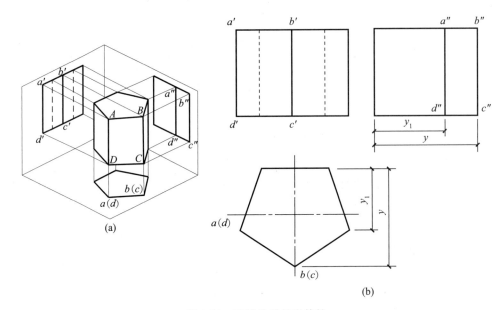

图 2-18　五棱柱的投影特性

(1) 上、下底面是两个全等的水平面。

(2) 后棱面为正平面,其余 4 个棱面为铅垂面,即 5 个棱面均垂直于 H 面。

(3) 5 条棱线为相互平行的铅垂线,长度等于棱柱的高。

在这种位置下,五棱柱的 H 面投影特性是上、下两个底面的水平投影重合,反映了实形的五边形;5 个棱面的水平投影分别积聚为五边形的 5 条边。

2. 棱锥的投影

棱锥由一个底面和若干个三角形的侧棱面围成,且所有棱面相交于锥顶(常用 S 表示)。相邻两棱面的交线称为棱线,所有棱线都交于锥顶 S。

棱锥底面的形状决定了棱线的数目,常见的棱锥有三棱锥、四棱锥、五棱锥等。本小节以三棱锥为例,介绍棱锥三面投影图的特性及其作图方法。

1) 摆放位置与形体特征分析(图 2-19)

(1) 正三棱锥也称为四面体,即三棱锥共有 4 个面,其中底面为水平面。

(2) 3 个棱面是全等的等腰三角形,其中后面的棱面是侧垂面,其他两个棱面为一般位置平面。

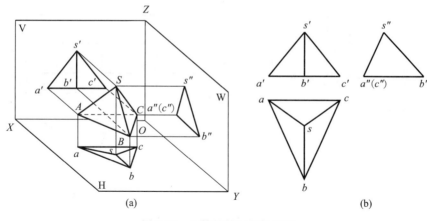

图 2-19 三棱锥的三视投影图

(3) 3 条棱线交于一点,即锥顶,3 条棱线的长度相等,其中前面的棱线为侧平线。

2) 投影分析与作图方法

(1) 投影分析:如图 2-19(a)所示,三棱锥的底面为水平面,侧面△SAC 为侧垂面。

(2) 作图方法[图 2-19(b)]:①绘制底面△ABC 的三面投影,H 面投影反映实形,V 面、W 面投影均积聚为直线段;②绘制顶点 S 的三面投影,将顶点 S 和底面△ABC 的 3 个顶点 A、B、C 的同面投影两两连线,即得 3 条棱线的投影,3 条棱线围成 3 个侧面,完成三棱锥的投影。

3. 平面立体表面取点

1) 棱柱表面取点

由于组成棱柱的各表面都是平面,因此在平面立体表面上取点、连线的问题,实质上就是在平面上取点、连线的问题。

判别立体表面上点和线可见与否的原则:如果点、线所在表面的投影可见,那么点、线的同面投影可见;否则,不可见。

(1) 一般平面上点与直线的投影。一般平面上点与直线的投影可用作辅助线法求解。

(2) 位于积聚性平面上的点的投影。当点所在棱柱表面的投影具有积聚性时,可先在积聚投影上求出点的投影,再求其他面的投影。

【**例 2-1**】 已知五棱柱棱面上点 M 的正面投影 m',求其另外两个投影面的投影,如图 2-20 所示。

【**解析**】 ① 由空间点 M 的 V 面投影 m' 可知点 M 是位于五棱柱左前侧棱面上的点。

② 五棱柱左前侧棱面为铅垂面,它在 H 面的投影具有积聚性即积聚成线,根据点位于平面上其投影的从属性原则,可以得知点 M 的 H 面投影 m 也位于该积聚直线上,从而由"长对正"原则作出点 M 的 H 面投影 m。

③ 由"高平齐,宽相等"原则求的点 M 的 W 面投影 m''。

2) 棱锥表面取点、连线

(1) 一般平面上点与直线的投影。一般平面上点与直线的投影可采用过锥顶作辅助线法进行求解。过锥顶和已知点在相应的棱面上作辅助直线,根据点在直线上,点的投影

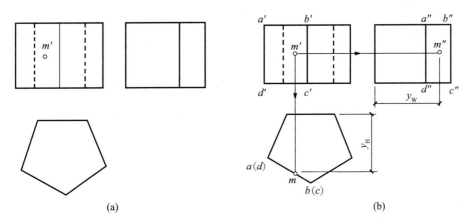

图 2-20 五棱柱表面取点

也必在直线的投影上,点的投影具有从属性的原理,可求得点的其余投影。

(2) 位于棱线上的点。当点位于立体表面的某条棱线上时,可利用线上取点的方法求解。

【例 2-2】 已知 D、E 分别是立体表面上的两个点,根据 D 点的正面投影 d'、E 点的水平投影 e,求 D、E 的另两面投影,如图 2-21 所示。

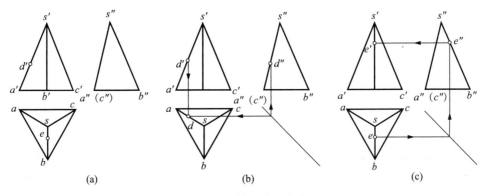

图 2-21 三棱锥表面取点

【解析】 ① 由图 2-21(a)可知,在 V 面上,点 d' 在直线 $s'a'$ 上,根据点在直线上,则点的三面投影必在直线的同名投影上的投影规律。过 d' 点引 H 面投影连线,与 sa 相交得到 d,利用"宽相等",过 d 点引 W 面投影连线,与 $s''a''$ 相交得到 d'',如图 2-21(b)所示。

② 由图 2-21(a)可知,在 H 面上,点 e 在直线 sb 上,利用"宽相等",过 e 点引 W 面投影连线,与 $s''b''$ 相交得到 e''。过 e'' 点引 W 面投影连线,与 $s'b'$ 相交得到 e',如图 2-21(c)所示。

2.4.2 曲面立体的投影

曲面立体是由曲面或曲面与平面围成的。建筑装饰工程中的圆柱、圆锥形顶面、壳体屋面、隧道的拱顶及常见的设备管道等都是曲面立体。基本的曲面立体有圆柱、圆锥、圆球等。

1. 圆柱体投影

圆柱体由圆柱面和上、下两底面围成。

1）圆柱体特征分析与摆放位置

（1）圆柱体由圆柱面和两个圆形底面围成，两底面互相平行且是水平面。

（2）圆柱体的素线垂直于水平投影面（H 面）且长度相等。

2）投影分析

圆柱体的三视投影图如图 2-22 所示。

H 面投影为一圆形。该圆形既是上、下两底面的重合投影（真形），又是圆柱面的积聚投影。

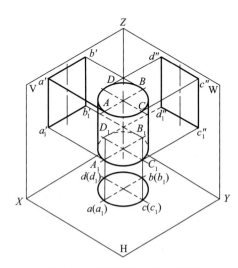

图 2-22　圆柱体的三视投影图

V 面投影为一矩形。该矩形的上、下两边线为上、下两底面的积聚投影，而左、右两边线则是圆柱面的左、右两条轮廓素线。

W 面投影也为一矩形。该矩形与 V 面投影全等，但含义不同，其两边线是圆柱面的前、后两条轮廓素线。

2. 圆锥体投影

圆锥体由圆锥面和底面圆围成。圆锥面可看成由一条母线绕与其斜交的轴线回旋而成，圆锥面上任意一条与轴线斜交的直母线称为柱锥面的素线。

1）圆锥体特征分析与摆放位置

直立的圆锥体，其轴线与水平投影面（H 面）垂直，底面平行于水平投影面（H 面），如图 2-23 所示。

2）投影分析

圆锥轴线垂直于 H 面，底面为水平面，H 投影反映底面圆的实形，其他两面投影均积聚为直线段。

3. 圆球体投影

1）圆球体特征分析与摆放位置

圆球体由圆球面围成。由于圆球面的特殊性，圆球的摆放位置在作图时无须考虑。但

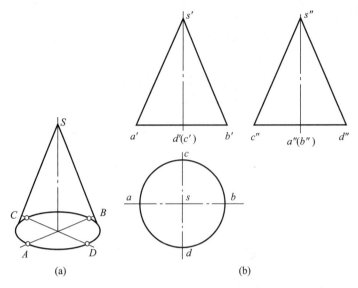

图 2-23 圆锥体的三视投影图

其一旦位置确定,其有关的轮廓素线是和位置相对应的。

2) 投影分析

圆球体的三视投影图如图 2-24 所示。球体的三面投影均是与球的直径大小相等的圆,V、H 和 W 面投影的 3 个圆分别是球体的前、上、左 3 个半球面的投影。

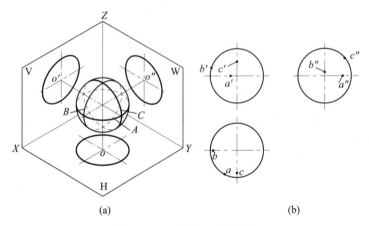

图 2-24 球体的三视投影图

4. 曲面立体表面取点

(1) 圆柱体表面取点。若点在圆柱的轮廓素线上,则可按直线上取点直接作图;如果点不在圆柱的轮廓素线上,则可利用圆柱面的积聚性投影解决取点问题。

(2) 圆锥体表面取点。由于圆锥体由圆锥曲面和底面围成,如果点位于圆锥底面圆上,则可利用积聚性投影在表面取点;如果点位于圆锥曲面上,由于圆锥面的 3 个投影均不具有积聚性,因此应采用辅助素线法或辅助纬圆法求解。

【例 2-3】 如图 2-25(a)所示,已知圆锥体表面上一点 M 的正面投影 m',求另两面投影。

【解析】 ① 由空间点 M 的 V 面投影 m' 可知点 M 是位于圆锥左前回转面上的点。

② 过顶点 S 的 V 面投影 s'，做过点 M 的素线 SA 的 V 面投影 $s'a'$。"长对正"求得 a，做出 SA 的 H 面投影 sa，则根据"长对正"和点位于直线上其投影的从属性原则，绘制点 M 的 H 面投影 m，如图 2-25(b)所示。

③ 做出点 A 的 W 面投影 a''，由"高平齐、宽相等"和点在直线上的从属性原则求得点 M 的 W 面投影 m''，如图 2-25(c)所示。

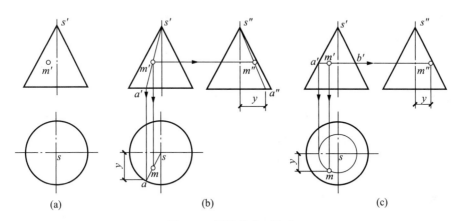

图 2-25　圆锥体表面取点

（3）圆球体表面取点。球面的 3 个投影均无积聚性，因此球面上取点要采用辅助纬圆法。

【例 2-4】 如图 2-26(a)所示，已知 M、N 两点在球面上，根据点 M 的水平投影 m 和点 N 的正面投影 n'，求其另两面投影。

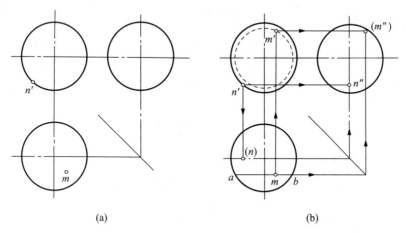

图 2-26　球体表面取点

【解析】 如图 2-26(b)所示，求解点 M 投影 m'、m''。

① 由空间点 M 的 H 面投影 m，可知点 M 位于球体的右上前球面。作过 M 点的纬圆的 H 面积聚投影，直线 ab。

② 作过点 M 的纬圆的 V 面投影，根据"长对正"和点在平面上的投影之从属性原则

作 m'。

③ 由"高平齐,宽相等"做出点 M 的 W 面投影 m''。

如图 2-26(b)所示,求解点 N 投影 n、n''。

① 由空间点 N 的 V 面投影 n' 可知点 N 是位于球体正平面大圆周左下前球面上的点。

② 该正平面大圆周于 H 面积聚于水平线对称轴位置,"长对正"求解 n,由于 N 位于下方球体对 H 面不可见,故表示为 (n)。

③ 由"高平齐,宽相等"求解 N 的 W 面投影 n''。

2.4.3 立体的截切

立体被平面切割即称为立体的截切。如图 2-27 所示,三棱锥被平面 P 切割,其中平面 P 称为截平面,截平面与三棱锥体表面的交线 AB、BC、CA 称为截交线,截交线围成的平面图形 $\triangle ABC$ 称为截断面。立体的截断面是一个平面图形,截断面的轮廓线就是立体表面与截平面的交线。截交线是立体表面与截平面的共有线。

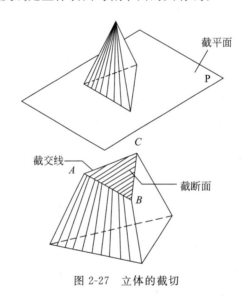

图 2-27 立体的截切

1. 平面立体的截切与截交线

平面立体的截交线是一条封闭的平面折线线框,线框的边是截平面与立体表面的交线,线框的转折点是截平面与立体侧棱或底边的交点。

求平面立体截交线的步骤如下。

(1) 求转折点。求截平面与立体侧棱或立体底边的交点。

(2) 连线。将位于立体同一侧面上的两交点用直线连接起来即可。

2. 曲面立体的截切与截交线

曲面立体的截交线是封闭的平面曲线或曲线与直线组成的平面图形。曲面立体截交线上的每一点都是截平面与曲面立体表面的公共点,求出足够的公共点,并依次连接起来,即可得曲面立体上的截交线。

求曲面立体截交线的步骤如下。

（1）求控制点。控制点是指曲面立体上特殊素线与截平面的交点，如圆柱、圆锥面上最前、最后素线及球面上的 3 个特殊圆等。控制点对截交线的范围、走向等起控制作用。

（2）补中间点。要绘制完整的截交线，还需补充一些必要的中间点，这样才能较准确地连成光滑曲线。

（3）连线。依据截平面与圆柱体轴线相对位置的不同，表 2-5 列出了三种截交线。

表 2-5　圆柱体的截交线

截平面位置	截面垂直于圆柱轴线	截面倾斜于圆柱轴线	截面平行于圆柱轴线
截交线形状	圆	椭圆	两条平行直线
立体图	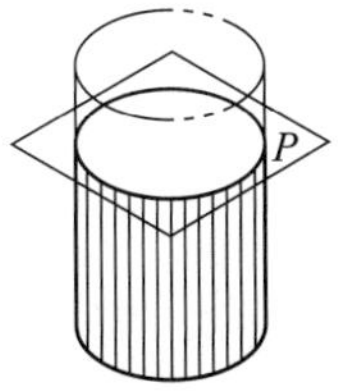	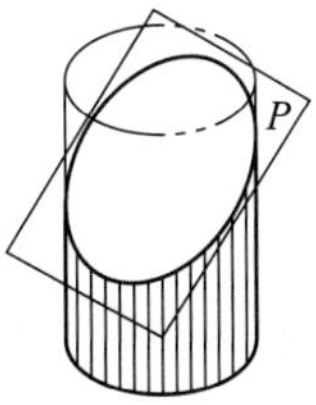	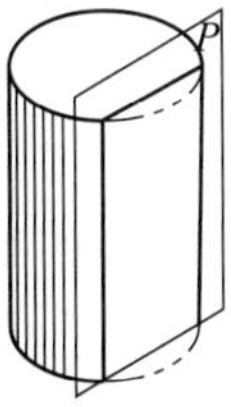
投影图	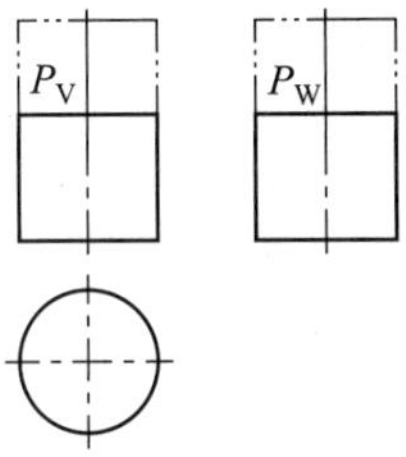	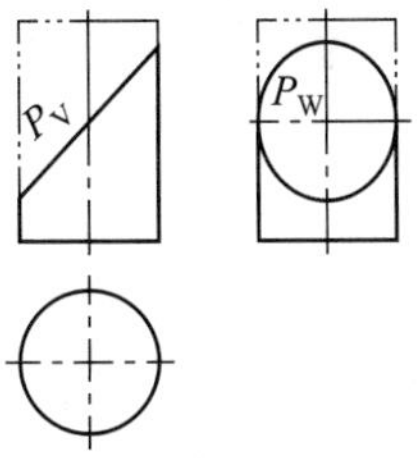	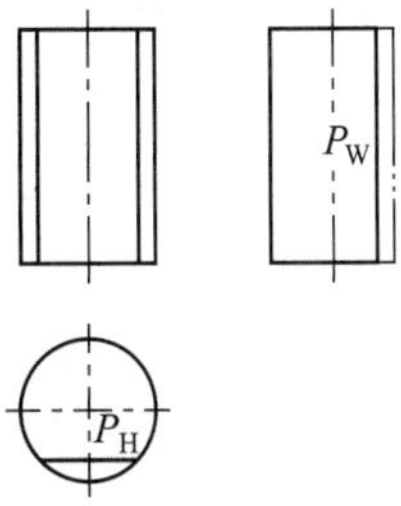

根据截平面与圆锥体轴线相对位置的不同，截交线的形状有 5 种情况，如表 2-6 所示。

表 2-6　圆锥体的截交线

截平面位置	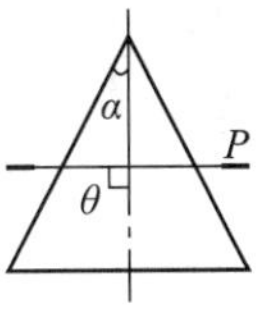 与轴线垂直 $\theta=90°$	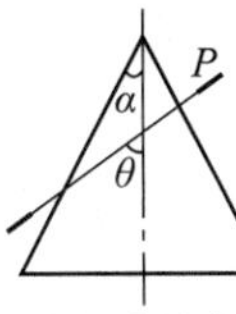 与全部素线相交 $\theta>\alpha$	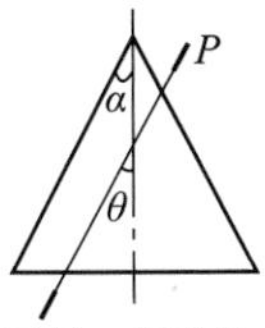 平行一条素线 $\theta=\alpha$	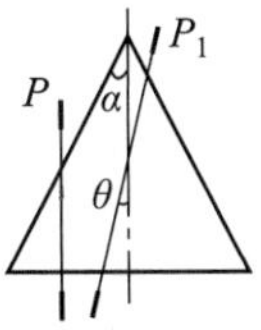 平行两条素线 $\alpha>\theta=0°$	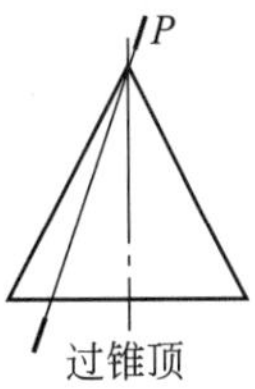 过锥顶
截交线形状	圆	椭圆	抛物线与直线组成的闭合图形	双曲线与直线组成的闭合图形	三角形
立体图	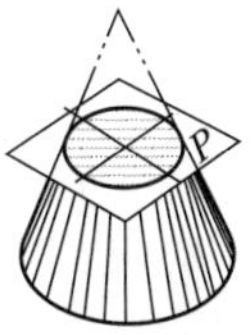	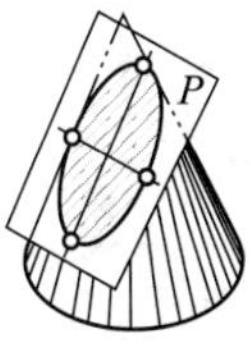	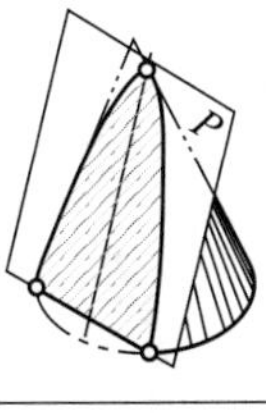	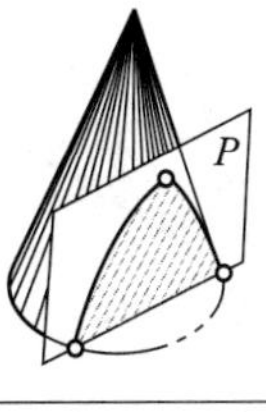	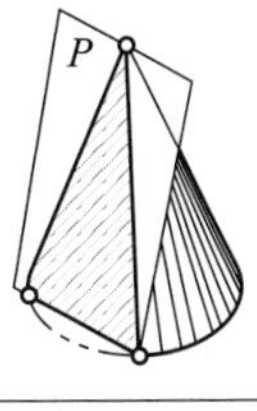

续表

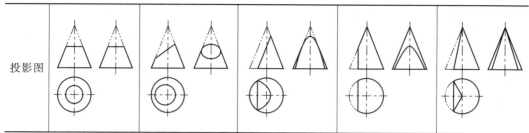

2.4.4 组合体的投影

生活中常见到的建筑物或其他工程形体都是由简单的基本形体组成的,如四棱台、圆柱体、长方体、球体等。

1. 组合体的组合方式

(1) 叠加式:组合体由若干个基本形体叠加而成,如图 2-28(a)所示。
(2) 切割式:组合体由一个大的基本形体经过若干次切割而成,如图 2-28(b)所示。
(3) 混合式:组合体既有叠加又有切割,如图 2-28(c)所示。

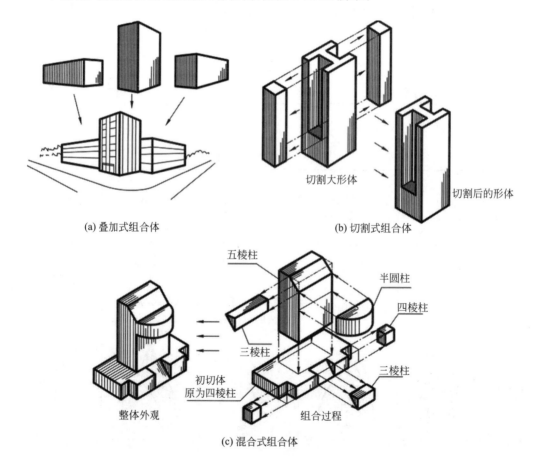

图 2-28 组合体的组合方式

2. 组合体的表面连接关系与相互位置关系

连接关系是指基本形体组合成组合体时，各基本形体表面间真实的相互关系，包括两表面相互平齐、相切、相交和不平齐，如图 2-29 所示，平齐处和相切处不画线，而相交处和不平齐处则需要画线。

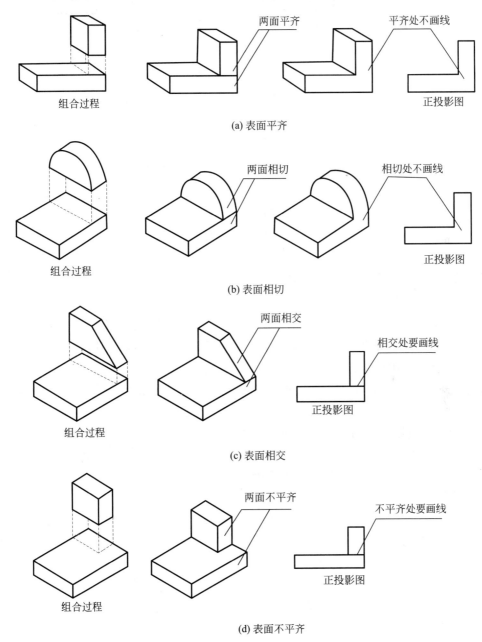

图 2-29 组合体的表面连接关系

组合体是由基本形体组合而成的，所以基本形体之间除表面连接关系以外，还有相互之间的位置关系。图 2-30 所示为叠加式组合体组合过程中的几种位置关系。

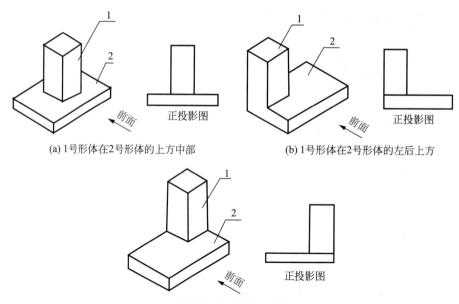

(a) 1号形体在2号形体的上方中部   (b) 1号形体在2号形体的左后上方

(c) 1号形体在2号形体的右后上方

图 2-30　组合体的相互位置关系

3. 组合体投影图的画法

1) 组合体的形体分析

一个组合体可以看作由若干个基本形体组成。形体分析是指对组合体中基本形体的组合方式、表面连接关系及相互位置等进行分析，弄清各部分的形状特征。

2) 组合体投影图的做法

作组合体投影图的已知条件有两种：一种是给出组合体的实物或模型，另一种是给出组合体的直观图（轴测图）。

作组合体投影图时，一般应按以下步骤进行。

（1）对组合体进行形体分析。

（2）在投影体系中选择摆放位置，确定投影图数量。

（3）作投影图。

① 绘制底稿。绘制底稿的顺序以形体分析的结果为准，一般为先主体后局部、先外形后内部、先曲线后直线。

② 加深加粗图线，完成所作投影图。

③ 注写尺寸，做到详尽、准确。

3) 组合体投影图作图中的注意事项

（1）确定组合体在投影体系中的安放位置。

① 符合平稳原则，选择组合体摆放平稳的位置进行投影。

② 符合工作位置，对实际物体部件进行投影时符合其真实工作位置。

③ 摆放的位置要显示尽可能多的特征轮廓。

（2）确定组合体的投影图数量。

① 根据表达基本形体所需的投影图确定组合体的投影图数量。
② 抓住组合体的总体轮廓特征或其中某基本体的明显特征选择投影图数量。
③ 选择的投影图案，应以投影中出现的虚线最少为原则。

（3）因为工程物体有大有小，无法按实际大小作图，所以必须选择适当的比例作图。当比例选定以后，再根据投影图所需数量及面积大小选用合理图幅。

（4）组合体的尺寸标注。
① 尺寸一般应布置在图形外，以确保图形清晰、整洁。
② 尺寸排列时要注意大尺寸在外、小尺寸在内，并在不出现尺寸重复的前提下，使尺寸构成封闭的尺寸链。
③ 反映某一形体的尺寸最好集中标在反映这一基本形体特征轮廓的投影图上。
④ 两投影图相关的尺寸应尽量标在两图之间，以便对照识读。
⑤ 尽量不在虚线图形上标注尺寸。

4) 由轴测图绘制正投影图

绘制组合体投影图的方法有叠加法、切割法等。

（1）叠加法。叠加法是根据叠加式组合体中基本形体的叠加顺序，由下而上或由上而下地绘制各基本体的三面投影，进而绘制整体投影图的方法。

（2）切割法。当形体分析为切割式组合体时，先绘制形体未被切割前的三面投影，然后按分析的切割顺序绘制切去部分的三面投影，最后绘制组合体整体投影的方法称为切割法。

4. 组合体投影图的识读

组合体可以看作由若干个基本形体组成的立体，在对组合体投影图进行识读的过程中，运用"分线框、对投影"的方法分析出组合体由几部分组成，并对各部分之间的组合方式、表面连接关系及相互位置等进行分析，弄清各部分的形状特征，从而从特征视图入手，想象出各部分的形状、相对位置关系及组合方式，最后综合想象出整体形状。

第 3 章 剖面图与断面图

在形体的投影图中,可见的轮廓线用实线,不可见的轮廓线用虚线。对于构造比较复杂,尤其是内部构造比较复杂的形体(如含有坑、槽、孔、洞、空腔的形体),投影图中出现较多虚线会使图样实虚交错而混淆不清,给绘图、读图带来困难。为了解决这一问题,人们引入了剖面图与断面图。

3.1 剖 面 图

3.1.1 剖面图的形成

假想用剖切平面(P)将物体剖切开,移去观察者和剖切平面之间的部分,对剩余部分向投影面投射所得的图形称为剖面图,如图 3-1 所示。

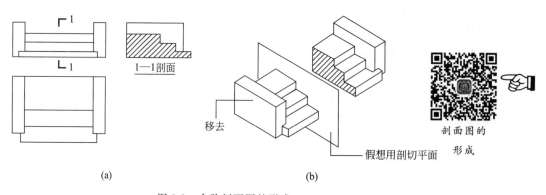

图 3-1 台阶剖面图的形成

3.1.2 剖面图的画法

1. 剖切位置线及剖切符号

剖切位置可按需选定。在有对称中心面时,一般选在对称中心面上或通过孔洞中心线,并且平行于某一投影面,如图 3-2 所示。

剖切面的位置不同,得到的剖面图的形状也不同。因此,绘制剖面图时,必须用剖切符号标明剖切位置和投射方向,并予以编号。

剖面图的剖切符号由剖切位置线及投射方向线组成,均应以粗实线绘制。剖切位置线

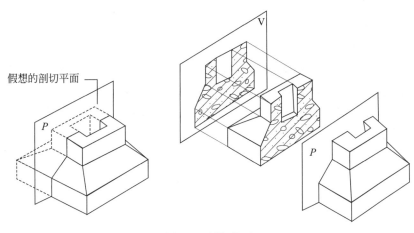

图 3-2　剖切位置

的长度宜为 6~10mm；投射方向线垂直于剖切位置线，从剖切位置线末端开始绘制，长度为 4~6mm。绘制时，剖切符号不应与其他图线相接触。剖切符号的编号宜采用阿拉伯数字，一般按从左到右、从上到下的顺序编排，数字应水平书写在剖切符号的端部。剖切位置线需要转折时，在转折处也要加上相同的编号。剖面图的名称要包含与该图相对应的剖切符号的编号，并注写在剖面图的下方，如图 3-3 所示。

剖面图的
构成要素

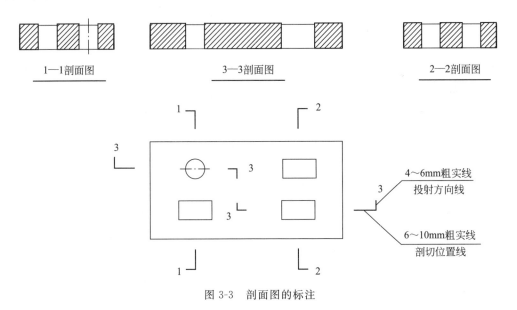

图 3-3　剖面图的标注

2. 绘制剖面图注意事项

(1) 剖切面是假想的，目的是把形体的内部形状准确、清楚地表达出来。在绘制剖面图时，一般使剖切平面平行于基本投影面，并尽量通过形体上的孔、洞、槽的中心线。

(2) 同一形体若需要几个剖面图表示，可进行几次剖切且互不影响，每次剖切都应按完整的形体进行考虑。

(3) 剖切面与形体接触部分的轮廓线用粗实线表示；没有接触到，但沿投射方向可以看见部分的轮廓线用中粗实线表示。

(4) 剖面图一般不绘制虚线，只有当被省略的虚线表达的意义不能在其他投影图中表示或者造成识图不清时，才可保留虚线。

(5) 在形体被剖切部分的轮廓线内通常绘制表示材料类型的图例。常用建筑材料图例如表 3-1 所示。当未指明形体所用材料时，可用等间距、疏密适度、与水平方向呈 45°的斜线表示，线型为细实线。

表 3-1 常用建筑材料图例

序号	名 称	图 例	备 注
1	自然土壤		包括各种自然土壤
2	夯实土壤		
3	砂、灰土		靠近轮廓线绘制较密的点
4	砂砾石、碎砖三合土		
5	石材		
6	毛石	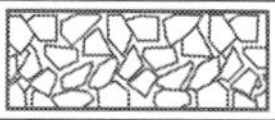	
7	普通砖		包括实心砖、多孔砖、砌块等砌体，断面较窄、不易绘制图例线时可涂红
8	耐火砖	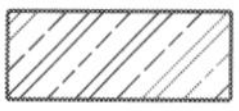	包括耐酸砖等砌体
9	空心砖		非承重砖砌体
10	饰面砖		包括铺地砖、陶瓷锦砖、人造大理石等
11	焦渣、矿渣	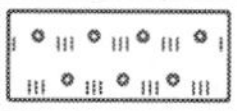	包括与水泥、石灰等混合而成的材料
12	混凝土	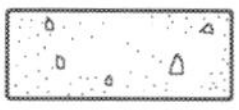	(1) 本图例指能承重的混凝土及钢筋混凝土。 (2) 包括各种强度等级、骨料、添加剂的混凝土。 (3) 在剖面图上绘制钢筋时，不绘制图例线。 (4) 断面图形小，不易绘制图例线时可涂黑
13	钢筋混凝土		
14	多孔材料		包括水泥珍珠岩、沥青珍珠岩、泡沫混凝土、非承重加气混凝土、软木、蛭石制品等
15	纤维材料	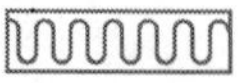	包括矿棉、岩棉、玻璃棉、麻丝、木丝板、纤维板等
16	泡沫塑料材料	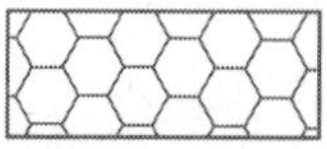	包括聚苯乙烯、聚乙烯、聚氨酯等多孔聚合物类材料

续表

序号	名称	图例	备注
17	木材		横断面，左图为垫木、木砖或木龙骨
			纵断面
18	胶合板		应注明为 n 层胶合板
19	石膏板	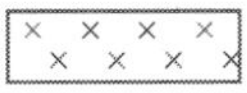	包括圆孔和方孔石膏板、防水石膏板等
20	金属	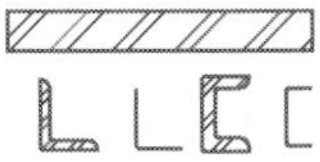	包括各种金属，图形小时可涂黑
21	网状材料		包括金属、塑料网状材料，应注明具体材料名称
22	液体	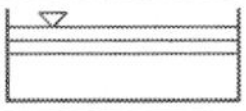	应注明具体液体名称
23	玻璃	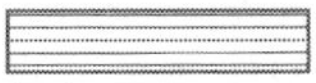	包括平板玻璃、磨砂玻璃、夹丝玻璃、钢化玻璃、中空玻璃、加层玻璃、镀膜玻璃等
24	橡胶		
25	塑料		包括各种软、硬塑料及有机玻璃等
26	防水材料		构造层次多或比例大时，采用上面图例
27	粉刷		本图例采用较稀的点

3.1.3 剖面图的剖切方法及种类

绘制剖面图时，被剖切形体的内部构造及外部形状决定了剖切平面的数量、剖切位置和剖切方式。对形体进行剖切时，可根据实际需要，选择用一个剖切平面、几个平行的剖切平面、几个相交的剖切平面和分层剖切的形式进行剖切。

1. 用一个剖切平面剖切

根据不同的剖切方式，用一个剖切平面剖切的剖面图又分为全剖面图、半剖面图、局部剖面图等形式。

（1）全剖面图。用一个剖切平面完全地剖开物体所得的剖面图称为全剖面图，如图 3-4 所示。当形体的投影是非对称的且需要表示其内部形状时，应采用全剖面图。当形体投影是对称的但外形简单时，也可采用全剖面图。全剖面图一般应进行标注，但当剖切平面通过形体的对称线且又平行于某一基本投影面时，可不标注。

（2）半剖面图。当形体在某个方向上的视图为对称图形时，可以在该方向的视图上一半绘制未剖切的外部形状，另一半绘制剖切开后的内部形状，此时得到的剖面图称为半剖面图。图 3-5 所示为杯形基础的半剖面图。

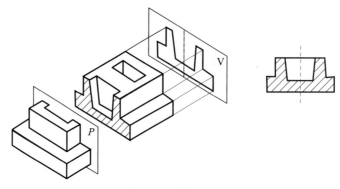

图 3-4 全剖面图

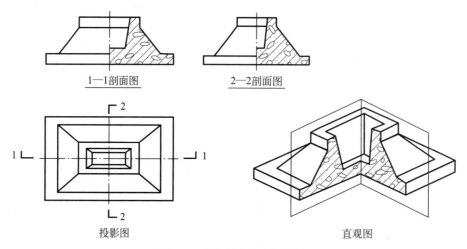

图 3-5 杯形基础的半剖面图

(3) 局部剖面图。用剖切平面局部地剖开物体所得的剖面图称为局部剖面图,如图 3-6 所示。局部剖面图用细的波浪线作为分界线,将其与外形部分分开。波浪线不能超出轮廓线,也不能与轮廓线重合。

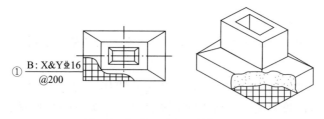

图 3-6 杯形基础的局剖剖面图

2. 用两个或两个以上互相平行的剖切平面剖切

当形体内部结构层次较多,用一个平面剖切不能将内部结构表达清楚时,可用两个或两个以上互相平行的剖切平面剖切,互相平行的剖切平面可以看成将一个剖切平面转折成几个互相平行的平面绘制其剖面图,这种剖面图称为阶梯剖面图,如图 3-7 所示。

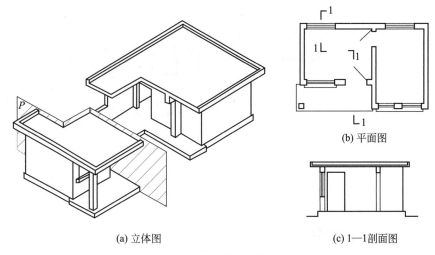

(a) 立体图　　(b) 平面图　　(c) 1—1 剖面图

图 3-7　阶梯剖面图

3. 用几个相交的剖切平面剖切

假想用两个相交的剖切平面将形体剖切开,将不平行投影面部分绕其两个剖切平面的交线旋转至与投影面平行,然后投影所得的剖面图称为展开剖面图,如图 3-8 所示。图 3-8 是一个转角楼梯,绘制剖面图时,先将不平行投影面部分绕其两个剖切平面的交线旋转至与投影面平行后投影。剖面图的总长度应为两段梯段实际长度加上 a 和 b 长度的总和。用此方法剖切时,应在图名后加注"展开"二字。

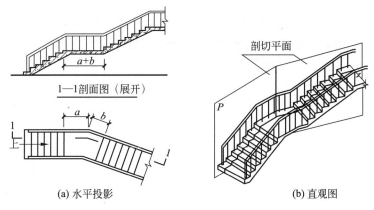

(a) 水平投影　　(b) 直观图

图 3-8　展开剖面图

4. 分层剖切

对具有分层构造的工程形体,可根据实际需要,用几个互相平行的剖切平面分层将物体局部剖切开,将几个局部分层剖面投射到一个投影图上,按层次以波浪线将各层隔开,波浪线不应与任何图线重合。分层剖面图多用来表达房屋的楼面、地面、墙面和屋面等处的构造。图 3-9 所示为楼层地面分层剖面图,反映了地面各层所用的材料和构造的做法。

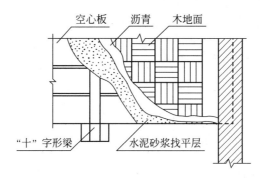

图 3-9　楼层地面分层剖面图

3.1.4　剖面图在工程中的应用

建筑平面图和建筑剖面图是建筑工程图中常见的剖面图,主要反映建筑物内部的形状、尺寸等特征。平面图实际上是假想用一个略高于窗台的水平剖切平面将房屋全部剖开,移去上半部分后,从上向下投影得到的,为了与剖面图区别,故将之称为平面图。

3.2　断　面　图

3.2.1　断面图的形成

用假想剖切平面将物体某处切开,仅绘制该剖切平面与物体接触部分的图形,并在该图形内填充相应的材料图例,这样的图形称为断面图,如图 3-10 所示。

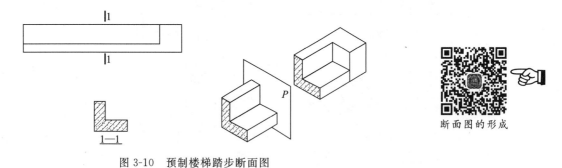

图 3-10　预制楼梯踏步断面图

3.2.2　断面图与剖面图的区别

如图 3-11 所示,1—1 为断面图,2—2 为剖面图,两者的区别体现在如下几点。

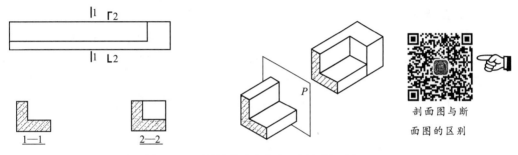

图 3-11 预制楼梯踏步的断面图与剖面图

1. 表达的内容不同

断面图是对形体剖切之后的断面进行投影,是面的投影;剖面图是对形体剖切之后剩下部分形体的投影,是体的投影。

2. 标注不同

断面图用剖切位置线与编号表示,编号的注写位置代表投射方向;剖面图用剖切位置线、投射方向线和编号表示。

3. 剖切情况不同

断面图的剖切平面通常为一个,剖面图可用两个或两个以上的剖切平面进行剖切。

3.2.3 断面图的类型

1. 移出断面图

绘于投影图之外的断面图称为移出断面图,如图 3-12 所示。

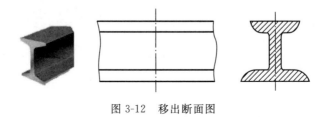

图 3-12 移出断面图

2. 中断断面图

当断面图绘制在形体中断处时,称为中断断面图,如图 3-13 所示。中断断面图不需要标注,适用于外形简单、细长的杆件。

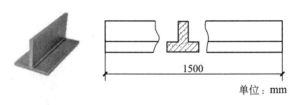

图 3-13 中断断面图

3. 重合断面图

将绘制在投影图之内的断面图称为重合断面图。重合断面图的轮廓线用粗实线表示，以便与投影的轮廓线区分，并且形体的投影轮廓线在重合断面图处仍是连续的，不断开，如图 3-14 所示。

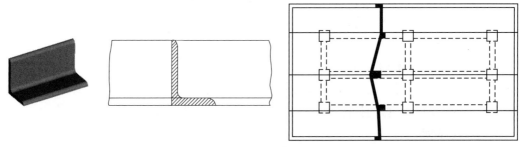

图 3-14　重合断面图

第4章 施工图识读

4.1 施工图概述

4.1.1 施工图的概念及分类

1. 施工图的概念

施工图是根据正投影原理和相关专业知识绘制的工程图样,用于表示建筑物的外部形状、内部布置、结构构造、内外装修、材料做法及设备、施工等。

2. 施工图的分类

根据专业分工的不同,施工图一般分为建筑施工图,简称建施,常用 JS 标识;结构施工图,简称结施,常用 GS 标识;给水排水施工图,简称水施,常用 SS 标识;采暖通风施工图,简称暖施,常用 NS 标识;电气施工图,简称电施,常用 DS 标识;也有的把水施、暖施、电施统称为设施(设备施工图)。

工程图纸应按专业顺序编排,应为图纸目录、设计说明、总图、建筑图、结构图、给水排水图、暖通空调图、电气图等。

4.1.2 施工图中的常用符号及图例

为了使房屋施工图的图面统一而简洁,制图标准对常用的符号、图例画法做了明确的规定。

1. 定位轴线

定位轴线是用来确定房屋主要结构或构件的位置及其尺寸的基线,用于平面时称为平面定位轴线(定位轴线),用于竖向时称为竖向定位轴线。

1)定位轴线的绘制方法

定位轴线用细点画线表示,轴线端绘制细实线圆圈,直径为 8~10mm。定位轴线圆的圆心应在定位轴线的延长线或延长线的折线上,圆内注写轴线编号,如图 4-1 所示。

2)定位轴线编号

平面定位轴线编号原则:水平方向采用阿拉伯数字,从左向右依次编写;垂直方向采用大写拉丁字母,从下至上依次编写,其中 I、O、Z 不得使用,避免同 1、0、2 混淆。

附加定位轴线用于次要承重构件处,其编号应以分数形式表示,并应符合下列规定:两根轴线的附加轴线应以分母表示前一轴线编号,分子表示附加轴线编号,编号宜用阿拉伯数字顺序编写。

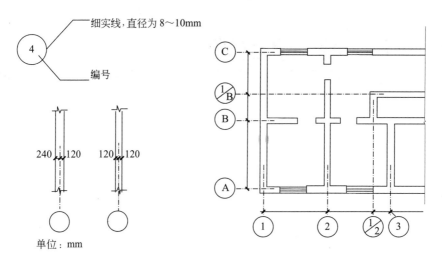

图 4-1 定位轴线

1 号轴线或 A 号轴线之前的附加轴线的分母应以 01 或 0A 表示,如图 4-2 所示。其中,1/2 表示 2 号轴线之后的第 1 根附加轴线,1/01 表示 1 号轴线之前的第 1 根附加轴线,3/C 表示 C 号轴线之后的第 3 根附加轴线,3/0A 表示 A 号轴线之前的第 3 根附加轴线。

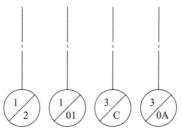

图 4-2 附加定位轴线

若某一详图适用于多条定位轴线,则应同时注明各有关轴线的编号,如图 4-3 所示。其中,图 4-3(a) 适用于 2 根轴线的标注,图 4-3(b) 适用于 3 根或 3 根以上轴线的标注,图 4-3(c) 适用于 3 根以上连续编号轴线的标注。

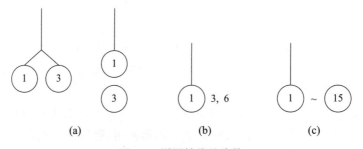

图 4-3 详图轴线及编号

通用详图的定位轴线只绘制圆,不注写编号。

2. 索引符号

索引符号用于查找相关图纸。当图样中的某一局部或构件未能表达清楚设计意图而需另见详图，以展示更详细的尺寸及构造做法时，就要通过索引符号表明详图所在位置。

1）索引符号的绘制方法

详图引出线一端的要指向绘制详图的地方，引出线的另一端为用细实线绘制的直径为10mm的圆，引出线还应对准圆心。在圆内过圆心绘制水平细实线，将圆平均分为两个半圆。当索引符号用于索引剖面详图时，应在被剖切的部位绘制剖切位置线，引出线所在一侧应为投射方向，如图4-4所示。

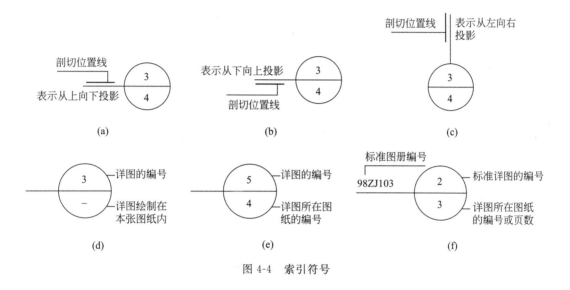

图4-4 索引符号

2）索引符号编号

索引出的详图如与被索引出的详图同在一张图纸内，则应在索引符号的上半圆中用阿拉伯数字注明该详图的编号，并在下半圆中间绘制一段水平细实线，如图4-4(d)所示。

索引出的详图如与被索引出的详图不在同一张图纸内，则应在索引符号的上半圆中用阿拉伯数字注明该详图的编号，在索引符号的下半圆中用阿拉伯数字注明该详图所在图纸的编号，如图4-4(e)所示。

索引出的详图如采用标准图，则应在索引符号水平直径的延长线上加注该标准图册的编号，在索引符号的上半圆中用阿拉伯数字注明该标准详图的编号，索引符号的下半圆中用阿拉伯数字注明该标准详图所在标准图册的页数，如图4-4(f)所示。

3. 详图符号

详图符号与索引符号相对应，用来标明索引出的详图所在位置和编号。

1）详图符号的绘制方法

详图符号的圆的直径为14mm，应以粗实线绘制。

2) 详图符号编号

(1) 详图与被索引的图样同在一张图纸内时,应在详图符号内用阿拉伯数字注明详图的编号,如图 4-5(a)所示。

(2) 详图与被索引的图样不在同一张图纸内时,应用细实线在详图符号内绘制一水平直径,在上半圆中注明详图的编号,在下半圆中注明被索引的图纸的编号,如图 4-5(b)所示。

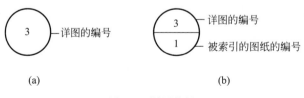

图 4-5 详图符号

4. 引出线

当图样中某些部位由于图形比例较小,其具体内容或要求无法标注时,常用引出线注出文字说明或详图索引符号。

(1) 引出线应以细实线绘制,宜采用水平方向的直线,与水平方向呈 30°、45°、60°、90°的直线,或经上述角度再折为水平线。文字说明宜注写在水平线的上方,如图 4-6(a)所示;也可注写在水平线的端部,如图 4-6(b)所示;索引详图的引出线应与水平直径线相连接,如图 4-6(c)所示。

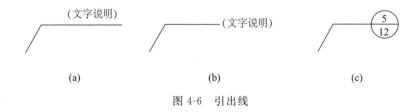

图 4-6 引出线

(2) 同时引出几个相同部分的引出线宜互相平行,如图 4-7(a)所示;也可绘制成集中于一点的放射线,如图 4-7(b)所示。

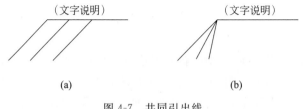

图 4-7 共同引出线

(3) 若多层构造或多层管道共用引出线,应通过被引出的各个部分。文字说明注写在水平线上方,或注写在水平线端部,说明的顺序应由上至下,并应与被说明的层次相互一致,如图 4-8(a)所示;如层次为横向排序,则由上至下的说明顺序应与从左至右的层次相互一致,如图 4-8(b)所示。

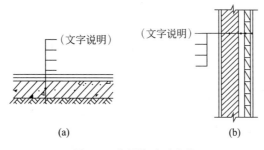

图 4-8　多层构造引出线

5. 指北针或风玫瑰图

在总平面图及底层建筑平面图上，一般需要绘制指北针，以指明建筑物的朝向。指北针如图4-9(a)所示，其圆的直径为24mm，用细实线绘制；指北针尾部的宽度宜为3mm，指北针头部注写文字"北"或"N"。需要绘制较大直径指北针时，指针尾部宽度宜为直径的1/8。

风向频率玫瑰图又称为风玫瑰图，是一种根据当地多年平均统计所得的各个方向吹风次数的百分数，并按一定比例绘制的图形。风玫瑰图折线上的点离圆心的远近表示从此点向圆心方向刮风频率的大小，粗实线表示全年风向频率，虚线表示夏季风向频率（按 6 月、7 月、8 月 3 个月统计）。不同地区的风玫瑰图各不相同，如图 4-9(b)所示。

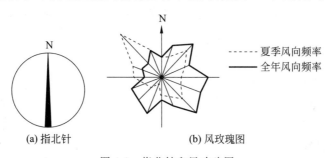

图 4-9　指北针和风玫瑰图

6. 对称符号

对称符号由对称线和两端的两对平行线组成。对称线用细点画线绘制；平行线用细实线绘制，其长度宜为 6～10mm，每对的间距宜为 2～3mm；对称线垂直平分于两对平行线，两端超出平行线宜为 2～3mm，如图 4-10 所示。

7. 连接符号

应以折断线表示需连接的部位。当两部位相距过远时，折断线两端靠图样一侧应标注大写拉丁字母表示连接编号。两个被连接的图样必须用相同的字母编号，如图 4-11 所示。

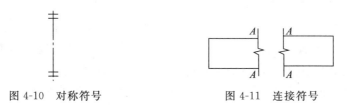

图 4-10　对称符号　　　　图 4-11　连接符号

4.2 建筑施工图识读

一套完整的建筑施工图包括图纸目录、设计总说明、建筑总平面图、各层平面图、各方向立面图、必要位置剖面图、节点详图。

4.2.1 图纸目录与设计总说明

1. 图纸目录

除图纸封面外,图纸目录应安排在一套图纸的最前面,用来说明本工程的图纸类别、图号编排、图纸名称和备注等,以方便对图纸的查阅和排序。图纸目录一般以表格形式编写,说明该套施工图纸有几类,各类图纸有几张,每张图纸的图名、图号、图幅大小等。

资料:建筑施工图识读方法

2. 设计总说明

设计总说明位于图纸目录之后,是对房屋建筑工程中不易用图样表达的内容采用文字加以说明,主要包括工程的设计概况、工程做法中采用的标准图集代号,以及在施工图中不宜用图样而必须采用文字加以表达的内容,如材料的内容,饰面的颜色,环保要求,施工注意事项,采用新材料、新工艺的情况说明等。

另外,在建筑施工图中还应包括防火专篇等一些有关部门要求明确说明的内容。

3. 识读图纸目录和设计说明

读者可通过扫描二维码获取具体内容。

4.2.2 总平面图

资料:学生宿舍建筑设计说明

1. 总平面图的形成

将新建建筑物四周一定范围内的新建、原有和拆除的建筑物、构筑物连同其周围的地形地貌、地物状况及道路用水平投影方法和相应图例绘制出的图样称为总平面图。通常以含有±0.000 标高的平面作为总平面图。

2. 总平面图的图示方法

总平面图一般采用 1:500、1:1 000、1:2 000 的比例绘制,因为比例较小,所以图示内容多按《总图制图标准》(GB/T 50103—2010)中相应的图例要求进行简化绘制,与工程无关的对象可省略不画。表 4-1 为《总图制图标准》中规定的几种常用图例。

3. 建筑总平面图的图示内容

(1)建筑物:分为新建、扩建、原有及拆除建筑物,以±0.000 标高处的外墙轮廓线表示新建建筑物,需要时可用▲表示出入口,在图形右上角用点●数或数字表示层数。

(2)道路:分为新建、扩建、原有和拆除道路及人行通道、铁路等。

(3)构筑物:常见的构筑物有围墙(大门)、挡土墙、边坡、台阶、水池等。

(4)绿化:包括树木、草地、花坛、绿篱等。

表 4-1　《总图制图标准》中规定的几种常用图例

名　称	图例/mm	说　明
新建建筑物	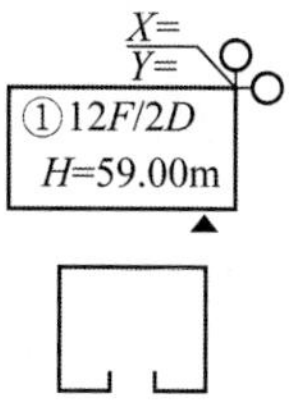 ①12F/2D　H=59.00m	(1) 新建建筑物以粗实线表示与室外地坪相接处±0.000高度处的外墙定位轮廓线。 (2) 根据不同设计阶段标注建筑编号,地上、地下层数,建筑高度,建筑物入口位置(两种方法均可,但同一图纸采用一种表示方法)。 (3) 地面以下建筑用粗虚线表示轮廓；建筑上部外挑建筑用细实线,连廊部分用细虚线并标注位置。 (4) ▲表示出入口,在图形内右上角用点数或数字表示层数
原有建筑物		用细实线表示
计划扩建的建筑物或预留地		用中粗虚线表示
要拆除的建筑物	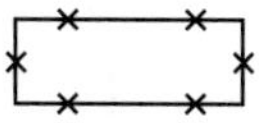	用细实线表示
铺砌场地	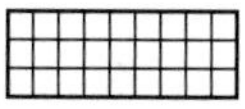	—
敞棚或敞廊	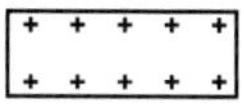	—
围墙及大门	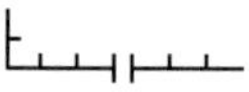	—
室外地坪标高	▼143.00	室外地坪标高也可采用等高线表示
新建的道路	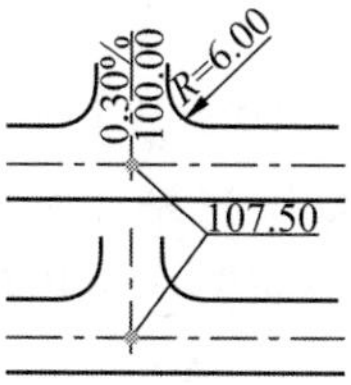 R=6.00　0.30%　100.00　107.50	(1) $R=6.00$ 表示道路的转弯半径。 (2) 107.50 为道路中心交叉点设计标高。 (3) 100.00 为变坡点之间的距离。 (4) 0.30% 表示道路的坡道
原有道路		—
计划扩建的道路		—
人行道	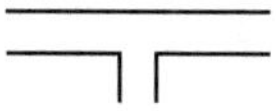	—
桥梁(公路桥)		—
坐标	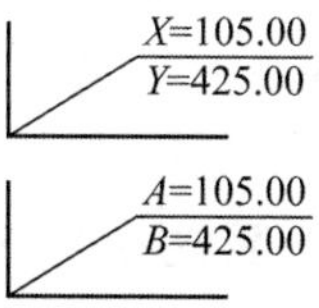 $X=105.00$　$Y=425.00$　$A=105.00$　$B=425.00$	(1) 上图表示地形测量坐标系。 (2) 下图表示自设坐标系,坐标数字平行于建筑标注

续表

名　称	图　例	说　明
填挖边坡	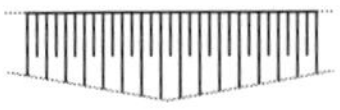	—
室内标高	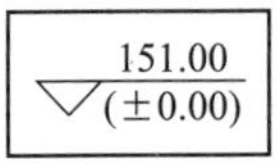 ▽ 151.00 (±0.00)	数字平行于建筑物书写

（5）其他地物和设施：如消火栓、管线、水井、电线杆等，当对工程有重要影响时，需要绘出。

（6）标注：主要有相对尺寸、坐标、标高和坡度。相对尺寸和坐标用于平面定位，只在水平方向进行度量，其中通过相互之间的尺寸和角度进行定位的方法比较直观方便，因此应用较多；标高用于竖向定位；坡度则显示了连续变化的竖向关系，多用于道路、场地、坡道等。总平面图中的坐标、标高、距离宜以 m 为单位，并应至少取至小数点后两位，不足时以"0"补齐。

（7）文字说明：包括图名、比例、建筑物名称或编号、道路名称等。

（8）总平面图中应绘制指北针或风玫瑰图。

4. 识读建筑总平面图

1）看总平面图的图名、比例及有关文字说明

由于总平面图包括的区域较大，因此绘制时都用较小比例，常用的比例有 1∶500、1∶1000、1∶2000 等。

2）了解新建工程的性质和总体布局

了解新建工程的性质和总体布局，如各种建筑物及构筑物的位置、道路和绿化的布置等。由于总平面图的比例较小，各种有关物体均不能按照投影关系如实反映出来，因此只能用图例的形式进行绘制。要读懂总平面图，必须熟悉总平面图中常用的各种图例。《总图制图标准》（GB/T 50103—2010）中规定了常用图例（表 4-1），在较复杂的总平面图中若用到一些国家标准中没有规定的图例，则必须在图中另加说明。

在总平面图中，为了说明房屋的用途，应在房屋的图例内标注出名称。当图样比例小或图面无足够位置时，也可编号列表编注在图内；当图形过小时，可标注在图形外侧附近。同时，还要在图形右上角标注房屋的层数符号，一般以数字表示，如 14 表示该房屋为 14 层；当层数不多时，也可用小圆点数量表示，如"∷"表示 4 层。

3）定位建筑物

总平面图中建筑物的定位有以下两种形式。

（1）小型工程以新建房屋的外墙到原有房屋的外墙或到道路中心线的距离进行定位。

（2）大、中型工程以坐标进行定位。坐标定位又分为测量坐标定位和建筑坐标定位两种。

① 测量坐标定位。在地形图上用细实线绘制交叉"十"字线的坐标网,南北方向的轴线为 X,东西方向的轴线为 Y,这样的坐标称为测量坐标。坐标网常采用 100m×100m 或 50m×50m 的方格网。一般建筑物的定位宜注写其 3 个角的坐标,如建筑物与坐标轴平行,可注写其对角坐标,如图 4-12 所示。

② 建筑坐标图定位。建筑物、构筑物平面两方向与测量坐标网不平行时常用建筑坐标定位。如图 4-13 所示,A 轴相当于测量坐标中的 X 轴,B 轴相当于测量坐标中的 Y 轴,选择适当位置作为坐标原点,采用 100m×100m 或 50m×50m 的方格网,沿建筑物主轴方向用细实线绘制方格网通线。

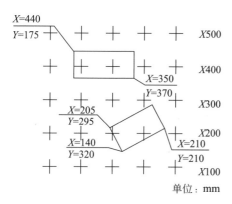

图 4-12 测量坐标定位

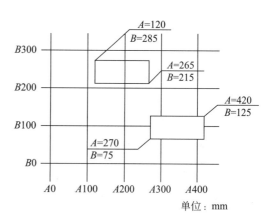

图 4-13 建筑坐标定位

4) 了解新建建筑室内外高差、道路标高及坡度

看新建建筑底层室内地面和室外地面的绝对标高,可知室内外地面高差及相对标高与绝对标高的关系。建筑物室内地坪为标准建筑图中±0.000 处的标高,对不同高度的地坪应分别标注其标高。

在建筑总平面图上标注的标高一般为绝对标高,工程中标高的水准引测点有的在图上直接可查阅到,有的则在图纸的文字说明中加以表明。对于地形起伏较大的地区,应绘制地形等高线(用细实线绘制地面上标高相同处的位置,并注上标高的数值),以表明地形的坡度、雨水排出的方向等。

5) 看总平面图中的指北针或风玫瑰图

总平面图应按上北下南的方向绘制,根据场地形状或布局,可向左或右偏转,但不宜超过 45°。总平面图中应绘制指北针或风玫瑰图,根据图中的指北针可知新建建筑物的朝向,而根据风玫瑰图可了解新建建筑物地区常年的盛行风向(主导风向)及夏季主导风向。有的总平面图中绘出风玫瑰图后就不再绘指北针。

6) 规划红线

在城镇建设中,新建建筑所在地域的平面位置应由城镇建设主管部门批准划定。规划红线是规划中用于界定道路、交通设施用地、对外交通用地的控制线,其作用是控制道路用地范围、限定各类道路沿线建筑物的建设条件,可细分为道路红线、建筑红线和用地红线。

7）绿化规划

随着人们生活水平的提高，居住生活环境越来越受重视，绿化和建筑小品在总平面图中也是重要内容之一，如一些树木、花草、建筑小品和美化构筑物的位置、场地建筑坐标（或与建筑物、构筑物的距离尺寸）、设计标高等。绿化率已成为居住生活质量的重要衡量指标之一。绿化率是项目绿地总面积与总用地面积的比值，一般用百分数表示。

8）容积率、建筑密度

容积率是项目总建筑面积与总用地面积的比值，一般用小数表示。建筑密度是指在一定范围内建筑物的基底面积总和与占地面积的比值（%），是指建筑物的覆盖率，具体指项目用地范围内所有建筑的基底总面积与规划建设用地面积之比（%），它可以反映一定用地范围内的空地率和建筑密集程度。

上面所列内容，应根据具体工程的特点和实际情况确定。对一些简单的工程，可不绘制等高线、坐标网或绿化规划和管道的布置。

4.2.3 建筑平面图

1. 建筑平面图的形成

用一个假想的水平剖切平面沿略高于窗台的位置剖切房屋后，移去上面部分，对剩下部分向水平面作正投影，所得的水平剖面图称为建筑平面图，简称平面图，如图 4-14 所示。

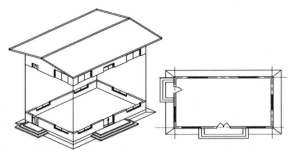

图 4-14 平面图

当建筑物为多层时，应每层剖切，所得的平面图以所在楼层命名，称为××层平面图，如一（底）层平面图、二层平面图、三层平面图……顶层平面图等。如果中间各楼层的房间数量、大小和布置都一样，则相同楼层可用一个平面图表示，称为标准层平面图或×～×层平面图，如 2～4 层平面图。

当建筑物的某一部分需要详细表达时，需将其水平剖视图单独绘出，称为局部平面图。局部平面图常以所绘部位命名，如卫生间平面图、楼梯间平面图等。

将完整的房屋建筑向水平投影面作正投影得到的图样称为屋顶平面图。

平面图上的线型粗细要分明。凡是被水平剖切面剖切到的墙、柱等断面轮廓线均用粗实线；门开启线，以及没有剖切到的可见轮廓线，如窗台、台阶、明沟、花台、梯段等用中实线；尺寸标注和标高符号均用细实线；定位轴线用细单点长画线。断面材料图例可用简化画法，如钢筋混凝土涂黑色等；粉刷层在 1：100 的平面图中不用绘制，在 1：50 或比例更大的平面图中则需用细实线绘出。

2. 建筑平面图图例

由于建筑施工图的绘图比例较小，因此某些内容无法用真实投影绘制，如门、窗、孔洞、坑、槽等一些尺度较小的建筑构配件，这时可以使用图例表示。图例应按《建筑制图标准》（GB/T 50104—2010）中的规定绘制，表 4-2 为常用构造及配件图例。

表 4-2 常用构造及配件图例

名 称	图 例	说 明
墙体	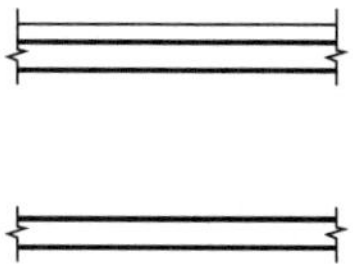	（1）上图为外墙，下图为内墙。 （2）外墙细线表示有保温层或有幕墙。 （3）应加注文字、涂色、图案填充，表示各种材料的墙体。 （4）在各层平面图中，防火墙宜着重以特殊图案填充表示
楼梯	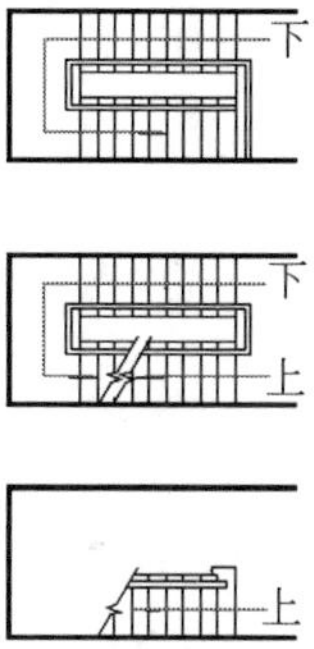	（1）上图为顶层楼梯平面，中图为中间层楼梯平面，下图为首层楼梯平面。 （2）需设置靠墙扶手或中间扶手时，应在图中表示
入口坡道	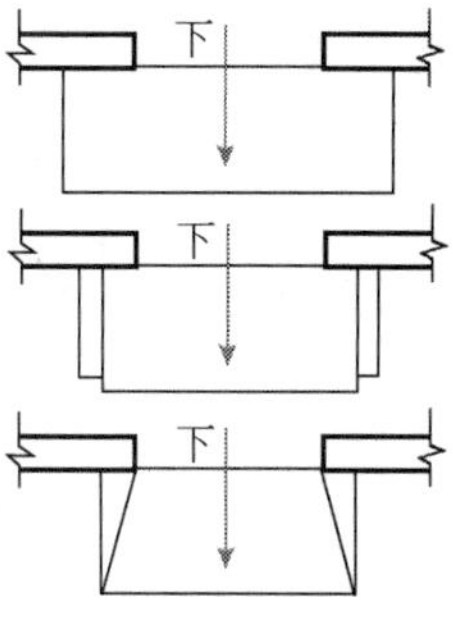	上图为两侧垂直的门口坡道，中图为有挡墙的门口坡道，下图为两侧找坡的门口坡道
长坡道	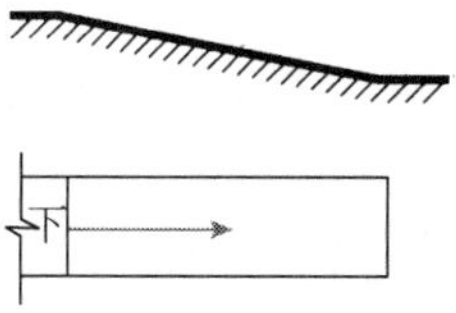	—
检查口		左图为可见检查口，右图为不可见检查口

续表

名 称	图 例	说 明
孔洞		阴影部分也可填充灰色
坑槽		—
空门洞	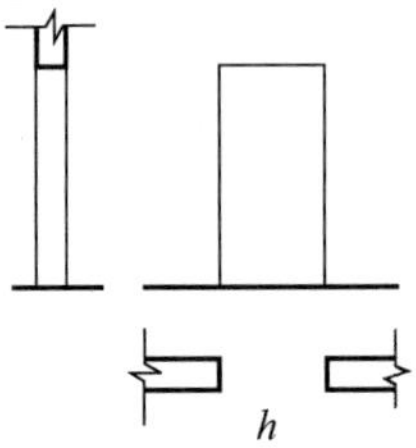	h 为门洞高度
单扇平开或单向弹簧门	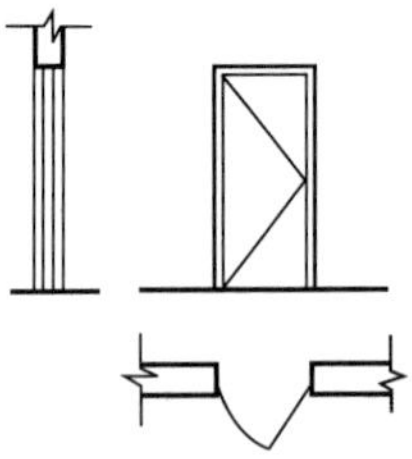	(1) 门的名称代号用 M 表示。 (2) 建筑平面图中，下为外，上为内，门开启线为 90°、60° 或 45°。 (3) 建筑立面图中，开启线实线为外开，虚线为内开。开启线交角的一侧为安装合页一侧。开启线在建筑立面图中可不表示，在立面大样图中可根据需要绘制。 (4) 建筑剖面图中，左为外，右为内。 (5) 附加纱扇应有文字说明，在建筑平面图、立面图、剖面图中均不表示。 (6) 立面形式应按实际情况绘制
单扇平开或双向弹簧门	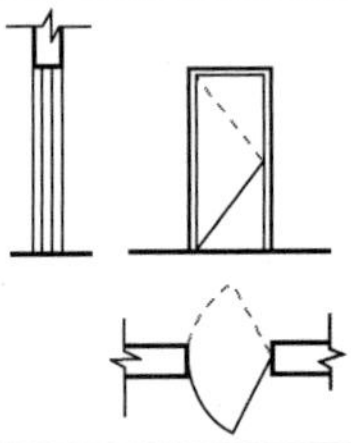	
双层单扇平开门	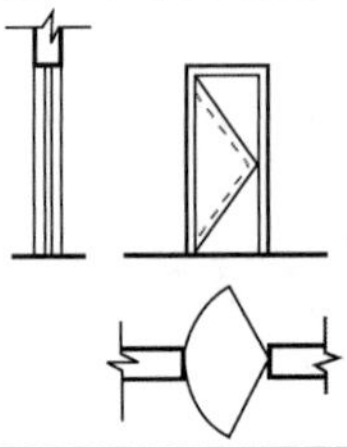	
折叠门	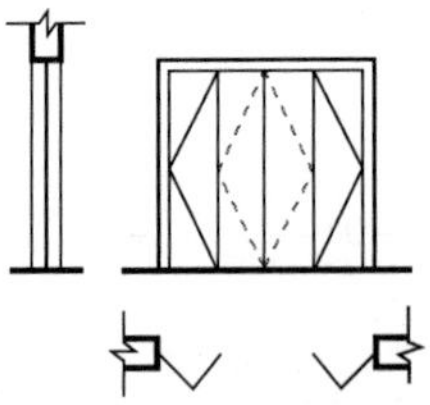	(1) 门的名称代号用 M 表示。 (2) 建筑平面图中，下为外。 (3) 建筑立面图中，开启线实线为外开，虚线为内开。开启线交角的一侧为安装合页一侧。 (4) 建筑剖面图中，左为外，右为内。 (5) 立面形式应按实际情况绘制
推拉折叠门	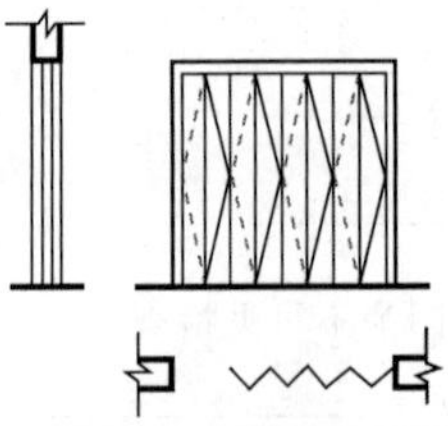	

续表

名　称	图　例	说　明
横向卷帘门	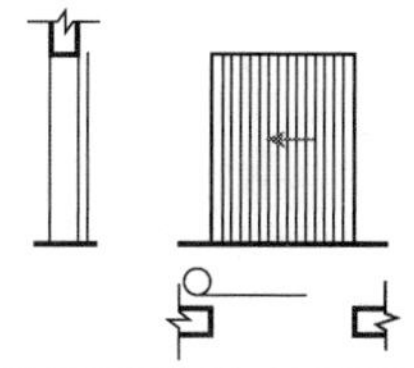	—
提升门	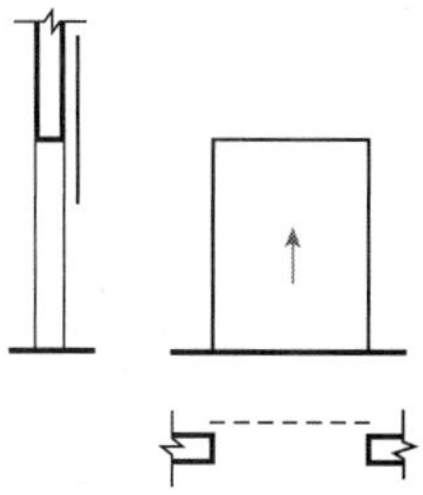	—
固定窗	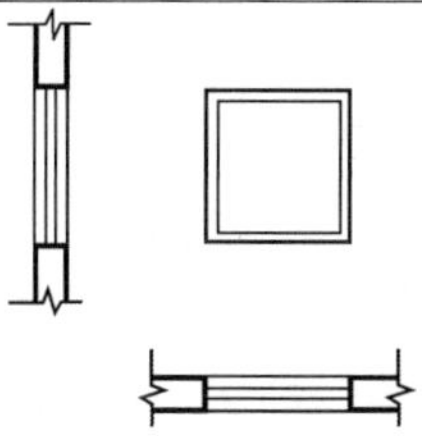	
上悬窗	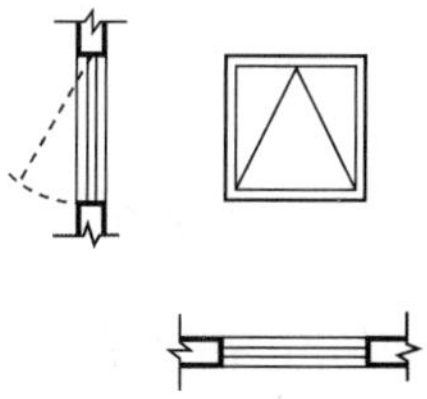	（1）窗的名称代号用C表示。 （2）建筑平面图中，下为外，上为内。 （3）建筑立面图中，开启线实线为外开，虚线为内开。开启线交角的一侧为安装合页一侧。开启线在建筑立面图中可不表示，在门窗立面大样图中需绘制。 （4）建筑剖面图中，左为外，右为内，虚线仅表示开启方向，项目设计不表示。 （5）附加纱窗应以文字说明，在建筑平面图、立面图、剖面图中均不表示。 （6）立面形式应按实际情况绘制
中悬窗	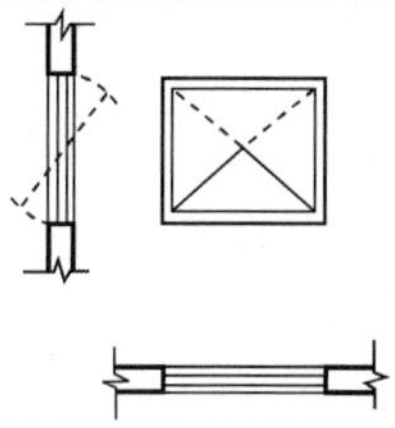	
下悬窗	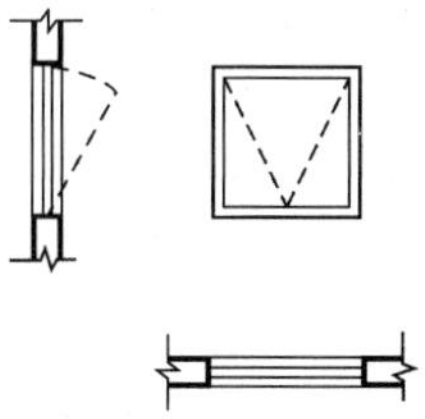	
立转窗	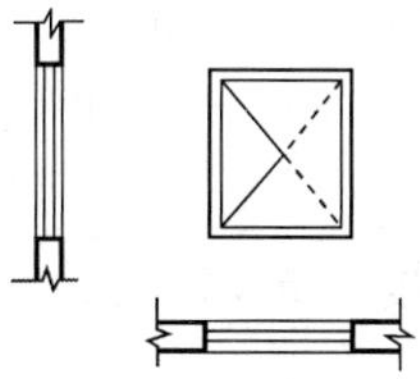	

续表

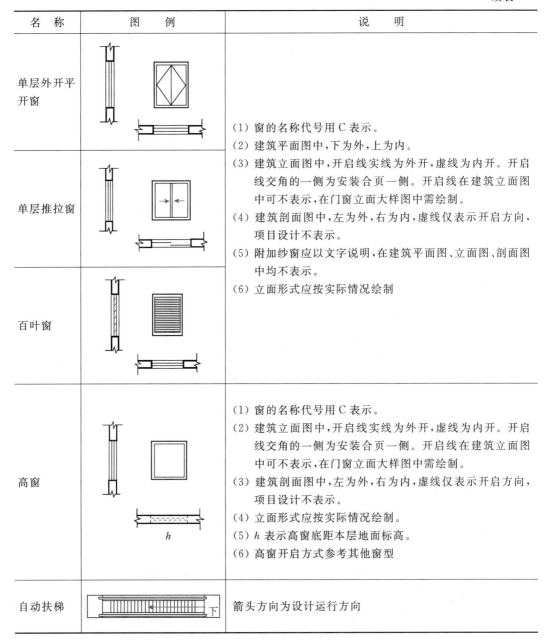

名　称	图　例	说　明
单层外开平开窗		(1) 窗的名称代号用C表示。 (2) 建筑平面图中，下为外，上为内。 (3) 建筑立面图中，开启线实线为外开，虚线为内开。开启线交角的一侧为安装合页一侧。开启线在建筑立面图中可不表示，在门窗立面大样图中需绘制。 (4) 建筑剖面图中，左为外，右为内，虚线仅表示开启方向，项目设计不表示。 (5) 附加纱窗应以文字说明，在建筑平面图、立面图、剖面图中均不表示。 (6) 立面形式应按实际情况绘制
单层推拉窗		
百叶窗		
高窗		(1) 窗的名称代号用C表示。 (2) 建筑立面图中，开启线实线为外开，虚线为内开。开启线交角的一侧为安装合页一侧。开启线在建筑立面图中可不表示，在门窗立面大样图中需绘制。 (3) 建筑剖面图中，左为外，右为内，虚线仅表示开启方向，项目设计不表示。 (4) 立面形式应按实际情况绘制。 (5) h 表示高窗底距本层地面标高。 (6) 高窗开启方式参考其他窗型
自动扶梯		箭头方向为设计运行方向

3. 建筑平面图的内容和识图要点

1）图名和绘图比例

建筑平面图的图名应以楼层编号，包括地下一层平面图、首层平面图、二层平面图等。图名宜标注在视图的下方或一侧，并在图名下用粗实线绘一条横线，其长度应以图名所占长度为准。

建筑平面图的比例应根据建筑物的大小和复杂程度选定，常用的比例为 1∶50、1∶100、1∶200，多用 1∶100。

2) 定位轴线

从图中定位轴线的编号及其间距尺寸可了解到各承重墙(或柱)的位置及房间大小,以便于施工时定位放线和查阅图纸。

3) 建筑面积与使用面积

从平面图的形状与总长、总宽尺寸可计算出建筑面积和使用面积。建筑面积是建筑物外包尺寸的乘积,即长×宽;使用面积是建筑物内部长、宽净尺寸的乘积。

4) 建筑内部的空间布局

从图中墙的分隔情况和房间的名称可了解到房屋内部各房间的配置、用途、数量及其相互间的联系情况,以及墙厚和柱截面尺寸。

5) 建筑平面尺寸

建筑平面图中的尺寸分为外部尺寸和内部尺寸。从各道尺寸的标注可知各房间的开间、进深、门窗及室内设备的大小和位置。一般在建筑平面图上的尺寸(详图除外)均为未装修的结构表面尺寸,如门窗洞口尺寸等。

(1) 外部尺寸。一般在图下方及左侧注写三道尺寸。第一道尺寸是外包总尺寸,表明建筑的总长度和总宽度。第二道尺寸是轴线间的尺寸,用以说明房间的开间及进深尺寸。其中,开间是两条横向定位轴线之间的距离,进深是两条纵向定位轴线之间的距离。第三道尺寸是门窗洞、窗间墙及柱等的细部尺寸。除此之外,对室外的台阶、散水等处可另标注局部外部尺寸。

(2) 内部尺寸。内部尺寸包括建筑室内房间的净尺寸和门窗洞口、墙、柱垛的尺寸,固定设备的尺寸及墙、柱与轴线的平面位置尺寸等。

6) 建筑中各组成部分的标高情况

在平面图中,对于建筑各组成部分,如楼地面、夹层、楼梯平台面、室外地面、室外台阶、卫生间地面和阳台地面处,由于它们竖向高度不同,因此一般分别注明标高。平面图中的标高表示相对于标高零点的相对高度。

7) 门窗的位置及编号

门窗在建筑平面图中只能反映出位置、数量和宽度尺寸,而它们的高度尺寸、窗的开启形式和构造等情况是无法表达的,因此在图中应采用专门的门窗代号标注。门的代号是M,窗的代号是C,在代号后面写上编号,如M-1、M-2和C-1、C-2等。同一编号表示同一类型的门或窗,它们的构造尺寸和材料都一样,由所写的编号可知门窗共有多少种。一般每个工程的门窗规格、型号、数量及所选标准图集的编号等内容都有门窗表说明。

8) 在底层平面图上看剖面的剖切符号

了解剖切部位及编号,以便与有关剖面图对照识读。底层平面图中还表示了室外台阶、花池、散水和雨水管的大小和位置。

9) 楼梯、隔板、墙洞和各种卫生设备等的配置和位置

从平面图中了解楼梯的位置、起步方向、梯宽、平台宽、栏杆位置、踏步级数、上下行方向等。了解隔板、墙洞和各种卫生设备等的配置和位置情况。

4. 屋顶平面图

屋顶平面图就是屋顶外形的水平投影图。屋顶平面图中一般表明屋顶形状、屋顶水箱、屋顶排水方向(用箭头表示)及坡度、天沟或檐沟的位置、女儿墙和屋脊线、烟囱、通风

道、屋面检查人孔、雨水管及避雷针的位置等。

5. 识读建筑平面图

读者可通过扫描二维码获取具体内容。

资料：学生宿舍
建筑平面图

4.2.4 建筑立面图

1. 建筑立面图的表达方法

房屋建筑的立面图是利用正投影法从一个建筑物的前后、左右、上下等不同方向（根据物体的复杂程度而定）分别向互相垂直的投影面上作投影，如图 4-15 所示。

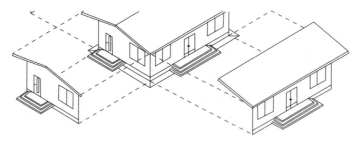

图 4-15　利用正投影作立面图

建筑立面图主要用来表明房屋的外形外貌，反映房屋的高度、层数，屋顶的形式，墙面的做法，门窗的形式、大小和位置，以及窗台、阳台、雨篷、檐口、勒脚、台阶等构造和构配件各部位的标高。

2. 建筑立面图的名称

建筑立面图通常有以下 3 种命名方式。

（1）按立面的主次命名：把房屋的主要出入口或反映房屋外貌主要特征的立面图称为正立面图，而把其他立面图分别称为背立面图、左立面图和右立面图等。

（2）按房屋的朝向命名：把房屋的各个立面图分别称为南立面图、北立面图、东立面图和西立面图，如图 4-16 所示。

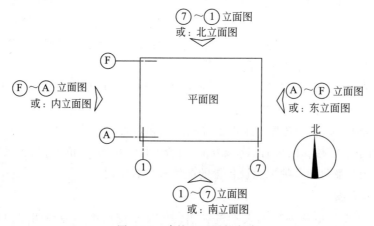

图 4-16　建筑立面图的名称

(3) 按立面图两端的定位轴线编号命名,如图 4-16 所示。

3. 建筑立面图的基本内容与规定画法

建筑立面一般采用 1∶200、1∶100 或 1∶50 的比例绘制,一般与相应的平面图相同,通常包括以下内容。

1) 轴线及其编号

立面图只需绘出建筑两端的定位轴线和编号,用于标定立面,以便与平面图对照识读。

2) 构配件投影线

立面图是建筑物某一侧面在投影面上的全部投影,由该侧所有构配件的可见投影线组成。因为建筑的立面造型丰富多彩,所以立面图的图线也十分繁杂,其中最重要的是墙、屋顶及门窗的投影线。外墙与屋顶(主要是坡屋顶)围合了建筑物,是立面图中的主要内容。图示时,外墙和屋顶轮廓一般以真实投影绘制,其饰面材料以图例示意,如面砖、屋面瓦等。门窗的细部配件较多,当比例较小时不易绘制,因此门窗一般按《建筑制图标准》(GB/T 50104—2010)中规定的图例表达。

其他常见的构配件还有阳台、雨篷、立柱、花坛、台阶、坡道、勒脚、栏杆、挑檐、水箱、室外楼梯、雨水管等,应注意其表达和识读。

3) 尺寸标注

立面图的尺寸标注以线性尺寸和标高为主,有时也有径向尺寸、角度或坡度(直角三角形形式)标注。

水平方向的线性尺寸一般标注在图样最下部的两轴线间,如需要,也可标注一些局部尺寸,如建筑构造、设施或构配件的定型定位尺寸。

竖直方向外部的线性尺寸一般标注三道,即高度方向总尺寸、定位尺寸(两层之间楼地面的垂直距离,即层高)和细部尺寸(楼地面、阳台、檐口、女儿墙、台阶、平台等部位)。具体标注几道,需根据图纸复杂程度确定。

立面图上应标注某些重要部位的标高,如室外地坪、台阶或平台、楼面、阳台、雨篷、檐口、女儿墙、门窗等处的标高。

4) 文字说明

文字说明包括图名、比例和注释。建筑立面图在施工过程中主要用于室外装修,因此,立面图上应当使用引出线和文字表明建筑外立面各部位的饰面材料、颜色、装修做法等。

5) 索引符号

如需另绘详图或引用标准图集表达局部构造,应在图中的相应部位以索引符号索引。

4. 建筑立面图的阅读方法

(1) 看图名和比例,了解是房屋哪一立面的投影、绘图比例是多少,以便与平面图对照阅读。

(2) 看立面图中的标高尺寸,通常立面图中标注有室外地坪、出入口地面、勒脚、窗口、大门口及檐口等处的标高。

(3) 看立面图两端的定位轴线及其编号。

(4) 看房屋立面的外形,以及门窗、屋檐、台阶、阳台、烟囱、雨水管等的形状和位置。

(5) 看房屋外墙表面装修的做法和分格形式等,通常用指引线和文字说明粉刷材料的类型、配合比和颜色等。在立面图中,只绘制可见轮廓线,不绘制内部不可见的虚线。

（6）了解详图索引符号,有时在图上用索引符号注明局部剖面的位置。

5. 识读建筑立面图

读者可通过扫描二维码获取具体内容。

资料:学生宿舍建筑立面图

4.2.5 建筑剖面图

1. 建筑剖面图的形成

建筑物具有复杂的内部组成,仅仅通过平面图和立面图并不能完全表达其内部构造。为了显示建筑物的内部结构,可以假想用一个竖直剖切平面将房屋剖开,移去剖切平面与观察者之间的部分,作出剩下部分的正投影图,简称剖面图。

剖面图主要用来表示房屋内部的竖向分层、结构形式、构造方式、材料做法、各部位间的联系及高度等情况,如楼板的竖向位置、梁板的相互关系、屋面的构造层次等。它与建筑平面图、立面图相配合,是建筑施工图中不可缺少的基本图样之一。

剖面图的剖切位置应选在房屋的主要部位或建筑构造典型部位,通常应通过门窗洞口和楼梯间。剖面图的数量应根据房屋的复杂程度和施工实际需要确定,两层以上的楼房一般至少要有一个通过楼梯间剖切的剖面图。

剖面图的图名、剖切位置和剖视方向由底层平面图中的剖切符号确定。

2. 建筑剖面图的基本内容

1）轴线及其编号

在剖面图中,凡是被剖到的承重墙、柱都应标出定位轴线及其编号,以便与平面图对照识读,对建筑进行定位。

2）梁、板、柱和墙体

建筑剖面图的主要作用就是表达各构配件的竖向位置关系。作为水平承重构件的各种框架梁、过梁、楼板、屋面、圈梁、地坪等在平面图和立面图中通常是不可见或者不直观的构件,但在剖面图中不仅能清晰地显示出这些构件的断面形状,而且可以很容易地确定其竖向位置关系,如涂黑部分即为剖切到的圈梁、过梁和混凝土楼板。

建筑物的各种荷载最终都要经过墙和柱传给基础,因此水平承重构件与墙、柱的相互位置关系也是剖面图表达的重要内容,对指导施工具有重要意义。

梁、板、柱和墙体的投影图线分为剖切部分轮廓线（粗实线）和可见部分轮廓线（中实线）,其都应按真实投影绘制。其中,被剖切部分是图示内容的主体,需重点绘制和识读。墙体和柱在最底层地面之下以折断线断开,基础可忽略不绘。

3）门窗

剖面图中的门窗可分为两类:一类是被剖切的门窗,一般位于被剖切的墙体上,显示了其竖向位置和尺寸,是最重要的图示内容,应按图例要求绘制;另一类是剖切到的可见门窗,其实质是该门窗的立面投影。剖面图中的门窗不用注写编号。

4）楼梯

凡是有楼层的建筑,至少要有一个通过楼梯间剖切的剖面图,并且在剖切位置和剖视方向的选择上,应尽可能多地显示出楼梯的构造组成。

楼梯的投影线一般也包括剖切和可见两部分。从剖切部分可以清楚地看出楼梯段的倾角、板厚、踏步尺寸、踏步数及楼层平台板和中间休息平台板的竖向位置等;可见部分包括栏杆扶手和梯段,栏杆扶手一般简化绘制。

5）其他建筑构配件

其他建筑构配件主要有台阶、坡道、雨篷、挑檐、女儿墙、阳台、踢脚、吊顶、水箱、花坛、雨水管等。

6）尺寸标注及标高

（1）尺寸标注:图样底部应标注轴线间距和端部轴线间的总尺寸,上方的屋顶部分通常不标注。图样左、右两侧应至少标注一侧,且一般应标注三道尺寸:最靠近图样的一道尺寸显示外墙上的细部尺寸,主要是门窗洞口的位置和间距;中间一道尺寸标注地面、楼板的间距,用于显示层高;最外道尺寸为总尺寸,显示建筑总高。

（2）标高:主要用于竖向位置的标注。建筑立面图中除使用线性尺寸进行标注外,还必须注明重要部位的标高,以方便施工。需要注明标高的部位一般包括室内外地坪、楼面、平台面、屋面、门窗洞口,以及吊顶、雨篷、挑檐、梁的底面。楼地面和平台面应标注建筑标高,即工程完成标高。

楼地面和门窗标高通常紧贴三道尺寸线的最外道尺寸注写,并在竖向呈直线排列;其他标高可直接注写于相应部位。

7）文字说明及索引符号

常见的文字说明有图名、比例、构配件名称、做法引注等。

如需另绘详图或引用标准图集表达局部构造,应在图中的相应部位以索引符号索引。

3. 建筑剖面图的识读方法

在识读建筑剖面图之前,应当首先翻看首层平面图,找到相应的剖切符号,以确定剖面图的剖切位置和剖视方向。在识读过程中不能抛开各层平面图,而应当随时对照。

（1）看图名、轴线编号和绘图比例。与底层平面图对照识读,确定剖切平面的位置及投影方向,从中了解其所绘制的是房屋哪一部分的投影。

（2）看房屋各部位的高度,如房屋总高、室外地坪、门窗顶、窗台、檐口等处标高,以及室内底层地面、各层楼面及楼梯平台面等标高。

（3）看房屋内部构造和结构形式,如各层梁板、楼梯、屋面的结构形式、位置及其与柱的相互关系等。

（4）看楼地面、屋面的构造。在剖面图中表示楼地面、屋面的构造时,通常用一引出线指向需说明的部位,并按其构造层次依顺序列出材料说明。有时将这一内容放在墙身剖面详图中。

（5）看图中有关部位坡度的标注，如屋面、散水、排水沟与坡道等处需要做成斜面时，都标有坡度符号，如"3％"等。

4. 识读建筑剖面图

读者可通过扫描二维码获取具体内容。

资料：学生宿舍
建筑剖面图

4.2.6 建筑详图

建筑平面图、立面图和剖面图虽然能够表达建筑物的外部形状、平面布置、内部构造和主要尺寸，但由于其比例较小，许多细部构造、尺寸、材料和做法等内容无法表达清楚。为了满足施工要求，通常用较大的比例，如1∶50、1∶20、1∶10、1∶5等绘制建筑物细部构造的详细图样，这种另外放大绘制的图样称为建筑详图。建筑详图是建筑平面图、立面图、剖面图的补充，也是建筑施工图的重要组成部分。

建筑详图可分为构造节点详图和构配件详图两类。凡表达建筑物某一局部构造、尺寸和材料的详图均称为构造节点详图，如檐口、窗台、勒脚、明沟等；凡表达构配件本身构造的详图均称为构件详图或配件详图，如门、窗、墙身、楼梯、花格、雨水管等。

对于套用标准图集或通用图集的构造节点和建筑构配件，只需注明所套用图集的名称、型号或页次（索引符号），可不必另绘详图。

对于构造节点详图，除了要在建筑平、立、剖面图上的有关部位注出索引符号外，还应在详图上注出详图符号或名称，以便对照查阅；而对于构配件详图，可不注索引符号，只在详图上写明该构配件的名称或型号即可。

建筑详图的内容繁多，常见的有楼梯详图，墙身大样图，卫生间、厨房详图，檐口详图，门窗节点详图，阳台雨篷详图，台阶详图，坡道、屋顶、变形缝等详图。

1. 外墙详图

1）外墙详图的图示方法

外墙详图实际上是建筑剖面图中外墙身的局部放大图，主要表达建筑物的屋面、檐口、楼面、地面的构造，楼板与墙身的关系，以及门窗顶、窗台、勒脚、散水、明沟等处的尺寸、材料、做法等构造情况。外墙详图又称为墙身大样图。

外墙详图一般用较大的比例绘制，如1∶20、1∶25、1∶30。为节省图幅，常采用折断画法，往往在窗洞中间处断开，成为底层、顶层和一个中间层节点的组合。

外墙详图的线型和剖面图一样，剖到的墙身轮廓线用粗实线绘制。因为采用了较大的比例，所以墙身应用细实线绘制粉刷层，并在断面轮廓线内绘制规定的材料图例。

2）外墙详图的基本内容

（1）地面节点表示防潮层、室内地面和室外勒脚及散水的构造做法。

（2）中间节点表示墙体与圈梁、楼板的连接关系，还表示窗顶过梁的形式、窗台做法、踢脚板做法等。如有阳台、雨篷、遮阳板，也要表示出其做法。

（3）檐口节点表示挑檐板、女儿墙、屋面的做法等。

（4）标高、尺寸标注和文字说明。外墙详图中要注出室内外地面、各层楼面、门窗洞口的顶面和底面的标高，要注出墙身高度方向上的细部尺寸，还要对地面、楼面、屋面的构造做法用多层构造说明的方法来说明。

3）外墙详图的识读步骤

（1）看比例、图名。

（2）看地面节点。

（3）看中间节点。

（4）看檐口节点。

（5）看标高、尺寸和文字说明。

4）识读墙身大样图

资料：学生宿舍墙身大样图

2. 楼梯详图

楼梯详图是楼梯间局部平面图及剖面图的放大图，是表示楼梯类型、结构形式、各部位尺寸，以及踏步和栏杆的装修做法的图样。楼梯详图包括楼梯平面图、楼梯剖面图和节点详图。

1）楼梯平面图

（1）楼梯平面图的形成和图示方法。用一个假想的水平剖切平面通过每层向上的第一个梯段中部（休息平台下）剖切后，向下作正投影得到的投影图称为楼梯平面图，如图4-17所示。

楼梯平面图实际上是建筑平面图中楼梯间的局部放大图，其比例一般选用1∶50。楼梯平面图采用的线宽有3种，剖切到的结构轮廓线用粗实线，未剖切到的可见轮廓线用中实线，尺寸标注、标高等用细实线。

楼梯平面图一般每层有一个，对于相同的中间层楼梯平面图，可用一个标准层平面图表示，但要标注多层标高。因此，一般情况下，楼梯平面图由底层、顶层和标准层平面图组成。

（2）楼梯平面图的基本内容。用轴线编号表明楼梯间的位置，注明楼梯间的长度尺寸、楼梯跑数、每跑的宽度及踏步数、踏步的宽度、休息平台、楼层平台的尺寸和标高等，如图4-17所示。

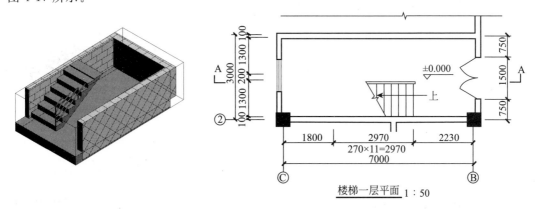

图4-17 楼梯平面图的形成

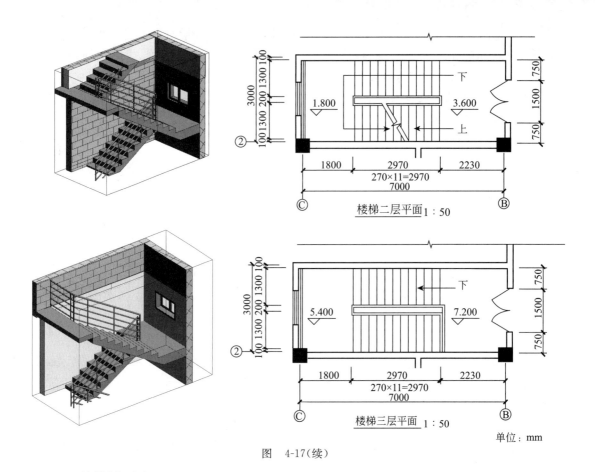

图 4-17(续)

2) 楼梯剖面图

(1) 楼梯剖面图的图示方法。楼梯剖面图的比例和图线与楼梯平面图相同。在多层房屋中,如果中间层的楼梯间相同,可以在中间层处用折断线符号断开,同时注出楼面和休息平台的多层标高。这时楼梯剖面图只绘制底层、顶面和一个中间层的剖面图即可。

(2) 楼梯剖面图的基本内容。楼梯剖面图主要表达的是楼梯的形式与构造、门窗洞口位置及尺寸、梯段数、踏步尺寸、楼层及休息平台的标高,表明楼梯踏步数、楼梯栏杆的形式及高度、楼梯间门窗洞口的标高及尺寸等,如图 4-18 所示。

3) 节点详图

节点详图表示梯段的厚度、踏面宽、踢面高,楼梯梁、平台梁与梯段、楼面、平台的相对位置,材料做法和标高、尺寸等,以及栏杆、扶手、防滑条等的做法。节点详图常采用较大比例绘制,如 1∶20、1∶10、1∶5、1∶4、1∶1 等。

资料:学生宿舍
楼梯详图

4) 楼梯详图

楼梯详图识读请扫右侧二维码。

3. 门窗详图

门窗详图是表明门窗的形式、尺寸、开启方向、构造和用料等情况的图样,通常包括立面图、节点详图、五金表和技术说明等内容,是门窗制作、安装及结构施工中预留门窗洞口的重要依据。

门窗在房屋建筑中是用量最多的建筑配件,设计中一般采用通用图。因此,在施工图中,只要在门窗统计表中注明详图所在的通用图集的编号即可,而不必另绘详图。如果没有通用图,就一定要绘制门窗详图。

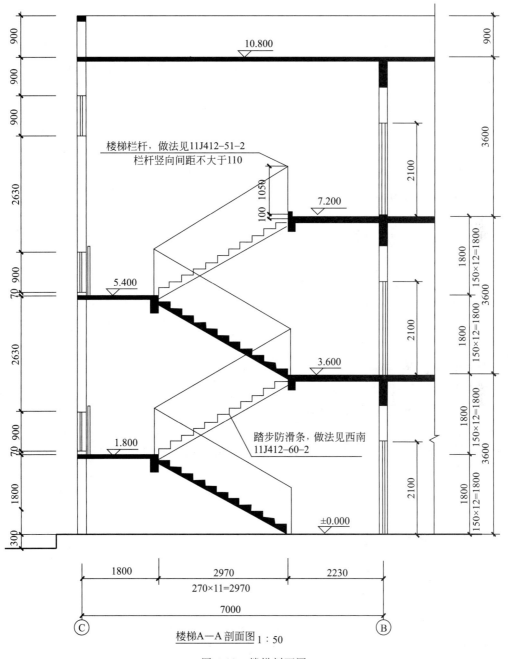

图 4-18 楼梯剖面图

4.3 结构施工图识读

4.3.1 钢筋混凝土结构施工图的基本知识

1. 结构施工图的概念及作用

房屋的基础、墙、柱、梁、楼板、屋架等是房屋的主要承重构件,它们构成支撑房屋自重和外荷载的结构系统。房屋的骨架称为房屋的建筑结构,简称结构;各种承重构件称为结构构件,简称构件。

在房屋设计中,除进行建筑设计绘制建筑施工图外,还需要进行结构设计和计算,从而决定房屋的各种构件形状、大小、材料及内部构造等;同时绘制图样,这种图样称为房屋结构施工图。

结构施工图主要用来作为施工放线、挖基槽、支模板、绑扎钢筋、设置预埋件、浇筑混凝土,安装梁、板、柱等预制构件,以及编制预算和施工组织的依据。

2. 结构施工图的种类及主要内容

1) 结构施工图的种类

结构施工图按房屋结构所用的材料分为钢筋混凝土结构施工图、钢结构施工图、木结构施工图等。由于目前广泛使用的是钢筋混凝土承重构件,因此本节只介绍钢筋混凝土结构施工图。

建筑施工图表达了房屋的外部造型、内部平面布置、建筑构件和内外装饰等建筑设计的内容,而结构施工图表达了房屋结构的整体布置和各承重构件的形状、大小、材料等结构设计的内容。

2) 结构施工图的主要内容

结构施工图包括以下3方面。

(1) 结构设计说明。结构设计说明包括主要设计依据、自然条件及使用条件、施工要求、材料的质量要求等。

(2) 结构布置平面图。结构布置平面图包括基础平面图、楼层结构平面图、屋顶结构平面图。

(3) 构件详图。构件详图包括梁、板、柱及基础结构详图,楼梯结构详图,屋架结构详图和其他详图等。

3. 钢筋混凝土结构施工图的一般规定

《房屋建筑制图统一标准》(GB/T 50001—2017)与《建筑结构制图标准》(GB/T 50105—2010)用于规范房屋结构施工图的绘制。

1) 图线

钢筋混凝土结构施工图中有关图线的规定如表4-3所示。

2) 常用构件代号

房屋结构的基本构件(如梁、板、柱等)品种繁多,布置复杂,为了图示明确,便于施工查阅,国家规定了各种常用构件代号。常用构件代号用其名称汉语拼音的第一个字母表示,如表4-4所示。

表 4-3 钢筋混凝土结构施工图中有关图线的规定

名称		线宽	线型	用途
实线	粗	b	——	螺栓、钢筋线、结构平面图中的单线结构构件线,钢木支撑及系杆线,图名下横线、剖切线
	中粗	$0.7b$	——	结构平面图及详图中剖到或可见的墙身轮廓线、基础轮廓线、钢和木结构轮廓线、钢筋线
	中	$0.5b$	——	结构平面图及详图中剖到或可见的墙身轮廓线、基础轮廓线、可见的钢筋混凝土构件轮廓线、钢筋线
	细	$0.25b$	——	标注引出线、标高符号线、索引符号线、尺寸线
虚线	粗	b	- - - -	不可见的钢筋线、螺栓线,结构平面图中不可见的单线结构构件线及钢、木支撑线
	中粗	$0.7b$	- - - -	结构平面图中的不可见构件、墙身轮廓线及不可见钢、木结构构件线、不可见的钢筋线
	中	$0.5b$	- - - -	结构平面图中的不可见构件、墙身轮廓线及不可见钢、木结构构件线、不可见的钢筋线
	细	$0.25b$	- - - -	基础平面图中的管沟轮廓线、不可见的钢筋混凝土构件轮廓线
单点长画线	粗	$0.5b$	—·—·—	柱间支撑、垂直支撑、设备基础轴线图中的中心线
	细	$0.25b$	—·—·—	定位轴线、对称线、中心线
双点长画线	粗	$0.5b$	—··—··	预应力钢筋线
	细	$0.25b$	—··—··	原有结构轮廓线
折断线		$0.5b$	∿	断开界线
波浪线		$0.25b$	～～	断开界线

表 4-4 常用构件代号

序号	名称	代号	序号	名称	代号
1	板	B	5	折板	ZB
2	屋面板	WB	6	密肋板	MB
3	空心板	KB	7	楼梯板	TB
4	槽形板	CB	8	盖板或沟盖板	GB

续表

序号	名称	代号	序号	名称	代号
9	挡雨板或檐口板	YB	32	钢架	GJ
10	吊车安全走道板	DB	33	支架	ZJ
11	墙板	QB	34	柱	Z
12	天沟板	TGB	35	框架柱	KZ
13	梁	L	36	构造柱	GZ
14	屋面梁	WL	37	承台	CT
15	吊车梁	DL	38	设备基础	SJ
16	单轨吊车梁	DDL	39	桩	ZH
17	轨道连接	DGL	40	挡土墙	DQ
18	车挡	CD	41	地沟	DG
19	圈梁	QL	42	柱间支撑	ZC
20	过梁	GL	43	垂直支撑	CC
21	连系梁	LL	44	水平支撑	SC
22	基础梁	JL	45	梯	T
23	楼梯梁	TL	46	雨篷	YP
24	框架梁	KL	47	阳台	YT
25	屋面框架梁	WKL	48	梁垫	LD
26	框支梁	KZL	49	预埋件	M
27	檩条	LT	50	天窗端壁	TD
28	屋架	WJ	51	钢筋骨架	G
29	托架	TJ	52	钢筋网	W
30	天窗架	CJ	53	基础	J
31	框架	KJ	54	暗柱	AZ

3）比例

绘制结构施工图时,应根据图样的用途和被绘物体的复杂程度合理选择绘图比例。当构件的纵、横向断面尺寸相差悬殊时,可在同一详图中的纵、横向选用不同的比例;轴线尺寸与构件尺寸也可选用不同的比例绘制。绘制结构施工图的常用比例如下。

（1）结构平面图:1∶50、1∶100 或 1∶150。

（2）结构详图:1∶10、1∶20 或 1∶50。

4. 结构施工图的绘制方法

钢筋混凝土结构构件配筋图的表示方法有以下 3 种。

1) 详图法

详图法通过平、立、剖面图将各构件(梁、柱、墙等)的结构尺寸、配筋规格等"逼真"地表示出来。用详图法绘图的工作量非常大。

2) 梁柱表法

梁柱表法采用表格填写方法将结构构件的结构尺寸和配筋规格用数字符号表达。此法比详图法简单方便,手工绘图时深受设计人员的欢迎。其不足之处是同类构件的许多数据需多次填写,且容易出现错漏,图纸数量多等问题。

3) 结构施工图平面整体设计方法

结构施工图平面整体设计方法(以下简称"平法")把结构构件的截面形式、尺寸及所配钢筋规格在构件的平面位置用数字和符号直接表示,再与相应的"结构设计总说明"和梁、柱、墙等构件的"构造通用图及说明"配合使用。平法的优点是图面简洁、清楚、直观性强,图纸数量少,很受设计和施工人员的欢迎。

5. 结构施工图识读的方法

(1) 先看结构设计说明,再读基础平面图、基础结构详图,然后读楼层结构平面布置图、屋面结构平面布置图,最后读构件详图、钢筋详图和钢筋表。各种图样之间不是孤立的,应互相联系进行识读。

(2) 识读结构施工图时,应熟练运用投影关系、图例符号、尺寸标注及比例,以读懂整套结构施工图。

4.3.2 钢筋混凝土构件的基本知识

钢筋混凝土是混凝土中加入钢筋构成的一种复合性建筑材料。为了方便识图,本节简要介绍钢筋混凝土的基本图示方法。

1. 混凝土

混凝土是由水泥、砂子、石子和水 4 种材料按一定配合比搅拌后放在模板中浇捣,并在适当的温度、湿度条件下经过一段时间的硬化而成的建筑材料。

混凝土结构构件分为现浇和预制两种,前者指在建筑施工现场浇筑;后者指在工厂先预制好,再运到现场进行吊装。

《混凝土结构设计规范(2015 版)》(GB 50010—2010)中将混凝土强度定为 14 个等级,如表 4-5 所示。

表 4-5 混凝土强度等级

混凝土强度等级	C15	C20	C25	C30	C35	C40	C45	C50	C55	C60	C65	C70	C75	C80
$f_c/(N/mm^2)$	7.2	9.6	11.9	14.3	16.7	19.1	21.1	23.1	25.3	27.5	29.7	31.8	33.8	35.9

注:f_c 为混凝土轴心抗压强度设计值,单位为 N/mm^2。

混凝土结构应根据设计使用年限和环境类别进行耐久性设计,其设计内容包括结构所处的环境类别、混凝土材料耐久性的基本要求、构件中钢筋的混凝土保护层厚度、不同环境下的耐久性技术措施及结构使用阶段的检测与维护要求等。

2. 钢筋

1) 钢筋的分类和代号

混凝土结构使用的钢筋按化学成分可分为碳素钢及普通低合金钢两大类,按表面光滑程度可分为光圆钢筋和带肋钢筋(表面有"人"字纹和螺旋纹)。用于钢筋混凝土结构的普通钢筋可使用热轧钢筋;用于预应力混凝土结构的预应力钢筋可使用消除应力钢丝、螺旋肋钢丝、刻痕钢丝,也可使用热处理钢筋。表 4-6 列举了普通钢筋的牌号、符号、屈服强度标准值等信息。

表 4-6 普通钢筋强度标准值

牌 号	符号	公称直径 d/mm	屈服强度标准值 f_{yk}/MPa	极限强度标准值 f_{stk}/MPa
HPB300	ϕ	6~14	300	420
HRB335	⏀	6~14	335	455
HRB400	⏀	6~50	400	540
HRBF400	⏀^{F}			
RRB400	⏀^{R}			
HRB500	⏀	6~50	500	630
HRBF500	⏀^{F}			

2) 钢筋的名称和作用

钢筋在混凝土构件中的位置不同,其承受的荷载与发挥的作用也各不相同,如图 4-19 所示。

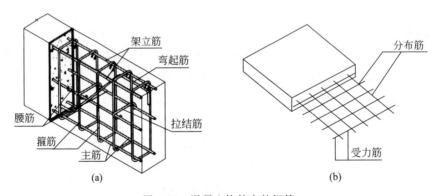

图 4-19 混凝土构件中的钢筋

(1) 受力筋:构件中承受拉应力和压应力的钢筋,包括弯起钢筋用于梁、板、柱等各种钢筋混凝土构件中。

(2) 箍筋:构件中承受一部分斜拉应力(剪应力),并固定纵向钢筋的钢筋,用于梁和柱中。

（3）架立筋：梁中使用，不考虑受力，固定钢筋位置，与梁内受力筋、箍筋一起构成钢筋骨架。

（4）分布筋：板内使用，与受力筋一起构成网状结构，垂直于受力筋。

（5）构造筋：因构造要求和施工安装需要配置的钢筋，如腰筋、吊筋、拉结筋等。

3）钢筋的弯钩

弯钩的形式有180°、135°、90° 3种，如图4-20所示。对于光圆受拉钢筋，为了增加其与混凝土的黏结力，在钢筋的端部应做成180°弯钩；箍筋及拉筋弯钩采用135°弯钩；对于螺纹等变形钢筋，因为它们的表面较粗糙，能和混凝土产生很好的黏结力，所以端部一般不设弯钩。

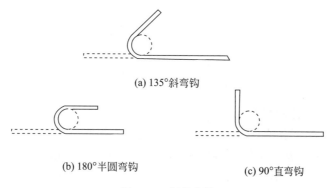

(a) 135°斜弯钩

(b) 180°半圆弯钩　　(c) 90°直弯钩

图4-20　钢筋弯钩

4）钢筋的保护层

为了保证钢筋与混凝土的黏结力，并防止钢筋锈蚀，在钢筋混凝土构件中，钢筋最外皮至构件表面应保持有一定厚度的混凝土，该厚度的混凝土层称为钢筋的保护层。如表4-7所示，在一、二^a、二^b、三^{a}和三^{b}类环境中，保护层厚度逐级递增。若设计使用寿命为50年的混凝土结构，则最外层钢筋的保护层厚度应符合表4-7的规定；若设计使用年限为100年的混凝土结构，则最外层钢筋混凝土保护层的厚度不应小于表4-7中数值的1.4倍。若混凝土强度等级不大于C25，则表4-7中所列保护层厚度数值应增加5mm。

表4-7　钢筋的保护层厚度　　　　　　　　　　　　单位：mm

环境类别	板、墙、壳的保护层厚度	梁、柱、杆的保护层厚度	环境类别说明
一	15	20	（1）室内干燥环境。 （2）无侵蚀性静水浸没环境
二^a	20	25	（1）室内潮湿环境。 （2）非严寒和非寒冷地区的露天环境。 （3）非严寒和非寒冷地区与无侵蚀性的水或土壤直接接触的环境。 （4）严寒和寒冷地区的冰冻线以下与无侵蚀性的水或土壤直接接触的环境

续表

环境类别	板、墙、壳的保护层厚度	梁、柱、杆的保护层厚度	环境类别说明
二 b	25	35	(1) 干湿交替环境。 (2) 水位频繁变动环境。 (3) 严寒和寒冷地区的露天环境。 (4) 严寒和寒冷地区冰冻线以上与无侵蚀性的水和土壤直接接触的环境
三 a	30	40	(1) 严寒和寒冷地区冬季水位变动区环境。 (2) 受除冰盐影响环境。 (3) 海风环境
三 b	40	50	(1) 盐渍土环境。 (2) 受除冰盐作用环境。 (3) 海岸环境

5) 钢筋的图示方法和图例

钢筋不按实际投影绘制,只用单线条表示。为突出钢筋,在配筋图中,可见的钢筋应用粗实线绘制,钢筋的横断面用涂黑的圆点表示,不可见的钢筋用粗虚线绘制,预应力钢筋用粗双点画线绘制。绘制钢筋的粗实线和表示钢筋横断面的涂黑的圆点没有线宽和大小的变化,即它们不表示钢筋直径的大小。一般钢筋常用图例如表 4-8 所示。

表 4-8 一般钢筋常用图例

名　称	图　例	说　明
钢筋横断面	●	
无弯钩的钢筋端部	 ── ╱ ──	当长短两根钢筋投影重叠时,可在短钢筋端部用 45° 短画线表示
带半圆弯钩的钢筋端部	 ⌐	
带直钩的钢筋端部	 └───	
带丝扣的钢筋端部	 ─//─	
无弯钩的钢筋搭接	─╱─╲─	
带半圆弯钩的钢筋搭接	⌒⌒	
带直钩的钢筋搭接	 └─┘	
套管接头(花篮螺钉)	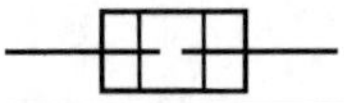 ─[▦]─	

6) 钢筋的标注

构件中钢筋(或钢丝束)的标注应包括钢筋编号、数量或间距、级别、直径及所在的位置,通常应沿钢筋的长度标注或标注在有关钢筋的引出线上。常见的钢筋标注方法有以下两种。

（1）标注钢筋的级别、根数、直径，如梁、柱内的受力筋和构造筋。

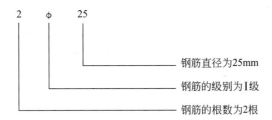

（2）标注钢筋的级别、直径和相邻钢筋的中心距，如箍筋和板的配筋。

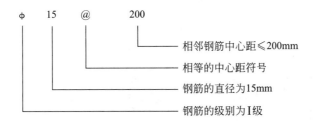

4.3.3 基础结构施工图

基础是建筑物地面以下承受房屋全部荷载的构件，常用的形式有条形基础、独立基础、筏形基础、箱形基础等。

基础结构施工图一般包括基础平面图、基础断面图和说明3部分。基础结构施工图表示建筑物室内地面以下基础部分的平面布置及详细构造，是施工放线、开挖基槽、基础施工、计算基础工程量的依据。

1. 基础平面图的图示内容及识读

基础平面图是假想用一个水平剖切面沿房屋地面与基础之间把整幢房屋剖开后，移去地面以上的房屋及其基础周围的泥土后，所作的基础水平投影图。

基础平面图中只绘制基础墙（或柱）、基础梁及基础底面的轮廓线；基础的细部轮廓可省略不绘，这些细部的形状将具体反映在基础详图中。被剖切到的基础墙、柱的轮廓线为粗实线；基础底面是可见轮廓，故绘制成中实线。由于基础平面图常采用 1∶100 或 1∶200 的比例绘制，因此材料图例的表示方法与建筑平面图相同，即剖到的基础墙可不绘制材料图例，钢筋混凝土柱涂成黑色。基础墙内设置基础圈梁时，应用粗点画线表示。

为了便于施工对照，基础平面图的比例、定位轴线编号必须与建筑施工图的底层平面图完全相同。同一幢房屋，由于各处有不同的荷载和不同的地基承载力，因此其下设基础的大小也不尽相同。对于每一种不同的基础，应采用不同的编号加以区分，并绘制断面图的剖切位置及其编号。基础平面图尺寸标注主要包括轴线之间的距离，轴线到垫层边、墙边的距离，垫层厚度和墙厚等尺寸；另外，还要注写必要的文字说明，如混凝土、砖、砂浆的强度等级，如图 4-21 所示。

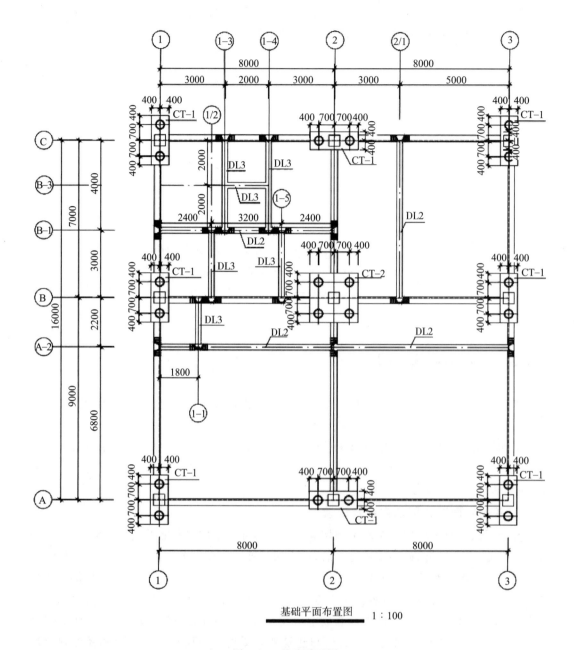

基础平面布置图 1:100

图 4-21 基础平面图

2. 基础详图的图示内容及识读

基础详图主要表明基础各组成部分的具体形状、大小、材料及基础埋深等,通常用断面图表示。基础断面图是基础放线和基础施工的依据,表达了基础断面所在轴线位置及其编号。基础断面图中一般包括基础的垫层、基础、基础墙(包括大放脚)、基础梁、防潮层等所用的材料、尺寸及配筋,如图 4-22 所示。

资料:基础平面
三维效果图

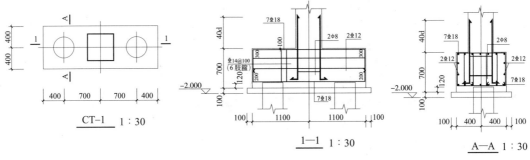

图 4-22 基础断面图

4.3.4 结构平面图

建筑物基础以上各楼层及屋面构件平面布置的图样称为结构平面图,可分为楼层结构平面图和屋面结构平面图。不同结构布置的楼面应有各自的结构平面图,如果有多层楼面的结构布置情况相同,则可合用一个结构平面图,但应注明合用各层的层数。屋顶由于结构布置要满足排水、隔热等特殊要求,需要设置檐沟、女儿墙、保温、隔热层等,因此通常需要用屋顶结构平面图来表示,它的图示内容和形式与楼层结构平面类似。楼层结构平面图主要表示每层楼面梁、板、柱、墙及楼面下层的门窗过梁、大梁、圈梁的布置,以及现浇板的构造与配筋等情况。

1. 楼层结构平面图的形成

楼层结构平面图,是假想沿楼板顶面将房屋水平剖切后,移去上面部分,向下作水平投影而得到的水平剖面图。主要表示每层楼的梁、板、柱、墙的平面布置、现浇楼板的构造和配筋以及它们之间的结构关系,一般采用1:100或1:200的比例绘制。楼层结构平面图是施工时布置、安放各层承重构件的依据。

2. 楼层结构平面图的图示内容及识读

楼层结构平面图中的图示内容主要包括定位轴线及墙、柱、梁等构件的定位尺寸和编号,现浇板的位置及编号(或配筋),梁、柱、圈梁、门窗过梁的代号及编号,梁板的断面及连接构造,板顶、梁底的结构标注,详图索引符号及相关剖切符号等。

以图4-23所示二层梁配筋图为例,说明楼层结构平面图的内容和图示要求。二层梁配筋图的比例为1:100。二层梁结构标高为3.6m。图4-23中的文字说明表述图中未标注的加密箍筋、吊筋的配筋、框架梁和非框架梁(分别用KL和L表示)。梁体均采用集中标注和原位标注的方式说明其规格,如KL3(2)框架梁采用了集中标注和原位标注的方法,其中KL3(2)表示3号框架梁共有两跨;300×700表示框架梁的截面尺寸,宽为300mm,高为700mm;φ10@100/200(2)表示梁箍筋为HPB300钢筋,直径为10mm,加密区间距为100mm,非加密区间距为200mm,均为双肢箍;2φ20表示梁的上部通长钢筋;N4 φ12表示梁的两个侧面共配置4φ12的纵向构造钢筋,每侧各配置2φ12。KL3(2)在轴①~③之间有原位标注,如①~②之间的4φ20表示梁端支座全部负筋,共有4根(其中2根为通长筋),直径为20mm,为HRB400级热轧钢筋。

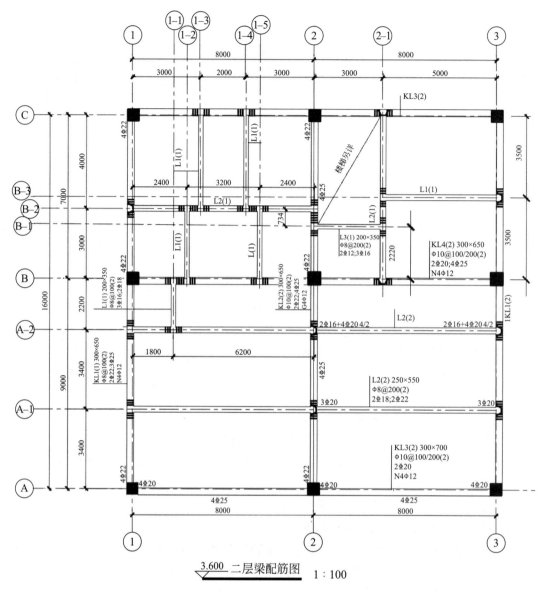

图 4-23 楼层平面图

注:图中未标注的加密箍筋均为 6 根间距 50,其规格同箍筋,未标注的吊筋为 2 ϕ16,有梯柱处及梯梁处设置 2 ϕ16 吊筋。

4.3.5 钢筋混凝土结构详图

结构平面图只能表示建筑物各承重构件的平面布置情况,许多承重构件的形状、大小、材料、构造和连接情况等内容则需要单独用结构详图来表示。

资料:框梁 3 钢筋三维图

1. 钢筋混凝土梁结构详图

钢筋混凝土梁属于钢筋混凝土构件之一。钢筋混凝土梁结构详图是加工制作钢筋、浇注混凝土的依据,其内容包括梁模板图、配筋图、钢筋表和文字说明四部分。

1) 梁模板图

梁模板图是为浇筑梁的混凝土绘制的,主要表示梁的长、宽、高和预埋件的位置、数量。对于外形简单的构件,一般不必单独绘制梁模板图,只需在配筋图中把梁的尺寸标注清楚即可,如图 4-24 所示。对于外形较复杂或预埋件较多时(如单层工业厂房中的吊车梁),一般需要单独绘制梁模板图。

2) 配筋图

配筋图就是钢筋混凝土构件(结构)中的钢筋配置图,主要表示构件内部所配置钢筋的形状、大小、数量、级别和排放位置。配筋图又分为立面图、断面图和钢筋详图。

(1) 立面图是假定构件为一透明体而绘制的纵向正投影图,主要表示构件中钢筋的立面形状和上下排列位置。立面图中,通常构件外形轮廓用细实线表示,钢筋用粗实线表示。当钢筋的类型、直径、间距均相同时,可只绘制其中的一部分,其余可省略,如图 4-24 中的 KL 纵剖面图。

(2) 断面图是构件横向剖切投影图,主要表示钢筋的上下和前后的排列、箍筋的形状等内容。凡构件的断面形状、钢筋的数量、位置有变化之处,均应绘制其断面图。断面图的轮廓为细实线,钢筋横断面用黑点表示,并注出钢筋的编号、数量(或间距)、等级、直径,如图 4-24 所示 1—1、2—2 和 3—3 断面图。

(3) 钢筋详图是按规定的图例绘制的一种示意图,主要表示钢筋的形状,以便于钢筋下料和加工成型。同一编号的钢筋只绘制一根,并注出钢筋的编号、数量(或间距)、等级、直径及各段的长度和总尺寸,如图 4-24 中的 KL 钢筋分离图。

为了区分钢筋的等级、直径、形状、长度,应给钢筋编号。当钢筋的直径、等级形状、长度均相同时,可采用同一编号。钢筋编号用阿拉伯数字注写在直径为 6mm 的细实线圆圈内,并用引出线指到对应的钢筋部位,同时在引出线的水平线段上标注钢筋的内容。

3) 钢筋表

为了便于编制施工预算和统计用料,在配筋图中还应列出钢筋表,表内应注明构件代号、构件数量、钢筋编号、钢筋简图、直径、长度、数量、总数量、总长和质量等,如图 4-24 所示钢筋表。

2. 钢筋混凝土柱结构详图

柱是同时受压和受弯构件,钢筋混凝土柱的配筋有纵筋和箍筋两种。纵筋主要承受压力和抵抗偏心受压时荷载对柱产生的拉力;箍筋是为了抵抗柱所受的水平荷载,并且起固定纵筋的作用。

钢筋混凝土柱配筋详图由配筋立面图和断面图组成,立面图主要表达柱在高度上的尺寸及配筋情况,而断面图主要表达柱的断面尺寸及柱断面钢筋的布置情况。阅读柱的配筋详图时,需要与配筋立面图和断面图结合阅读。对于比较复杂的钢筋混凝土柱,除绘制构件的立面图外,还需绘制模板图。图 4-25 所示为现浇钢筋混凝土柱配筋详图,包括立面图和断面图。

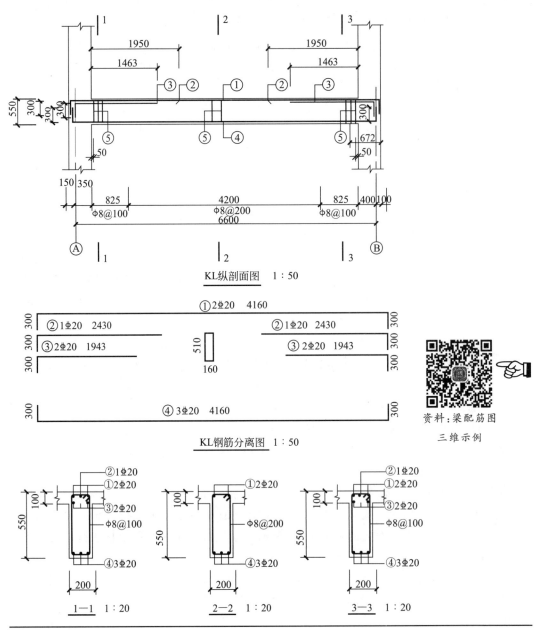

图 4-24 梁配筋图示例

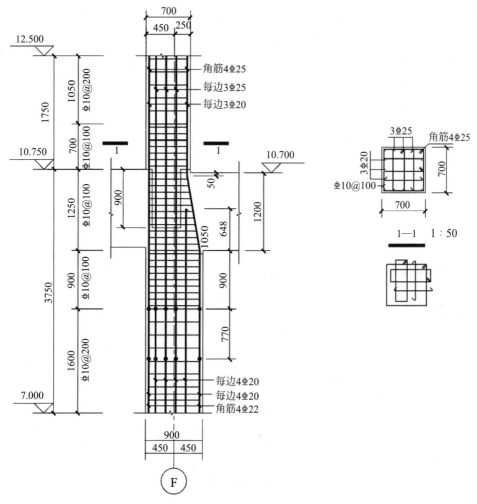

图 4-25　现浇钢筋混凝土柱配筋详图

3. 楼梯结构详图

常见的钢筋混凝土楼梯形式为单跑楼梯、双跑楼梯和多跑楼梯,其受力形式可分为梁式楼梯和板式楼梯。楼梯结构详图由结构平面图、结构剖面图和楼梯配筋图组成。

1）楼梯结构平面图

楼梯结构平面图表示楼梯板和楼梯梁的平面布置、代号、尺寸及结构标高,一般包括底层平面图、标准层平面图和顶层平面图,常用 1∶50 的比例绘制。楼梯结构平面图中的轴线编号应和建筑平面图一致,楼梯剖面图的剖切符号通常在底层楼梯结构平面图中表示。为了表示楼梯梁、楼梯板和平台板的布置情况,楼梯结构平面图的剖切位置通常放在层间楼梯平台上方。

图 4-26 所示为楼梯结构平面图,楼梯平台板、楼梯平台、梁和梯段都采用现浇钢筋混凝土。从图 4-26 中可知楼梯开间、进深、各平台标高数值、平台的尺寸、踏面的宽度、梯段的步数、梯段的水平投影长度、上下行方向线、楼梯间轴线、墙厚及梯柱的位置等。

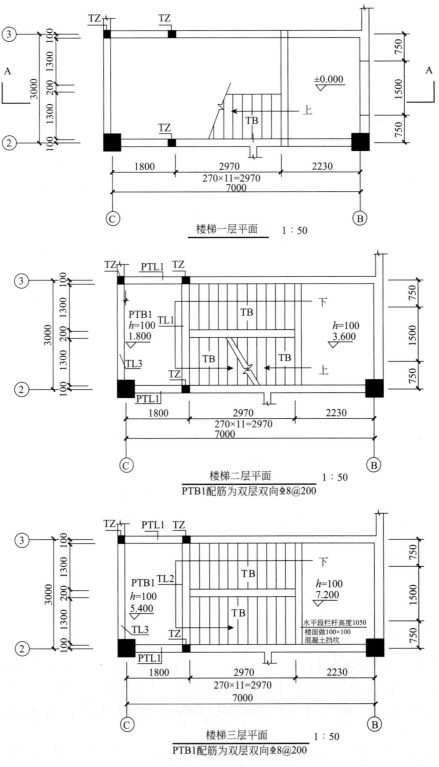

图 4-26 楼梯结构平面图

2) 楼梯结构剖面图

楼梯结构剖面图是用假想的竖向剖切平面沿楼梯段方向作剖切后得到的剖面图,反映了楼梯结构沿竖向的布置和构造关系。图 4-27 楼梯剖面图,剖切位置和剖视方向表示在底层楼梯结构平面图中,该图剖到的梯段板、楼梯平台、楼梯平台梁的轮廓线用粗实线画出。

在楼梯结构剖面图中,应注出梯段的外形尺寸、楼层高度和楼梯平台的结构标高。

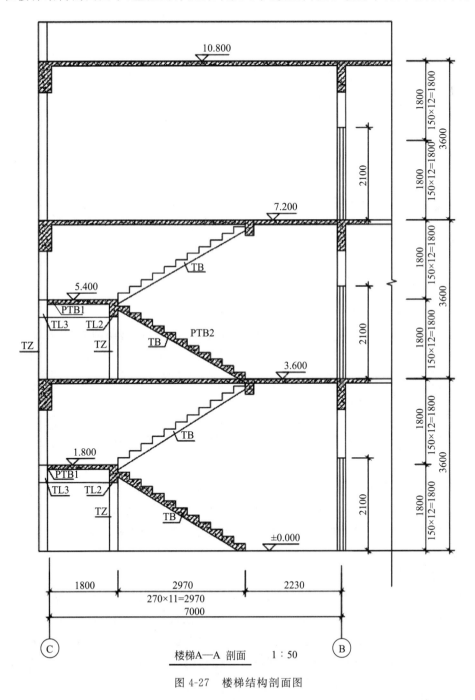

图 4-27　楼梯结构剖面图

3) 楼梯配筋图

绘制楼梯结构剖面图时,由于选用的比例较小(1:50),不能详细表示楼梯板和楼梯平台梁的配筋,因此须另外用较大的比例(如 1:30 或 1:20 等)绘制梯板配筋图,如图 4-28 所示。

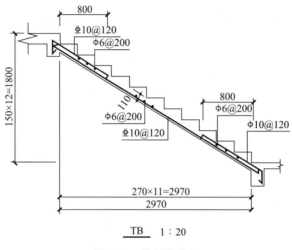

图 4-28 梯板配筋图

4.3.6 平法简介

平法是把结构构件的尺寸和配筋等按照平面整体表示方法的制图规则,直接表达在各类构件的结构平面布置图上,并与标准构造详图相配合,形成一套表达顺序与施工一致且利于施工质量检查的结构设计。这就改变了传统的将构件从结构平面布置图中索引出来,再逐个绘制配筋详图的烦琐方法。

按平法设计绘制的施工图一般由各类结构构件的平法施工图和标准构造详图两大部分构成,且在结构平面图上直接表示各构件的尺寸、配筋和所选用的标准构造详图。

1. 梁平法施工图的表示方法

梁平法施工图是在梁的结构平面图上,采用平面注写方式和截面注写方式表达的梁配筋图。梁的结构平面图应分别按梁的不同结构层(标准层),将全部梁和与其相关的柱、墙、板一起采用适当的比例进行绘制,必要时还应在编号后的括号内标注梁顶面标高与标准层楼面标高之差。

1) 平面注写方式

梁的平面注写方式,就是在梁结构平面图上,分别在不同编号的梁中各选一根梁,在其上以注写截面尺寸和配筋具体数值的方式表达梁平法施工图,如图 4-29 所示。平面注写包括集中标注与原位标注,集中标注表达梁的通用数值,原位标注表达梁的特殊数值。当集中标注中的某项数值不适用梁的某部位时,则将该数值原位标注。施工时,原位标注取值优先。

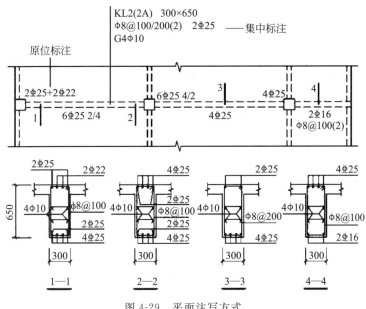

图 4-29 平面注写方式

2) 截面注写方式

梁的截面注写方式就是在梁平面布置图上,分别在不同编号的梁中各选择一根梁,用剖面号引出配筋图,并在其上注写梁的截面尺寸和配筋具体数值的梁平法施工图,如图 4-30 所示。

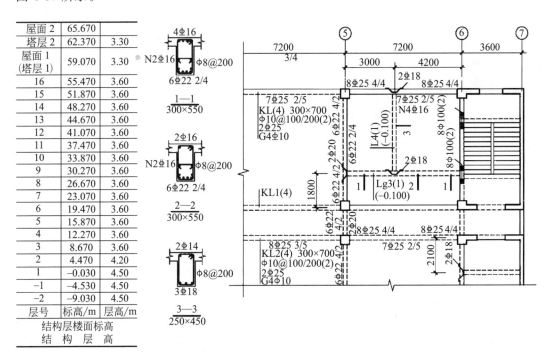

图 4-30 截面注写方式

读者可通过扫描二维码查看梁平法施工图。

2. 柱的平法识读

柱平法施工图是在柱结构平面图上采用列表注写方式或截面注写方式来表达。柱结构平面图可采用适当比例单独绘制,也可与剪力墙结构平面图合并绘制。

资料:梁平法施工图

1) 列表注写方式

列表注写方式是在柱结构平面图上(一般只需采用适当比例绘制一张柱结构平面图,包括框架柱、框支柱、梁上柱和剪力墙上柱),分别在同一编号的柱中选择一个(有时需要选择几个)截面标注几何参数代号;在柱表中注写柱编号、柱段起止标高、几何尺寸(含柱截面对轴线的偏心情况)与配筋的具体数值,并配以各种柱截面形状及其箍筋类型图,如图4-31所示。

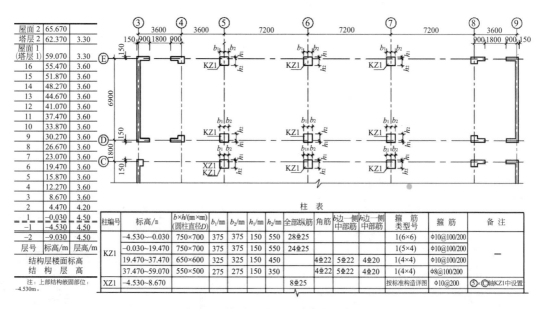

图 4-31 柱平法施工图列表注写方式

2) 截面注写方式

截面注写方式是在柱平面布置图的柱截面上,分别在同一编号的柱中选择一个截面,以直接注写截面尺寸和配筋具体数值的方式来表达柱平法施工图。

除芯柱外,从相同编号的柱中选择一个截面,按另一种比例原位放大绘制柱截面配筋图,并在各配筋图上继其编号后再注写截面尺寸 $b×h$、角筋或全部纵筋(当纵筋采用一种直径且能够图示清楚时)、箍筋的具体数值,以及在柱截面配筋图上标注截面与轴线关系 b_1、b_2、h_1、h_2 的具体数值,如图4-32所示。

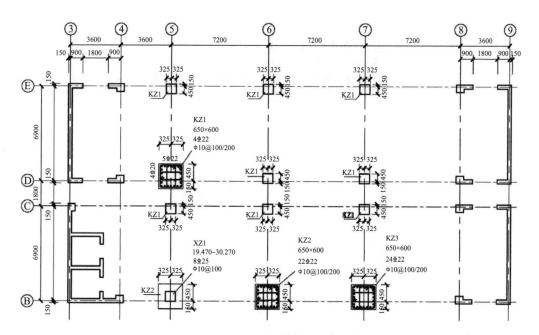

19.470~37.470柱平法施工图(局部)

图 4-32 柱平法施工图截面注写方式

第5章 建筑构造概述

5.1 建筑分类与等级

建筑是一种人工创造的空间环境,是人们劳动创造的财富,具有实用性,属社会产品;建筑又具有艺术性,反映特定的社会思想意识,因此又是一种精神产品。

5.1.1 建筑分类

1. 按使用功能进行分类

1) 民用建筑

民用建筑是指提供人们居住、生活、工作和从事文化、商业、医疗及交通等活动的房屋。民用建筑按使用功能又可分为居住建筑和公共建筑两大类。

(1) 居住建筑可分为住宅建筑和宿舍建筑。

(2) 公共建筑是供人们进行公共活动的建筑,其门类较多,功能和体量差异较大。公共建筑主要有以下类型:行政办公建筑,如各类办公楼、写字楼;文教科研建筑,如教学楼、图书馆、实验室;医疗福利建筑,如医院、疗养院、养老院;托幼建筑,如托儿所、幼儿园;商业建筑,如商店、餐馆、食品店;体育建筑,如体育馆、体育场、训练馆;交通建筑,如车站、航站、客运站;电台、电视台、电信中心;旅馆建筑,如宾馆、招待所、旅馆;展览建筑,如展览馆、文化馆、博物馆;文艺观演建筑,如电影院、音乐厅、剧院;园林建筑,如公园、动物园、植物园;纪念建筑,如纪念碑、纪念堂。还有一些大型公共建筑内部功能比较复杂,可能同时具备上述两个或两个以上功能,一般称这类建筑为综合性建筑。

2) 工业建筑

工业建筑是指供人们从事各类生产的房屋,包括生产用房屋及辅助用房屋。

3) 农业建筑

农业建筑是指供人们从事农牧业方面的种植、养殖、畜牧、储存等活动的房屋。

2. 按地上建筑高度或层数进行分类

(1) 建筑高度不大于 27.0m 的住宅建筑、建筑高度不大于 24.0m 的公共建筑及建筑高度大于 24.0m 的单层公共建筑为低层或多层民用建筑。

(2) 建筑高度大于 27.0m 的住宅建筑和建筑高度大于 24.0m 的非单层公共建筑,且高度不大于 100.0m 的建筑,为高层民用建筑。

(3) 建筑高度大于 100.0m 的建筑为超高层建筑。

3. 按建筑结构承重方式进行分类

(1) 墙承重：由墙体承受建筑的全部荷载，墙体担负着承重、围护和分隔等多重任务。这种承重体系适用于内部空间较小且建筑高度较低的建筑。

(2) 框架承重：由钢筋混凝土或型钢组成的梁柱体系承受建筑的全部荷载，墙体只起到围护和分隔的作用。这种承重体系适用于跨度大、荷载大的高层建筑。

(3) 框架墙体承重：建筑内部由梁柱体系承重，四周用外墙承重。这种承重体系适用于局部设有较大空间的建筑。

(4) 空间结构承重：由钢筋混凝土或钢组成的空间结构承受建筑的全部荷载，如网架结构、悬索结构、壳体结构等。这种承重体系适用于大空间建筑。

4. 按承重结构的材料进行分类

(1) 砖混结构：也称砌体结构，是用砖墙（柱）、钢筋混凝土楼板及屋面板作为主要承重构件的建筑，属于墙体承重结构体系。

(2) 钢筋混凝土结构：用钢筋混凝土材料作为主要承重构件的建筑，属于框架承重结构体系。

(3) 钢结构：全部采用钢材作为承重构件的建筑，多属于框架承重结构体系。钢结构具有自重小、强度高的特点，大型公共建筑和工业建筑、大跨度建筑经常采用这种结构形式。

(4) 砖木结构：墙、柱用砖砌筑，楼板、屋顶用木料制作。由于存在耐久性和防火性能差的缺点，目前仅在个别地区的民居建筑中应用，城市建筑已很少采用。

5. 按规模和数量进行分类

(1) 大型性建筑：主要指建造数量少、单体面积大、个性强的建筑，如机场候机楼、大型商场、酒店等。

(2) 大量性建筑：主要指建造数量多、相似性较大的建筑，如住宅、宿舍、中小学教学楼等。

5.1.2 建筑等级

1. 建筑设计使用年限

按建筑设计使用年限，建筑可分为表 5-1 所示类别。

表 5-1 设计使用年限分类

类 别	设计使用年限/年	示 例
1	5	临时性建筑
2	25	易于替换结构构件的建筑
3	50	普通建筑物和构筑物
4	100	纪念性建筑和特别重要的建筑物

注：此表的依据为《建筑结构可靠性设计统一标准》(GB/T 50068—2018)，并与其协调一致。

2. 建筑物的耐火等级

根据房屋主要构件的燃烧性能和耐火极限,现行《建筑设计防火规范》(GB 50016—2014)将普通建筑的耐火等级划分为四级。

1) 材料的燃烧性能

燃烧性能是指建筑构件在明火或高温作用下是否燃烧,以及燃烧的难易程度。建筑构件按燃烧性能分为不燃烧体、难燃烧体和燃烧体。

(1) 不燃烧体:用不燃烧材料制成的构件,如砖、石、钢筋混凝土、金属等。这类材料在空气中受到火烧或高温作用时不起火、不微燃、不碳化。

(2) 难燃烧体:用难燃烧材料制成的构件,如沥青混凝土、板条抹灰、水泥刨花板、经防火处理的木材等。这类材料在空气中受到火烧或高温作用时难燃烧、难碳化,离开火源后,燃烧或微燃立即停止。

(3) 燃烧体:用燃烧材料制成的构件,如木材、胶合板等。这类材料在空气中受到火烧或高温作用时立即起火或燃烧,且离开火源后仍继续燃烧或微燃。

2) 建筑构件的耐火极限

耐火极限是指对任一建筑构件按时间—温度标准曲线进行耐火试验,从受到火的作用时开始,到失去支持能力或完整性破坏或失去隔火作用时停止的这段时间,用 h 表示。

(1) 失去支持能力是指构件自身解体或垮塌。梁、楼板等受弯承重构件的挠曲速率发生突变是失去支持能力的象征。

(2) 完整性破坏是指楼板、隔墙等具有分隔作用的构件,在试验中出现穿透裂缝或较大的孔隙。

(3) 失去隔火作用是指背火面任一测点的温度达到 220℃。

不同耐火等级建筑物主要构件的燃烧性能和耐火极限不应低于表 5-2 中的规定。

表 5-2 建筑构件的燃烧性能和耐火等级 单位:h

构件名称		耐火等级			
		一级	二级	三级	四级
墙	防火墙	不燃性 3.00	不燃性 3.00	不燃性 3.00	不燃性 3.00
	承重墙	不燃性 3.00	不燃性 2.50	不燃性 2.00	难燃性 0.50
	非承重外墙	不燃性 1.00	不燃性 1.50	不燃性 0.50	可燃性
	楼梯间和前室的墙、电梯井的墙、住宅建筑单元之间的墙和分户墙	不燃性 2.00	不燃性 2.00	不燃性 1.50	难燃性 0.50
	疏散走道两侧的隔墙	不燃性 1.00	不燃性 1.00	不燃性 0.50	不燃性 0.25
	房间隔墙	不燃性 0.75	不燃性 0.50	难燃性 0.50	难燃性 0.25
柱		不燃性 3.00	不燃性 2.50	不燃性 2.00	不燃性 0.50
梁		不燃性 2.00	不燃性 1.50	不燃性 1.00	不燃性 0.50
楼板		不燃性 1.50	不燃性 1.00	不燃性 0.50	可燃性
屋顶承重构件		不燃性 1.50	不燃性	可燃性 0.50	可燃性

续表

构件名称	耐火等级			
	一级	二级	三级	四级
疏散楼梯	不燃性 1.50	不燃性 1.00	可燃性 0.50	可燃性
吊顶（包括吊顶格栅）	不燃性 0.25	难燃性 0.25	难燃性 0.15	可燃性

注：1. 除《建筑设计防火规范》（GB 50016—2014）另有规定外，以木柱承重且墙体采用不燃材料的建筑，其耐火等级应按四级确定。
2. 住宅建筑构件的耐火极限和燃烧性能可按现行国家标准《住宅建筑规范》（GB 50368—2005）的规定执行。

民用建筑的耐火等级应根据其建筑高度、使用功能、重要性和火灾扑救难度等确定，并应符合下列规定。

（1）地下或半地下建筑（室）和一类高层建筑的耐火等级不应低于一级。

（2）单层、多层重要公共建筑和二类高层建筑的耐火等级不应低于二级。

（3）除木结构建筑外，老年人照料设施的耐火等级不应低于三级。

（4）建筑高度大于 100m 的民用建筑，其楼板的耐火极限不应低于 2h。

（5）一、二级耐火等级建筑的屋面板应采用不燃材料。屋面防水层宜采用不燃、难燃材料，当采用可燃防水材料且铺设在可燃、难燃保温材料上时，防水层或可燃、难燃保温材料应采用不燃材料作防护层。

（6）三级耐火等级的医疗建筑、中小学校的教学建筑、老年人照料设施及托儿所、幼儿园的儿童用房和儿童游乐厅等儿童活动场所的吊顶应采用不燃材料；当采用难燃材料时，其耐火极限不应低于 0.25h。

（7）二级和三级耐火等级建筑内门厅、走廊的吊顶应采用不燃材料。

（8）建筑内预制钢筋混凝土构件的节点外露部位应采取防火保护措施，且节点的耐火极限不应低于相应构件的耐火极限。

5.2 民用建筑的构造组成及影响因素

5.2.1 民用建筑的构造组成

民用建筑一般由基础、墙体和柱、楼地层、楼梯、屋顶、门窗六个主要构造部分组成。这些组成部分构成了房屋的主体，它们在建筑的不同部位发挥着不同的作用。此外，房屋还有其他的构配件和设施，以保证建筑充分发挥其功能，如阳台、雨篷、台阶、散水等，如图 5-1 所示。房屋建筑各主要组成部分的作用简单介绍如下。

1. 基础

基础是建筑物最下部的承重构件，承担建筑的全部荷载，并把这些荷载有效地传给地基。

2. 墙体、柱

墙体在具有承重要求时，承担屋顶和楼板层传来的荷载，并传递给基础。外墙还具有

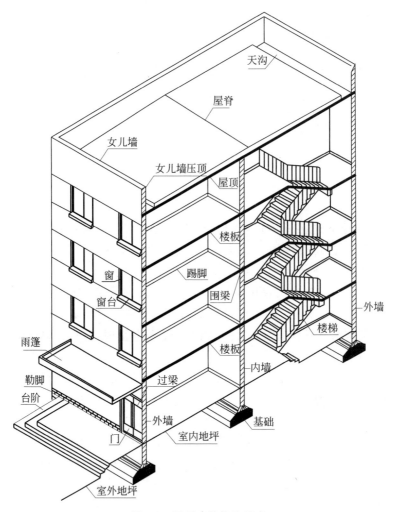

图 5-1 民用建筑构造组成

围护功能,负有抵御自然界各种因素对室内侵袭的责任;内墙起到划分建筑内部空间,创造适宜的室内环境的作用。

框架柱是建筑物的竖向承重构件,承担屋顶和楼板层传来的荷载,并传递给基础。构造柱是砌体结构建筑主要的墙身加固和抗震措施。

3. 楼地层

楼地层是楼房建筑中的水平承重构件,同时还兼有在竖向划分建筑内部空间的功能。楼板承担建筑的楼面荷载,并把这些荷载传给建筑的竖向承重构件,同时对墙体起到水平支撑作用。

地坪是建筑底层房间与下部土层相接触的部分,承担着底层房间的地面荷载。由于底层房间地坪下面往往是夯实的土壤,因此地坪的强度要求比楼板低,但其面层要具有良好的耐磨、防潮性能,有些地坪还要具有防水、保温能力。

4. 楼梯

楼梯是楼房建筑中联系上下各层的垂直交通设施。目前,许多建筑的竖向交通主要靠电梯、自动扶梯等设备解决,但楼梯作为遇到紧急情况时的安全通道,仍然是建筑不可缺少的组成部分。另外,由于楼梯关系到建筑使用的安全性,因此其在宽度、坡度、数量、位置、布局形式、防火性能等诸方面均有严格的设计要求。

5. 屋顶

屋顶是建筑顶部的承重和围护构件。屋顶一般由屋面、保温(隔热)层和承重结构三部分组成。屋顶承重结构的使用要求与楼板相似,屋面和保温(隔热)层应具有抵御自然界不良因素的能力。屋顶又被称为建筑的"第五立面",对建筑的体形和立面形象具有较大的影响。

6. 门窗

门供人们室内外交通及搬运家具设备之用,同时还兼有分隔房间、围护的作用,有时还能进行采光和通风。由于门是人及家具设备进出建筑及房间的通道,因此应有足够的宽度和高度,其数量和位置也应符合有关规范的要求。

窗的作用主要是采光和通风。作为围护结构的一部分,窗目前也面临着节能方面的改革课题,同时在建筑的立面形象中也占有相当重要的地位。

5.2.2 影响建筑构造的因素

影响建筑构造的因素很多,主要有以下几个方面。

1. 外力因素

作用在建筑物上的外力统称为荷载,荷载的大小是建筑设计的主要依据,也是结构选型的重要基础,决定着构件的尺度和用料。构件的选材、尺寸、形状等又与构造密切相关。构造设计荷载分为恒荷载(如建筑物构件的自重)和活荷载(如人群、家具、设备、风雪及地震荷载)两种。

2. 自然因素

建筑物在使用周期内会受到风、霜、雨、雪、冰冻、地下水、日照等自然条件和气候条件的影响,这些都是影响建筑物使用质量和耐久性的重要因素。在对建筑物进行构造设计时,应根据当地自然条件的实际情况,针对建筑物所受影响的性质与程度,对有关构配件及相关部位采取相应的构造措施,如设置防潮层、防水层、保温层、隔热层、隔蒸汽层、变形缝等,以保证建筑物的正常使用。

3. 使用因素

人们在使用建筑物的过程中,往往会对建筑物造成影响,如火灾、机械振动、噪声、化学腐蚀、虫害等,所以在建筑构造设计时要采取相应的构造措施。

4. 建筑技术条件

建筑技术条件包括建筑结构、建筑材料、建筑设备、建筑施工技术等。随着科学技术的发展,各种新材料、新技术、新工艺不断出现,建筑构造的设计、施工等也要以构造原理为基础,根据行业的发展状况和趋势不断改进和发展。

5.2.3 建筑构造设计的基本原则

影响建筑构造的因素有很多,建筑构造设计时需遵循以下原则,分清主次和轻重妥善处理。
(1) 满足使用功能要求。
(2) 确保结构安全可靠。
(3) 注重建筑的经济效益。
(4) 适应建筑工业化,应用先进技术。
(5) 满足美观要求。

5.3 建筑标准化与建筑模数

1. 建筑标准化

建筑业是我国国民经济的支柱产业之一,提高建筑业的生产效率,实现建筑工业化意义重大。

建筑工业化的内容为设计标准化、构配件业生产工厂化、施工机械化。设计标准化是实现其余两个方面目标的前提,只有实现了设计标准化,才能简化建筑构配件的规格类型,为工厂生产商品化的建筑构配件创造基础条件,为建筑产业化、机械化施工打下基础。为推进房屋建筑工业化,实现建筑或部件的尺寸和安装位置的模数协调,建筑设计应符合现行国家标准《建筑模数协调标准》(GB/T 50002—2013)的规定。

模数协调应实现下列目标。
(1) 实现建筑的设计、制造、施工安装等活动的互相协调。
(2) 能对建筑各部位尺寸进行分割,并确定各部件的尺寸和边界条件。
(3) 优选某种类型的标准化方式,使标准化部件的种类最优。
(4) 有利于部件的互换性。
(5) 有利于建筑部件的定位和安装,协调建筑部件与功能空间之间的尺寸关系。

2. 建筑模数

建筑模数是选定的标准尺度单位,作为建筑物、建筑构配件、建筑制品及有关设备尺寸相互协调中的增值单位。

1) 基本模数

基本模数是模数协调中的基本尺寸单位,用 M 表示,其数值为 100mm,即 1M=100mm。

2) 导出模数

由于建筑中需要用模数协调的各部位尺度相差较大,仅依靠基本模数不能满足尺度的协调要求,因此在基本模数的基础上又发展了相互之间存在内在联系的导出模数。导出模数包括扩大模数和分模数,如表 5-3 所示。

表 5-3 模数数列

模数名称	基本模数	扩大模数					分 模 数			
模数基数	1M	3M	6M	12M	15M	30M	60M	1/10M	1/5M	1/2M
基数数值	100	300	600	1200	1500	3000	6000	10	20	50
模数数列	100	300						10		
	200	600	600					20	20	
	300	900						30		
	400	1200	1200	1200				40	40	
	500	1500			1500			50		50
	600	1800	1800					60	60	
	700	2100						70		
	800	2400	2400	2400				80	80	
	900	2700						90		
	1000	3000	3000		3000	3000		100	100	100
	1100	3300						110		
	1200	3600	3600	3600				120	120	
	1300	3900						130		
	1400	4200	4200					140	140	
	1500	4500			4500			150		150
	1600	4800	4800	4800				160	160	
	1700	5100						170		
	1800	5400	5400					180	180	
	1900	5700						190		
	2000	6000	6000	6000	6000	6000	6000	200	200	200
	2100	6300						220		
	2200	6600		6600				240		
	2300	6900								250
	2400	7200	7200	7200				260		
	2500	7500			7500			280		
	2600		7800					300		300
	2700		8400	8400				320		
	2800		9000		9000	9000		340		

续表

模数名称	基本模数	扩大模数					分模数	
模数数列	2900	9600	9600					350
	3000			10500				360
	3100		10800					380
	3200		12000	12000	12000	12000	400	400
	3300			15000				450
	3400				18000	18000		500
	3500			21000				550
	3600				24000	24000		600
应用范围	主要用于建筑柱网、开间、进深、层高、门窗洞口等主要定位线尺寸和构配件截面	(1) 平面的开间进深、柱网或跨度、门窗洞口宽度等主要定位尺寸宜采用水平扩大模数数列 $2n\text{M}$、$3n\text{M}$（n 为自然数）。 (2) 层高和门窗洞口高度等主要标注尺寸宜采用竖向扩大模数数列 $n\text{M}$（n 为自然数）。 (3) 装配式住宅的建筑结构体宜采用扩大模数 $2n\text{M}$、$3n\text{M}$ 模数数列；装配式住宅的建筑内装体宜采用基本模数或分模数，分模数宜为 M/2、M/5；装配式住宅层高和门窗洞口高度宜采用竖向基本模数和竖向扩大模数数列，竖向扩大模数数列宜采用 $n\text{M}$（n 为自然数）					(1) 主要用于缝隙、构造节点和构配件截面等处。 (2) 分模数 1/2M 数列按 50mm 晋级，其幅度可增至 10M	

(1) 扩大模数。扩大模数是基本模数的整数倍数。水平扩大模数基数为 3M、6M、12M、15M、30M、60M，其相应的尺寸分别是 300mm、600mm、1200mm、1500mm、3000mm、6000mm；竖向扩大模数基数为 3M、6M，其相应的尺寸分别是 300mm、600mm。

(2) 分模数。分模数是整数除以基本模数的数值。分模数基数为 1/10M、1/5M、1/2M，其相应的尺寸分别是 10mm、20mm、50mm。

第 6 章 地基、基础与地下室

6.1 地基与基础概述

6.1.1 地基与基础的概念

基础位于建筑物的最下面,与土层直接接触,是房屋建筑的重要组成部分。基础承受建筑物上部结构传来的全部荷载,并将这些荷载连同自重一起有效地传给地基。支承基础的土体或岩体称为地基,地基不属于建筑物的组成部分。地基由持力层与下卧层组成,直接承受建筑荷载的土层为持力层,持力层以下的土层为下卧层,如图 6-1 所示。地基可分为天然地基和人工地基两大类。

(1) 天然地基。自然形成的、未经人工处理的地基称为天然地基。岩石、碎石土、砂土、粉土、黏性土等一般均可作为天然地基。

(2) 人工地基。如果土层的承载能力较低或虽然土层较好,但因上部荷载较大,土层不能满足承受建筑物荷载的要求,需对土层进行地基处理,以提高其承载能力,改善其变形性质或渗透性质,这种经过人工方法进行处理的地基称为人工地基。常用的地基处理方法有置换法、排水固结法、振(挤)密法、掺入固化物法、加筋法及复合地基等。

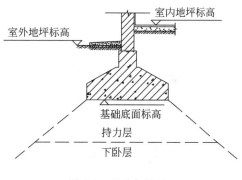

图 6-1 地基与基础

6.1.2 对地基与基础的要求

1. 对地基的要求

(1) 地基应具有一定的承载力和较小的压缩性。
(2) 地基的承载力应分布均匀。
(3) 在一定的承载条件下,地基应有一定的深度范围。
(4) 尽量采用天然地基,以实现经济效益。

2. 对基础的要求

(1) 基础要有足够的强度,能够起到传递荷载的作用。

(2) 基础的材料应具有耐久性,以保证建筑的持久使用。因为基础处于建筑物最下部并且埋在地下,所以对其维修或加固非常困难。

(3) 在选材上应尽量就地取材,以降低造价。

6.2 基础的埋置深度及影响因素

6.2.1 基础的埋置深度

基础的埋置深度(简称埋深)是指室外设计地面至基础底面的垂直距离,如图 6-2 所示。基础应有合理的埋置深度才能保证建筑物的安全、耐久及建造经济性。一般情况下,除岩石地基外,基础埋深不宜小于 0.5m。基础埋深大于等于 5m 的基础称为深基础,小于 5m 的称为浅基础。

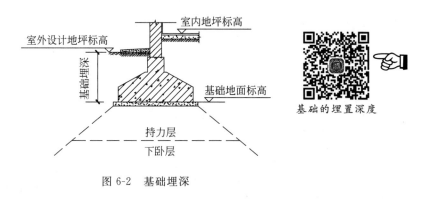

图 6-2 基础埋深

6.2.2 影响基础埋深的因素

影响基础埋深的因素很多,主要包括以下几方面。

(1) 建筑物的用途,有无地下室、设备基础和地下设施,基础的形式和构造。

(2) 作用在地基上的荷载大小和性质。一般情况下,荷载越大,基础埋深越深。

(3) 工程地质条件。不同的建筑场地,其土质情况往往也不同,即使是同一地点,不同深度的土层其性质也会有差异。一般情况下,基础应设置在常年未经扰动且坚实平坦的土层上,而不要设置在淤泥等软弱土层上。当表面软弱土层较厚时,可采用深基础或人工地基。

(4) 水文地质条件。基础宜埋置在地下水位以上,当必须埋在地下水位以下时,应采取地基土施工防扰动措施。宜将基础埋置在最低地下水位以下不小于 200mm 处,如图 6-3 所示。

(5) 地基土冻胀和融陷。冻结土与非冻结土的分界线称为冰冻线。当基础埋深在土层冰冻线以上时,基础底面以下的土层低温冻胀,会产生向上的冻胀力,严重的会使基础上抬起拱；当气温回升，土层解冻，冻胀力消失，基础会下沉，冻融循环使基础处于不稳定状态，从而产生变形，严重时引起裂缝和破坏。因此，在寒冷地区，基础埋深应在冰冻线以下200mm处，如图6-4所示。对于冻结深度浅于500mm的南方地区或当地基土为非冻胀土（如碎石、卵石、粗砂、中砂等）时，可不考虑土的冻结深度对基础埋深的影响。

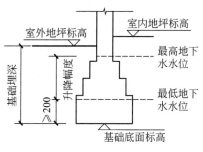 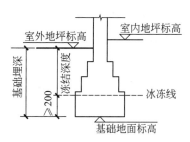

图 6-3　地下水位与基础埋深　　　　图 6-4　冰冻线与基础埋深

（6）相邻建筑物的基础埋深。当新建建筑物附近有原有建筑物时，为了保证原有建筑物的安全和正常使用，新建建筑物的基础埋深不宜大于原有建筑基础的埋深。当新建建筑物基础的埋置深度大于原有建筑基础的埋置深度时，两基础间应保持一定净距，其数值应根据原有建筑荷载大小、基础形式和土质情况确定，一般取等于或大于两基础的埋置深度差，如图6-5所示。

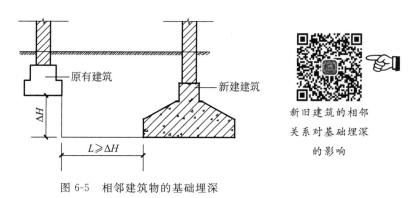

图 6-5　相邻建筑物的基础埋深

新旧建筑的相邻关系对基础埋深的影响

6.3　基础分类

6.3.1　按基础所用材料及受力特点分类

1. 无筋扩展基础

无筋扩展基础又称为刚性基础，是指用刚性材料制作，基础底面宽度扩大受刚性角约束的基础。常用的刚性材料有砖、毛石、混凝土或毛石混凝土、灰土和三合土等，这些材料都具有抗压强度高，抗拉、抗剪强度低的特性。材料试验表明，由刚性材料构成的无筋扩展基础被荷载作用破坏时,都是沿一定角度分布的,该角称为刚性角,以 α 表示,如图 6-6 所示。当基础底面宽度在刚性角之内时,基础底面产生的拉应力小于材料具有的抗拉能力,基础不致破坏;当基础底面宽度在刚性角之外时,基础底面将会开裂或破坏,而不再起传力作用。因此,要保证基础不被拉力或冲切力破坏,确保基础底面宽度在刚性角之内,就必须控制基础的高宽比。不同材料的无筋扩展基础台阶宽高比(b/h)的允许值如表 6-1 所示。

刚性角

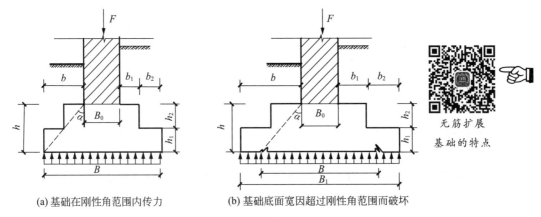

(a) 基础在刚性角范围内传力　　(b) 基础底面宽因超过刚性角范围而破坏

图 6-6　无筋扩展基础的受力、传力特点

无筋扩展基础的特点

表 6-1　不同材料的无筋扩展基础台阶宽高比的允许值

基础材料	质量要求	台阶宽高比的允许值		
		$p_k \leqslant 100$	$100 < p_k \leqslant 200$	$200 < p_k \leqslant 300$
混凝土基础	C15 混凝土	1∶1.00	1∶1.00	1∶1.25
毛石混凝土基础	C15 混凝土	1∶1.00	1∶1.25	1∶1.50
砖基础	砖不低于 MU10、砂浆不低于 M5	1∶1.50	1∶1.50	1∶1.50
毛石基础	砂浆不低于 M5	1∶1.25	1∶1.50	—
灰土基础	体积比为 3∶7 或 2∶8 的灰土,其最小干密度:粉土 1550kg/m³、粉质黏土 1500kg/m³、黏土 1450kg/m³	1∶1.25	1∶1.50	—
三合土基础	体积比 1∶2∶4~1∶3∶6(石灰∶砂∶骨料),每层约虚铺 220mm,夯至 150mm	1∶1.5	1∶2.00	—

注:1. p_k 为作用的标准组合时基础底面处的平均压力值(kPa)。
　　2. 阶梯形毛石基础的每阶伸出宽度不宜大于 200mm。

2. 扩展基础

为扩散上部结构传来的荷载,使作用在基底的压应力满足地基承载力的设计要求,且基础内部的应力满足材料强度的设计要求,通过向侧边扩展一定底面积的基础称为扩展基础。常见的扩展基础有柱下钢筋混凝土基础、独立基础和墙下钢筋混凝土条形基础。

当基础顶部的荷载较大或地基承载力较低时,就需要加大基础底部的宽度,以减小基底的压力。由于无筋扩展基础受刚性角的约束,增加基础底面宽度的同时基础高度也要相应增加,因此会增加基础自重,加大土方工程量,给施工带来麻烦,此时,可采用扩展基础。扩展基础在底板配置钢筋,利用钢筋增强基础两侧扩大部分的受拉和受剪能力,使两侧不受刚性角的约束。扩展基础具有断面小、承载力大、经济效益较高等优点。

扩展基础的构造应符合下列规定。

(1)锥形基础的边缘高度不宜小于200mm,且两个方向的坡度不宜大于1∶3;阶梯形基础的每阶高度宜为300~500mm。

(2)垫层的厚度不宜小于70mm,垫层混凝土强度等级不宜低于C10。

(3)扩展基础受力钢筋最小配筋率不应小于0.15%;底板受力钢筋的最小直径不应小于10mm;间距不应大于200mm,也不应小于100mm。墙下钢筋混凝土条形基础纵向分布钢筋的直径不应小于8mm,间距不应大于300mm,每延米分布钢筋的面积不应小于受力钢筋面积的15%。当有垫层时,钢筋保护层的厚度不应小于40mm;当无垫层时,不应小于70mm。

(4)混凝土强度等级不应低于C20。

(5)当柱下钢筋混凝土独立基础的边长和墙下钢筋混凝土条形基础的宽度大于等于2.5m时,底板受力钢筋的长度可取边长或宽度的0.9倍,并宜交错布置,如图6-7所示。

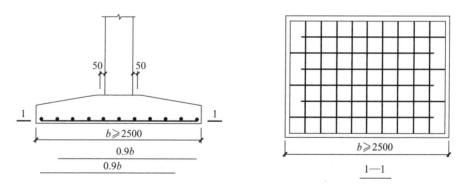

图6-7 柱下独立基础底板受力钢筋布置

6.3.2 按基础构造形式分类

1. 独立基础

当建筑物的承重体系采用框架结构或单层排架及刚架结构时,其基础常用方形或矩形的单独基础,称为独立基础。独立基础的底板截面形状常为阶形或坡形,如图6-8所示。当柱采用预制钢筋混凝土构件时,基础做成杯口形,将柱子插入并嵌固在杯口内,称为杯口独立基础,如图6-9所示。

2. 条形基础

条形基础是指基础长度远大于其宽度的一种基础形式,也称为带形基础。条形基础可分为墙下条形基础和柱下条形基础,如图6-10所示。条形基础的底板截面形状常为阶形或坡形。为了提高建筑物的整体性,防止柱子之间产生不均匀沉降,常将柱下基础沿纵横两个方向扩展连接起来,做成"十"字交叉的井格基础,如图 6-11 所示。

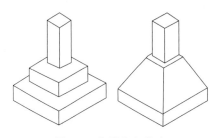
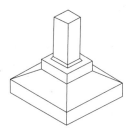

图 6-8　普通独立基础　　　　　图 6-9　杯口独立基础

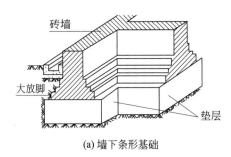
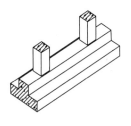

图 6-10　条形基础

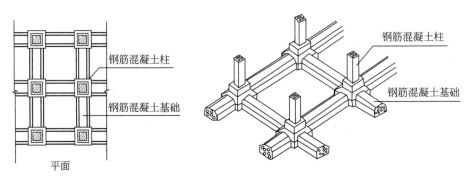

图 6-11　井格式柱下条形基础

3. 筏形基础

如建筑物上部荷载较大,而地基承载能力较差,可将墙或柱下基础底面扩大为整片的钢筋混凝土板状的基础形式,形成筏形基础。筏形基础按结构形式可分为梁板式和平板式两类,如图 6-12 所示。

4. 箱形基础

箱形基础是由钢筋混凝土底板、顶板及内外纵横墙体构成的整体浇筑的单层或多层钢筋混凝土基础,如图 6-13 所示。箱形基础具有较大的强度和刚度,当建筑物荷载较大、浅层地质条件较差或建筑物较高、基础需深埋时,常采用箱形基础。箱形基础中间的空间可作为地下室使用。

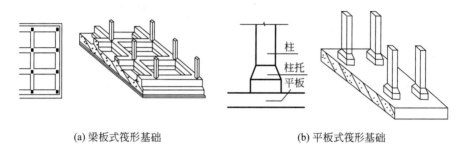

(a) 梁板式筏形基础　　　　(b) 平板式筏形基础

图 6-12　筏形基础

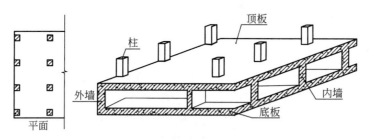

图 6-13　箱形基础

5. 桩基础

当地基浅层土质不良,无法满足建筑物对地基变形和强度方面的要求时,常采用桩基础。桩基础由承台和群桩组成,如图 6-14 所示。桩基础是深基础的一种,具有承载能力高、沉降速率低、沉降量小、节省基础材料、减少土方工程量、改善施工条件和缩短工期等优点。

6. 岩石锚杆基础

岩石锚杆基础适用于直接建在基岩上的柱基,以及承受拉力或水平力较大的建筑物基础。岩石锚杆基础应与基岩连成整体,并应符合下列要求。

(1) 锚杆孔直径宜取锚杆筋体直径的 3 倍,但不应小于 1 倍锚杆筋体直径加 50mm。岩石锚杆基础的构造要求如图 6-15 所示。

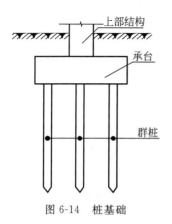

图 6-14　桩基础

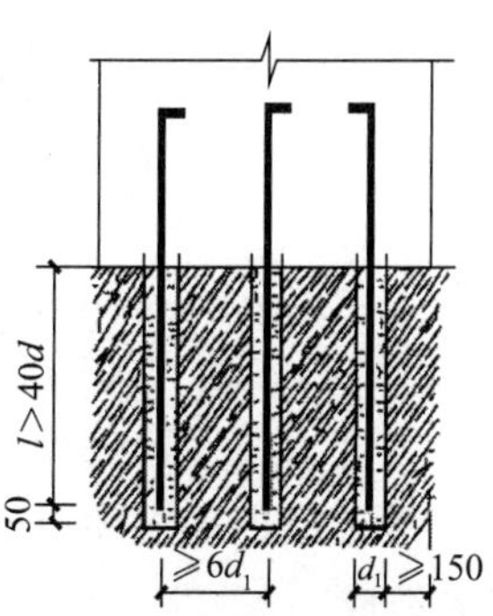

图 6-15　岩石锚杆基础的构造要求

d_1—锚杆直径；l—锚杆的有效锚固长度；d—锚杆筋体直径

（2）锚杆筋体插入上部结构的长度应符合钢筋的锚固长度要求。

（3）锚杆筋体宜采用热轧带肋钢筋，水泥砂浆强度不宜低于30MPa，细石混凝土强度不宜低于C30。灌浆前应将锚杆孔清理干净。

6.4 地下室

6.4.1 地下室的分类及组成

1. 地下室的分类

地下室主要按使用功能和埋入地下深度进行分类。

1）按使用功能分类

（1）普通地下室。普通地下室是建筑空间在地下的延伸，可作为车库、设备用房等。根据用途及结构需要，普通地下室可做成一层、二层或多层。尽量不要把人流集中的房间设置在地下室，因为地下室对疏散和防火要求较严格。

（2）人防地下室。人防地下室是结合人防要求设置的地下空间，用以应付战时人员的隐蔽和疏散，并具备保障人身安全的各项技术措施。

2）按埋入地下深度分类

地下室按埋入地下深度可分为全地下室和半地下室，如图6-16所示。

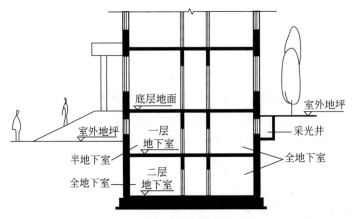

图6-16 地下室按埋入深度分类

（1）全地下室。全地下室内部的地平面低于室外地平面的高度超过该房间净高的1/2。全地下室埋入地面较深，多用作辅助用房和设备用房。

（2）半地下室。半地下室内部的地平面低于室外地平面的高度超过该房间净高的1/3且不超过1/2。半地下室的采光和通风较易解决，周边环境优于全地下室。

2. 地下室的组成

地下室由墙体、顶板、底板、门窗及采光井等组成，如图6-17所示。

1）墙体

地下室的墙体不仅承担上部结构所有荷载，还要承受外侧土体、地下水及土壤冻结时产生的侧压力,因此地下室的墙体应具有足够的强度与稳定性。同时,地下室墙体处在较为潮湿的环境里,墙材料应有良好的防潮、防水性能,一般多采用砖墙、混凝土墙或钢筋混凝土墙。

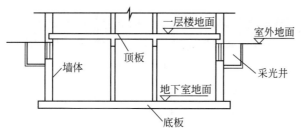

图 6-17 地下室的组成

2）顶板

与楼板相同,地下室顶板通常采用钢筋混凝土板。为了防止空袭时炸弹的冲击破坏,人防地下室顶板的厚度、跨度、强度应按照不同级别人防地下室的要求进行确定,确保顶板具有足够的强度和抗冲击能力。人防地下室的顶板上面还应覆盖一定厚度的夯实土。

3）底板

地下室的底板应具有良好的整体性和较大的刚度,并应有抗渗能力。地下室底板多采用钢筋混凝土,还要根据地下水位的情况做防潮或防水处理。

4）门窗

普通地下室的门窗与地上房间门窗相同,人防地下室的门窗应满足密闭、防冲击的要求。一般采用钢门或钢筋混凝土门,平战结合人防地下室可以采用自动防爆玻窗,在平时用于采光和通风,战时封闭。

5）采光井

地下室外窗如在室外地坪以下,为了改善地下室的室内环境,在城市规划部门允许的情况下,为了增加开窗面积,一般可在窗外设置采光井。

采光井由侧墙、底板、遮雨篷或铁格栅组成,其中侧墙为砖砌,底板多为现浇混凝土。采光井底部抹灰应向外侧倾斜,并在井底低处设置排水管。采光井的构造如图 6-18 所示。

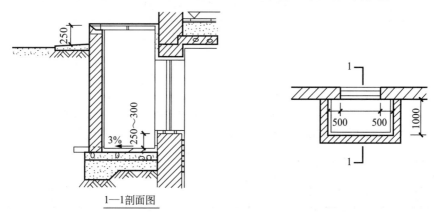

图 6-18 采光井的构造

6.4.2 地下室防水构造

地下室的墙身、底板都埋在地下,长期受到地下湿气或地下水的侵蚀,轻则引起室内墙面灰皮脱落,墙面发霉,影响人体健康;重则进水,影响正常使用。因此,为保证地下室不潮湿、不透水,必须对其外墙、底板采取相应的防水措施。

根据《地下工程防水技术规范》(GB 50108—2008)的规定,按围护结构允许渗漏水量,将地下防水工程划分为 4 级,如表 6-2 所示。

表 6-2 地下防水工程等级

防水等级	防水标准
一级	不允许渗水,结构表面无湿渍
二级	不允许漏水,结构表面可有少量湿渍。 工业与民用建筑:总湿渍面积不应大于总防水面积(包括顶板、墙面、地面)的 1/1000;任意 $100m^2$ 防水面积上的湿渍不超过 2 处,单个湿渍的最大面积不大于 $0.1m^2$。 其他地下工程:总湿渍面积不应大于总防水面积的 2/1000;任意 $100m^2$ 防水面积上的湿渍不超过 3 处,单个湿渍的最大面积不大于 $0.2m^2$。其中,隧道工程还要求平均渗水量不大于 $0.05L/(m^2 \cdot d)$,任意 $100m^2$ 防水面积上的渗水量不大于 $0.15L/(m^2 \cdot d)$
三级	有少量漏水点,不得有线流和漏泥沙。 任意 $100m^2$ 防水面积上的漏水或湿渍点数不超过 7 处,单个漏水点的最大满水量不大于 $2.5L/d$,单个湿渍的最大面积不大于 $0.3m^2$
四级	有漏水点,不得有线流和漏泥沙。 整个工程平均漏水量不大于 $2L/(m^2 \cdot d)$,任意 $100m^2$ 防水面积上的平均漏水量不大于 $4L/(m^2 \cdot d)$

地下工程的防水等级应根据工程的重要性和使用中对防水的要求按表 6-3 选定。

表 6-3 不同防水等级的适用范围

防水等级	适用范围
一级	人员长期停留的场所;因有少量湿渍会使物品变质、失效的储物场所,以及严重影响设备正常运转和危及工程安全运营的部位;极重要的战备工程、地铁、车站
二级	人员经常活动的场所;在有少量湿渍的情况下不会使物品变质、失效的储物场所,以及基本不影响设备正常运转和工程安全运营的部位;重要的战备工程
三级	人员临时活动场所、一般战备工程
四级	对渗漏水无严格要求的工程

地下室常用的防水措施主要有卷材防水、涂料防水、混凝土构件自防水等。

1. 卷材防水

卷材防水的构造做法适用于经常处于地下水环境且受侵蚀性介质或受震动作用的地下工程。卷材防水层应铺设在混凝土结构的迎水面。卷材防水层用于建筑物地下室时,应铺设在结构底板垫层至墙体防水设防高度的结构基面上。

防水卷材及其胶黏剂应具有良好的耐水性、耐久性、耐刺穿性、耐腐蚀性和耐菌性。常用的卷材品种一般是高聚物改性沥青类防水卷材和合成高分子类防水卷材,如表 6-4 所示。

表 6-4　卷材防水层的卷材品种

类　别	品　种　名　称
高聚物改性沥青类防水卷材	弹性体改性沥青防水卷材、改性沥青聚乙烯胎防水卷材、自黏聚合物改性沥青防水卷材
合成高分子类防水卷材	三元乙丙橡胶防水卷材、聚氯乙烯防水卷材、聚乙烯丙纶复合防水卷材、高分子自黏胶膜防水卷材

防水卷材的品种规格和层数应根据地下工程防水等级、地下水位高低及水压力作用状况、结构构造形式和施工工艺等因素确定,不同品种防水卷材的搭接宽度应符合表 6-5 的要求。

表 6-5　不同品种防水卷材的搭接宽度　　　　　　　　单位:mm

卷 材 品 种	搭接宽度
弹性体改性沥青防水卷材	100
改性沥青聚乙烯胎防水卷材	100
自黏聚合物改性沥青防水卷材	80
三元乙丙橡胶防水卷材	100/60(胶黏剂/胶黏带)
聚氯乙烯防水卷材	60/80(单焊缝/双焊缝)
	100(胶黏剂)
聚乙烯丙纶复合防水卷材	100(黏结料)
高分子自黏胶膜防水卷材	70/80(自黏胶/胶黏带)

防水卷材施工前,基面应干净、干燥,并应涂刷基层处理剂;当基面潮湿时,应涂刷湿固化型胶黏剂或潮湿界面隔离剂。铺贴各类防水卷材应符合下列规定。

(1)应铺设卷材加强层。

(2)结构底板垫层混凝土部位的卷材可采用空铺法或点黏法施工,其黏结位置、点黏面积应按设计要求确定;侧墙采用外防外贴法的卷材及顶板部位的卷材应采用满黏法施工。

(3) 卷材与基面、卷材与卷材间的黏结应紧密、牢固；铺贴完成的卷材应平整顺直，搭接尺寸应准确，不得产生扭曲和皱折。

(4) 卷材搭接处和接头部位应粘贴牢固，接缝口应封严或采用材性相容的密封材料封缝。

(5) 铺贴立面卷材防水层时，应采取防止卷材下滑的措施。

(6) 铺贴双层卷材时，上下两层和相邻两幅卷材的接缝应错开 1/3~1/2 幅宽，且两层卷材不得相互垂直铺贴。

地下室外墙防水常有外防外贴法和外防内贴法两种。

2. 涂料防水

涂料防水是指在施工现场以刷涂、刮涂、滚涂等方法，将无定型液态冷涂料在常温下涂敷于地下室结构表面的一种防水做法。

涂料防水层应包括无机防水涂料和有机防水涂料。无机防水涂料宜用于结构主体的背水面，有机防水涂料宜用于地下工程主体结构的迎水面。用于背水面的有机防水涂料应具有较高的抗渗性，且与基层有较好的黏结性。

防水涂料可采用外防外涂和外防内涂两种做法，如图 6-19 所示。

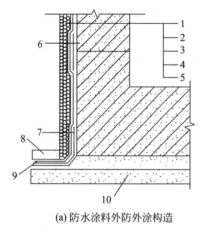 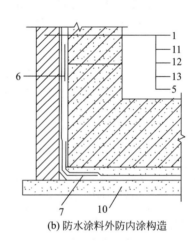

(a) 防水涂料外防外涂构造　　　　(b) 防水涂料外防内涂构造

图 6-19　涂料防水的做法

1—保护墙；2—砂浆保护层；3—涂料防水层；4—砂浆找平层；5—结构墙体；6—涂料防水层加强层；
7—涂料防水加强层；8—涂料防水层搭接部位保护层；9—涂料防水层搭接部位；10—混凝土垫层；
11—涂料保护层；12—涂料防水层；13—找平层

无机防水涂料基层表面应干净、平整、无浮浆和明显积水；有机防水涂料基层表面应基本干燥，不应有气孔、凹凸不平、蜂窝麻面等缺陷。涂料施工前，基层阴阳角应做成圆弧形；防水涂料应分层刷涂或喷涂，涂层应均匀，不得漏刷漏涂；接槎宽度不应小于 100mm。

有机防水涂料施工完毕后应及时做好保护层，底板、顶板应采用厚度为 20mm 的 1∶2.5 的水泥砂浆层和厚度为 40~50mm 的细石混凝土保护，顶板防水层与保护层之间宜设置隔离层；外墙背水面应采用厚度为 20mm 的 1∶2.5 的水泥砂浆层保护，迎水面宜选用软保护或厚度为 20mm 的 1∶2.5 的水泥砂浆层保护。

3. 混凝土构件自防水

当地下室的墙体和地坪均为钢筋混凝土结构时,可通过增加混凝土的密实度或在混凝土中添加防水剂、加气剂等方法提高混凝土的抗渗性能,这种防水做法称为混凝土构件自防水。

当地下室采用构件自防水时,防水混凝土结构底板的混凝土垫层强度等级不应小于C15,厚度不应小于100mm,在软弱土层中不应小于150mm;防水混凝土结构厚度不应小于250mm,裂缝宽度不得大于0.2mm,并不得贯通。钢筋保护层厚度应根据结构的耐久性和工程环境选用,迎水面钢筋保护层厚度不应小于50mm。

防水混凝土应连续浇筑,宜少留施工缝。墙体水平施工缝不应留在剪力最大处或底板与侧墙的交接处,应留在高出底板表面不小于300mm的墙体上;拱(板)墙结合的水平施工缝宜留在拱(板)墙接缝线以下150~300mm处。施工缝防水构造可采用中埋止水带、外贴止水带、埋置遇水膨胀止水条(胶)和预埋注浆管注浆等形式。

施工缝防水构造

地下室底板中埋式止水钢板布设实录

第7章 墙体

7.1 墙体概述

7.1.1 墙体的类型

墙体是房屋的重要组成部分,根据墙体在建筑物中的位置、受力情况、材料、构造及施工方式的不同,可将墙体分为不同的类型。

1. 按墙体所在位置分类

按所在位置的不同,墙体可分为外墙和内墙。按方向的不同,墙体又可分为纵墙与横墙,其中沿建筑物长轴方向布置的墙称为纵墙;沿建筑物短轴方向布置的墙称为横墙,外横墙又称为山墙。在同片墙上,窗与窗或门与窗之间的墙称为窗间墙,窗洞下面的墙称为窗下墙,屋顶上部高出屋面的墙称为女儿墙。

2. 按墙体受力情况分类

按受力情况的不同,墙体分为承重墙和非承重墙。非承重墙包括自承重墙、隔墙、填充墙和幕墙。

3. 按墙体材料分类

根据所用材料的不同,墙体可分为砖墙、石墙、砌块墙、混凝土墙及其他用轻质材料制作的墙体。

4. 按墙体构造方式分类

按构造方式的不同,墙体可分为实体墙、空体墙和组合墙等。实体墙由单一实体材料砌筑而成,如普通砖墙、实心砌块墙等;空体墙是由实体材料砌成中空的墙体;组合墙是由两种或两种以上材料组合成的墙体。

5. 按墙体施工方式分类

按施工方式分类,墙体可分为叠砌式、板筑式和装配式3种。叠砌式是一种传统的砌墙方式,如实砌砖墙、空斗墙、砌块墙等;板筑式墙体是在现场立模板,在模板内夯筑或浇筑材料捣实而成的墙体,如夯土墙、滑模或大模板钢筋混凝土墙;装配式墙体是在构件生产厂家预先制作墙体构件,在施工现场进行拼装,如预制钢筋混凝土大板墙。

7.1.2 墙体的作用

墙体的作用主要有以下三个方面。

(1) 承重作用:在墙体承重的结构中,墙体承担其顶部的楼板(梁)、屋顶传递的荷载、墙体的自重、风荷载、地震荷载等,并将它们传给墙下部的基础。

(2) 围护作用:墙体可以抵御自然界的风、雨、雪的侵袭,防止太阳辐射、噪声干扰及室内热量的散失,起保温、隔热、隔声、防水等作用。

(3) 分隔作用:墙体可将建筑物内部划分为若干个房间或若干个使用空间。所有的墙体都具有分隔作用。

7.1.3 墙体的设计要求

1. 具有足够的强度和稳定性

强度是指墙体承受荷载的能力。强度与墙体所用材料、墙体尺寸、构造方式和施工方法有关。承重墙体必须具有足够的强度,以保证结构的安全。

稳定性与墙体的高度、长度和厚度有关,一般通过控制墙的高厚比来保证墙身的稳定性。墙体的高厚比允许值(β)如表 7-1 所示。除控制墙体的高厚比之外,也可通过增设墙垛、壁柱、圈梁、构造柱及拉结钢筋等措施增强墙体的稳定性。

表 7-1 墙体的高厚比允许值

砌 体 类 别	砂浆强度等级	β
无筋砌体	M2.5	22
	M5.0 或 Mb5.0、Ms5.0	24
	≥M7.5 或 Mb7.5、Ms7.5	26
配筋砌块砌体	—	30

2. 满足热工要求

外墙是建筑围护结构的主体,其热工性能的好坏会给建筑的使用及能耗带来直接影响。墙体的热工要求主要是指墙体的保温与隔热要求,建筑物热工要求应与地区气候相适应。

3. 满足隔声要求

建筑物的隔声减噪设计标准等级应按其实际使用要求确定,并应符合《民用建筑隔声设计规范》(GB 50118—2010)的规定。为给建筑物的使用者提供一个安静的室内生活环境,建筑墙体应具有良好的隔声性能。通常采用面密度高、空心、多孔的墙体材料提高墙体的隔声性能,另外也可通过适当增加墙体厚度、设置中空墙或双层墙等措施提高墙体的隔声性能。

4. 满足防火要求

民用建筑的耐火等级可分为 4 级,按照《建筑设计防火规范(2018 年版)》(GB 50016—2014)规定,不同耐火等级墙体的燃烧性能和耐火极限不应低于表 7-2 中的规定。

表 7-2　不同耐火等级墙体的燃烧性能和耐火极限　　　　　　　单位:h

构件名称	耐火等级			
	一级	二级	三级	四级
防火墙	不燃性 3.00	不燃性 3.00	不燃性 3.00	不燃性 3.00
承重墙	不燃性 3.00	不燃性 2.50	不燃性 2.00	难燃性 0.50
非承重墙	不燃性 1.00	不燃性 1.00	不燃性 0.50	可燃性
楼梯间和前室的墙	不燃性 2.00	不燃性 2.00	不燃性 1.50	难燃性 0.50
电梯井的墙				
住宅建筑单元之间的墙和分户墙				
疏散走道两侧的隔墙	不燃性 1.00	不燃性 1.00	不燃性 0.50	难燃性 0.25
房间隔墙	不燃性 0.75	不燃性 0.50	难燃性 0.50	难燃性 0.25

5. 满足防水防潮要求

地下室墙体应满足防潮、防水要求,厨房、卫生间、实验室等用水房间的墙体应满足防潮、防水、耐腐蚀、易清洁等要求。

此外,墙体还应满足减小自重、提高机械化施工程度和降低造价等要求。

7.2　墙体构造

7.2.1　墙体材料

1. 砖

1) 砖的种类

砖是传统的砌筑材料,按照砖的外观形状可以分为普通实心砖、多孔砖和空心砖三种。按照主要原料可分为黏土砖、页岩砖、煤矸石砖、粉煤灰砖及混凝土砖等;按加工工艺可以分为烧结普通砖、烧结多孔砖、烧结空心砖、蒸压灰砂砖及蒸压粉煤灰砖等。

砖墙材料

2) 砖的规格

标准砖的规格为 240mm×115mm×53mm,如图 7-1(a)所示。常用配砖规格为 175mm×115mm×53mm。在加入灰缝尺寸之后,砖的长、宽、厚之比为 4∶2∶1,即一个砖长等于两个砖宽加灰缝(240mm=2×115mm+10mm)[图 7-1(b)]或等于四个砖厚加三个灰缝(240mm≈4×53mm+3×9.5mm)[图 7-1(c)]。在工程实际应用中,标准砖砌体通常以砖宽加灰缝宽度(115mm+10mm=125mm)为模数,如窗间墙、转角墙等较短的墙段的长度应符合砖模数,常取 240mm、370mm、490mm、620mm、740mm、870mm、990mm、1120mm、1240mm 等。

按照烧结多孔砖国家标准,砖的外形为直角六面体,其主要规格尺寸如表 7-3 所示。

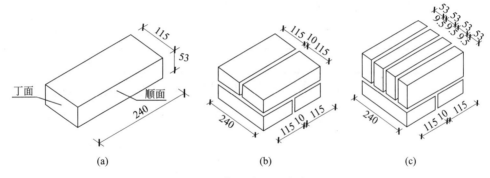

图 7-1 标准砖的尺寸关系

表 7-3 烧结多孔砖的主要规格尺寸   单位：mm

多孔砖分类	基本砖型规格			常用墙体厚度	
	长	宽	高		
P 型多孔砖	240	115	90	承重	240、370
				非承重	120
M 型多孔砖	190	190	90	承重	200、250、300、350
				非承重	100、150

烧结空心砖的外形为直角六面体，其长度规格尺寸为 390mm、290mm、240mm、190mm、180(175)mm、140mm；宽度规格尺寸为 190mm、180(175)mm、140mm、115mm；高度规格尺寸为 180(175)mm、140mm、115mm、90mm。

3）砖的强度等级

承重结构的块体的强度等级应按下列规定选用。

(1) 烧结普通砖、烧结多孔砖的强度等级：MU30、MU25、MU20、MU15 和 MU10。

(2) 蒸压灰砂普通砖、蒸压粉煤灰普通砖的强度等级：MU25、MU20 和 MU15。

(3) 混凝土普通砖、混凝土多孔砖的强度等级：MU30、MU25、MU20 和 MU15。

(4) 自承重墙的空心砖的强度等级：MU10、MU7.5、MU5 和 MU3.5。

2. 砌块

1）砌块的种类

砌块按材料可分为蒸压加气混凝土砌块、泡沫混凝土砌块、普通混凝土砌块、轻集料混凝土砌块等；按构造形式可分为实砌块和空心砌块，空心砌块又有单排孔、双排孔、三排孔、四排孔等形式；按尺寸和质量可分为大、中、小型砌块三种类型，其中高度大于 980mm 的为大型砌块，380～980mm 的为中型砌块，115～380mm 的为小型砌块。

2）砌块的规格

不同类型的砌块其规格尺寸也有所不同，具体如下。

(1) 蒸压加气混凝土砌块：代号为 ACB，其干表观密度分为 B03、B04、B05、B06、B07、B08 六个等级，按尺寸偏差与外观质量、干密度、抗压强度和抗冻性分为优等品(A)、合格品

(B)两个等级,其规格尺寸如表7-4所示。

表7-4　蒸压加气混凝土砌块规格尺寸　　　　　　　　　单位:mm

长度 L	宽度 B	高度 H
600	100、120、125、150、180、200、240、250、300	200、240、250、300

注:其他规格由供需双方商定。

(2) 泡沫混凝土砌块:代号为 FCB,其干表观密度分为 B03、B04、B05、B06、B07、B08、B09、B10 八个等级,按尺寸偏差与外观质量分为优等品(A)、合格品(B)两个等级,其规格尺寸如表7-5所示。

表7-5　泡沫混凝土砌块规格尺寸　　　　　　　　　　单位:mm

长度 L	宽度 B	高度 H
400、600	100、150、200、250	200、300

注:其他规格由供需双方商定。

(3) 普通混凝土小型砌块:按空心率分为空心砌块(空心率不小于25%,代号为H)和实心砌块(空心率小于25%,代号为S),按使用时砌筑墙体的结构和受力情况分为承重结构用砌块(代号为L)和非承重结构用砌块(代号为N),其规格尺寸如表7-6所示。

表7-6　普通混凝土小型砌块规格尺寸　　　　　　　　　单位:mm

长度 L	宽度 B	高度 H
390	90、120、140、190、240、290	90、140、190

注:其他规格由供需双方商定。

(4) 轻集料混凝土小型空心砌块:代号为 LB,其密度分为 700、800、900、1000、1100、1200、1300、1400 八个等级,主规格尺寸长×宽×高为 390mm×190mm×190mm,其他规格尺寸可由供需双方商定。

3) 砌块的强度等级

按照《砌体结构设计规范》(GB 50003—2011)的规定,承重结构用的混凝土砌块、轻集料混凝土砌块的强度等级应为 MU20、MU15、MU10、MU7.5 和 MU5,自承重墙的轻集料混凝土砌块的强度等级应为 MU10、MU7.5、MU5 和 MU3.5。

3. 砂浆

砌筑砂浆是指将砖、石、砌块等块材经砌筑成为砌体的砂浆。砌筑砂浆起黏结、衬垫和传力的作用,是砌体的重要组成部分。常用的砌筑砂浆有水泥砂浆和水泥混合砂浆。其中,水泥砂浆及预拌制砌筑砂浆的强度等级分为 M5、M7.5、M10、M15、M20、M25 M30,水泥混合砂浆的强度等级分为 M5、M7.5、M10、M15。

《砌体结构设计规范》(GB 50003—2011)中规定,砂浆的强度等级应按下列规定采用:烧结普通砖、烧结多孔砖、蒸压灰砂普通砖和蒸压粉煤灰普通砖砌体采用的普通砂浆强度等级为 M15、M10、M7.5、M5 和 M2.5，蒸压灰砂普通砖和蒸压粉煤灰普通砖砌体采用的专用砌筑砂浆强度等级为 Ms15、Ms10、Ms7.5、Ms5.0，混凝土普通砖、混凝土多孔砖、单排孔混凝土砌块和煤矸石混凝土砌块砌体采用的砂浆强度等级为 Mb20、Mb15、Mb10、Mb7.5 和 Mb5。

4. 砖墙尺寸

砖墙尺寸主要包括砖墙的厚度、墙段长度和墙体高度等。

习惯上以砖长的基数来表达砖墙的厚度，如半砖墙、一砖墙、一砖半墙等。工程上以标志尺寸代表墙厚，如12墙、24墙、37墙等。常用砖墙的厚度如表7-7所示。

表 7-7 常用砖墙的厚度　　　　　　　　　　　　　　单位：mm

墙厚名称	1/4 砖	1/2 砖	3/4 砖	1 砖	1 1/2 砖	2 砖	2 1/2 砖
标志尺寸	60	120	180	240	370	490	620
构造尺寸	53	115	178	240	365	490	615
习惯称呼	60墙	12墙	18墙	24墙	37墙	49墙	62墙

5. 砖墙的组砌方式

为满足墙体的强度、稳定性等要求，砌筑时应遵循"内外搭接，上下错缝，不留竖向通缝"的原则，砖与砖之间搭接和错缝的距离一般不小于60mm。砖缝应横平竖直，砂浆应饱满、厚薄均匀，水平灰缝厚度和竖向灰缝宽度宜为10mm，但不应小于8mm且不应大于12mm。在砖墙的组砌中，长边平行于墙面砌筑的砖称为顺砖，垂直于墙面砌筑的砖称为丁砖，常见的组砌方式有全顺式、一顺一丁式、多顺一丁式、两平一侧式、每皮丁顺相间式等，如图 7-2 所示。

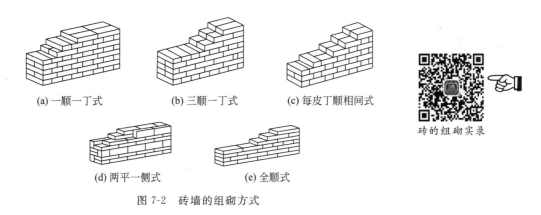

图 7-2　砖墙的组砌方式

7.2.2　墙体细部构造

1. 散水与明沟

建筑物四周应设置散水、排水明沟或散水带明沟。散水是沿建筑物外墙四周设置的向外倾斜的坡面，其作用是把屋面下落的雨水排到远处，保护墙基免受雨水侵蚀。《建筑地面设计规范》（GB 50037—

散水构造

2013)规定散水的设置应符合下列要求。

(1) 散水的宽度宜为 600～1000mm。当采用无组织排水时,散水的宽度可按檐口线放出 200～300mm。

(2) 散水的坡度宜为 3%～5%。

(3) 当散水采用混凝土时,宜按 20～30m 间距设置伸缝。

(4) 散水与外墙交接处宜设缝,缝宽为 20～30mm,缝内应填柔性密封材料。

明沟构造

(5) 当散水不外露须采用隐式散水时,散水上面覆土厚度不应大于 300mm。

(6) 应对墙身下部做防水处理,其高度不宜小于覆土层以上 300mm,并应防止草根对墙体的伤害。

明沟又称阳沟、排水沟,布置在外墙四周或散水外缘,其作用是把屋面下落的雨水和地面积水有组织地导至排水管道。明沟通常采用混凝土浇筑,也可以用砖、石砌筑成宽度不小于 180mm、深度不小于 150mm 的沟槽,沟底应有不少于 0.5% 的纵向坡度,并用水泥砂浆抹面。

散水与明沟构造如图 7-3 所示。

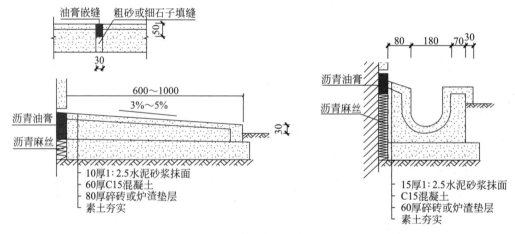

图 7-3 散水与明沟构造

2. 勒脚

勒脚是外墙身接近室外地坪或散水的部分。其作用是保护近地墙体避免受到雨、雪、冰冻的侵蚀及外界机械碰撞,同时美化建筑立面。

勒脚高度一般不低于室内地坪与室外地面的高差部分,一般应距室外地坪 500mm 以上。有时为了建筑立面的效果,可以把勒脚做到窗台处。

勒脚通常采用水泥砂浆、斩假石、水刷石、贴面砖、贴天然石材或加大墙厚、加固墙身等做法。当墙体材料防水性能较差时,勒脚部分的墙体应当换用防水性能较好的材料。勒脚构造如图 7-4 所示。

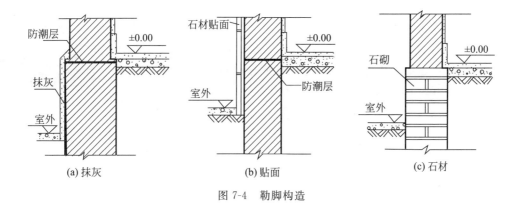

图 7-4 勒脚构造

3. 墙身防潮

土壤中的潮气进入地下部分的墙体和基础材料的孔隙内形成毛细水,毛细水沿墙体上升,逐渐使地上部分墙体受潮,影响建筑的正常使用和安全,如图 7-5 所示。为了阻止毛细水的上升,应当在墙体中设置防潮层,通常有水平防潮层和垂直防潮层两种。

1) 水平防潮层

(1) 水平防潮层位置。水平防潮层应设置在室外地面以上,位于室内地面不透水层(如混凝土垫层)范围内,通常在 -0.060m 标高处,且高于室外地坪不少于 150mm,以防止雨水溅湿墙身。若防潮层位置设置不当,就不能完全阻隔地下的潮气,难以取得良好的防潮效果,如图 7-6 所示。

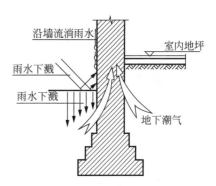

图 7-5 地下湿气对墙体的影响

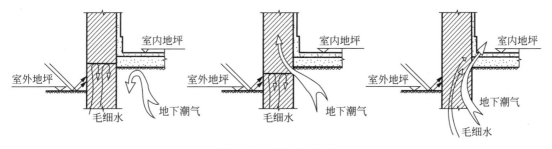

图 7-6 水平防潮层位置

(2) 水平防潮层做法。水平防潮层有以下几种常用做法。

① 卷材防潮层:在防潮层部位先用 20 厚 1∶3 水泥砂浆找平,然后干铺一层油毡或做一毡二油。卷材应比墙体宽 20mm,卷材搭接长度不小于 100mm。这种做法防水效果较好,但因防水卷材隔离,削弱了砖墙的整体性,故不应在刚度要求较高或地震区采用,如图 7-7(a)

墙身防潮层的作用

所示。

② 防水砂浆防潮层：在防潮层位置抹 20 厚 1∶2 水泥砂浆，防水剂的掺入量一般为水泥用量的 3％～5％。这种做法不会破坏墙体的整体性，且省工省料，适用于抗震地区、独立砖柱或振动较大的砖砌体中；但砂浆硬化后易开裂，会影响防潮效果，如图 7-7(b)所示。

③ 细石混凝土防潮层：在防潮层位置浇筑 60 厚的 C20 细石混凝土，内配 3φ6 或 3φ8 的钢筋。这种做法抗裂性能较好，防水性强，且砌体结合紧密，整体性好，多用于整体刚度要求较高的建筑中，如图 7-7(c)所示。

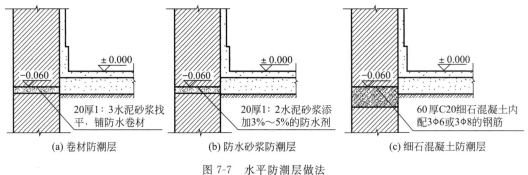

图 7-7 水平防潮层做法

当建筑物设有基础圈梁且其截面高度在室内地坪以下 60mm 附近时，可用基础圈梁代替防潮层，如图 7-8 所示。

2）垂直防潮层

当室内地坪出现高差或室内地坪低于室外地面时，除了要按地坪高差的不同设置两道水平防潮层外，还要在两道水平防潮层之间靠土壤一侧设置一道垂直防潮层，以避免高地坪房间填土中的潮气侵入低地坪房间的墙面，如图 7-9 所示。

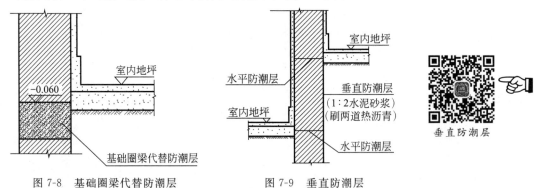

图 7-8 基础圈梁代替防潮层　　　图 7-9 垂直防潮层

4. 窗台

窗台根据位置的不同分为外窗台和内窗台，如图 7-10 所示。外窗台是窗下靠室外一侧设置的泻水构件，其作用是防止沿窗扇流淌的雨水聚积在窗下进而侵入墙身，并沿窗框向室内渗透。因此，窗台须向外形成一定的坡度，以利排水。

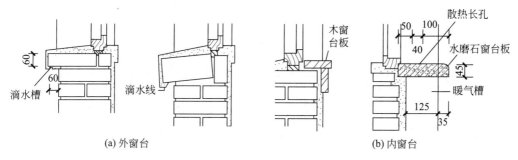

图 7-10 窗台

外窗台有悬挑和不悬挑两种。悬挑窗台常采用丁砌一皮砖出挑 60mm 或将一砖侧砌并出挑 60mm,也可采用钢筋混凝土窗台挑出 60mm。窗台表面的坡度可由斜砌的砖形成,也可用 1∶2.5 水泥砂浆抹出。悬挑窗台底部边缘处抹灰时应做滴水线或滴水槽,防止雨水沿窗台底面回流至墙下部污染墙面。

如果外墙饰面为瓷砖、陶瓷锦砖等易于冲洗的材料,可不做悬挑窗台,只在窗洞口下部用砂浆或面砖等材料做成斜坡,窗下墙的脏污可借窗上部流下的雨水冲洗干净。

内窗台常结合室内装修标准做成水泥砂浆、水磨石、贴面砖、天然石材或仿石材料等面层。

5. 门窗过梁

当墙体上需要开设门窗洞口时,为了承担洞口上部砌体传来的荷载,并将这些荷载传递给洞口两侧的墙体,常在门窗洞口上设置过梁。由于砖在砌筑时是相互咬合的,会在砌体内部产生"内拱"作用,因此过梁并不承担其上部墙体的全部荷载,而只承担约为洞口跨度 1/3 高度范围内墙体的重量,如图 7-11 所示。当过梁的有效范围内有集中荷载时,应另行计算过梁上的荷载数值。

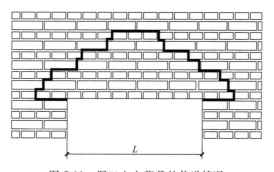

图 7-11 洞口上方荷载的传递情况

过梁的种类较多,目前常见的有砖拱过梁、钢筋砖过梁和钢筋混凝土过梁三种。

1) 砖拱过梁

砖拱过梁有平拱和弧拱两种类型,其中砖砌平拱过梁采用较多。砖拱过梁应事先设置胎模,由砖侧砌而成,拱中央的砖垂直放置,称为

砖拱过梁

拱心。两侧砖对称拱心分别向两侧倾斜,灰缝上宽下窄,靠材料之间产生的挤压摩擦力支撑上部墙体。为了使砖拱能更好地工作,平拱的中心应比拱的两端略高,为跨度的 1/100～1/50,如图 7-12 所示。

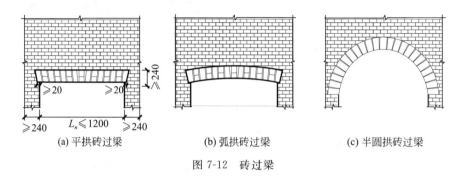

图 7-12　砖过梁

砖砌平拱过梁适用跨度一般不大于 1.2m。砖拱过梁的整体性稍差,不适用于过梁上部有集中荷载、振动荷载或可能产生不均匀沉降的房屋。

2）钢筋砖过梁

钢筋砖过梁是由平砖砌筑,并在砌体中加设适量钢筋而形成的过梁。钢筋砖过梁的跨度不大于 1.5m。

钢筋砖过梁应满足以下构造要求。

（1）砂浆的强度等级不小于 M5。

（2）过梁高度应在 5 皮砖以上,并不小于洞口宽度的 1/4。

（3）过梁下部设置钢筋,直径不应小于 5mm,钢筋两端伸入墙内 240mm,并做 60mm 高的垂直弯钩,钢筋的根数不少于 2 根,间距不大于 120mm,底面砂浆厚度应不小于 30mm,如图 7-13 所示。

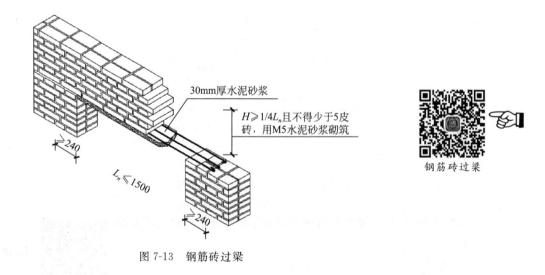

图 7-13　钢筋砖过梁

3) 钢筋混凝土过梁

《砌体结构设计规范》(GB 50003—2011)指出,对有较大振动荷载或可能产生不均匀沉降的房屋,应采用混凝土过梁。

按照施工方式的不同,钢筋混凝土过梁有现浇和预制两种。混凝土过梁的承载力应按混凝土受弯构件计算,其截面尺寸及配筋应由计算确定。为了便于墙体的连续砌筑,过梁的高度应与砖的皮数尺寸相配合,常见的梁高为120mm、180mm、240mm。过梁的宽度通常与墙厚相同,当墙面不抹灰,为清水墙时,过梁的宽度应比墙厚小20mm。当抗震等级为6~8度时过梁支承长度不应小于240mm,9度时不应小于360mm。

钢筋混凝土过梁

钢筋混凝土过梁的截面形式有矩形和L形两种。矩形截面的过梁多用于内墙或南方地区的混水墙。由于钢筋混凝土的导热系数远大于砖砌体的导热系数,为避免因热桥效应导致过梁的内表面产生结露现象,影响室内的环境和美观,在严寒或寒冷地区外墙中宜采用L形截面的过梁。钢筋混凝土过梁如图7-14所示。

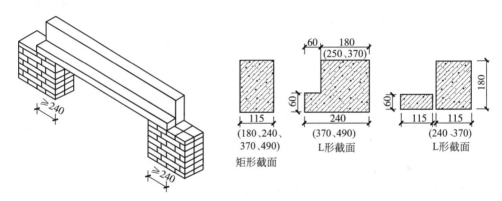

图7-14 钢筋混凝土过梁

6. 圈梁

圈梁是指沿建筑物外墙及部分内墙设置的连续水平闭合的梁。圈梁与楼板共同作用,可提高建筑物的空间刚度及整体性,增强墙体的稳定性,减少由地基不均匀沉降引起的墙身开裂,是砌体房屋重要的抗震构造措施。

钢筋混凝土圈梁是目前应用最为广泛的圈梁,其构造要求如下:

(1)圈梁宜连续设在同一水平面上,并形成封闭状。当圈梁被门窗洞口截断时,应在洞口上部增设相同截面的附加圈梁。附加圈梁与圈梁的搭接长度不应小于二者垂直间距的2倍,且不得小于1m,如图7-15所示。多层砖砌体房屋现浇混凝土圈梁的设置应符合表7-8中的要求。

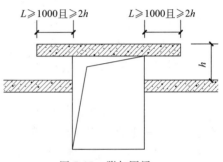

图7-15 附加圈梁

表 7-8　多层砖砌体房屋现浇混凝土圈梁的设置要求

墙类	抗震设防烈度		
	6、7	8	9
外墙和内墙	屋盖处及每层楼盖处	屋盖处及每层楼盖处	屋盖处及每层楼盖处
内横墙	屋盖处及每层楼盖处。屋盖处间距不应大于 4.5m，楼盖处间距不应大于 7.2m，构造柱对应部位	屋盖处及每层楼盖处；各层所有横墙且间距不应大于 4.5m；构造柱对应部位	屋盖处及每层楼盖处；各层所有横墙

(2) 纵、横墙交接处的圈梁应可靠连接。刚弹性和弹性方案房屋，其圈梁应与屋架、大梁等构件可靠连接。

(3) 混凝土圈梁的宽度宜与墙厚相同，当墙厚不小于 240mm 时，其宽度不宜小于墙厚的 2/3。圈梁应与砖的皮数相配合，且不应小于 120mm。纵向钢筋数量不应少于 4 根，直径不应小于 10mm，绑扎接头的搭接长度按受拉钢筋考虑，箍筋间距不应大于 300mm。多层砖砌体房屋现浇混凝土圈梁的配筋应符合表 7-9 中的要求。

圈梁

表 7-9　多层砖砌体房屋现浇混凝土圈梁的配筋

配　筋	抗震设防烈度		
	6、7	8	9
最小纵筋	4φ10	4φ12	4φ14
箍筋最大间距/mm	250	200	150

(4) 圈梁兼作过梁时，过梁部分的钢筋应按计算面积另行增配。

7. 构造柱

构造柱是从构造角度考虑设置在墙体内的钢筋混凝土现浇柱，主要对砌体起约束作用，与各层纵横墙的圈梁或现浇楼板连接共同形成空间骨架，以增强房屋的整体刚度，提高墙体受剪承载能力和抗变形能力。构造柱与圈梁的关系如图 7-16 所示。

构造柱是墙体的重要抗震构造措施，其设置要求如表 7-10 所示。

按照《砌体结构设计规范》(GB 50003—2011) 的规定，多层砖砌体房屋的构造柱应符合下列构造要求。

(1) 构造柱的最小截面可为 180mm×240mm（墙厚 190mm 时为 180mm×190mm）；构造柱纵向钢筋宜采用 4φ12，箍筋直径可采用 6mm，间距不宜大于 250mm，且在柱上、下端适当加密；当 6、7 度超过六层、8 度超过五层和 9 度时，构造柱纵向钢筋宜采用 4φ14，箍筋间距不应大于 200mm；房屋四角的构造柱应适当加大截面及配筋。

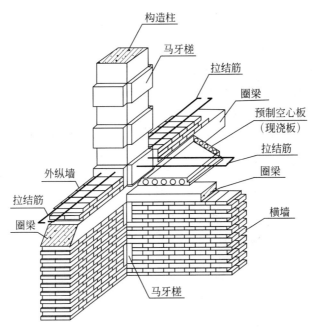

图 7-16 构造柱与圈梁的关系

表 7-10 多层砖砌体房屋构造柱设置要求

房屋层数				设置部位	
6度	7度	8度	9度		
四、五	三、四	二、三		楼、电梯间四角,楼梯斜梯段上下端对应的墙体处;外墙四角和对应转角;错层部位横墙与外纵墙交接处;大房间内外墙交接处;较大洞口两侧	隔12m或单元横墙与纵墙交接处、楼梯间对应的另一侧内横墙与外纵墙交接处
六	五	四	二		隔开间横墙(轴线)与外墙交接处、山墙与内纵墙交接处
七	≥六	≥五	≥三		内墙(轴线)与外墙交接处、内墙的局部较小墙垛处、内纵墙与横墙(墙线)交接处

注:较大洞口指内墙不小于2.1m的洞口;外墙在内外墙交接处已设置构造柱时允许适当放宽,但洞侧墙体应加强。

(2) 构造柱与墙连接处应砌成马牙槎,马牙槎凹凸尺寸不宜小于60mm,高度不应超过300mm。马牙槎应先退后进,对称砌筑,沿墙高每隔500mm设2φ6水平钢筋和φ4分布短筋平面内点焊组成的拉结网片或φ4点焊钢筋网片,每边伸入墙内不宜小于1m。6、7度时,底部1/3楼层,8度时底部1/2楼层,9度时全部楼层,上述拉结钢筋网片应沿墙体水平通长设置。

(3) 构造柱与圈梁连接处,构造柱的纵筋应在圈梁纵筋内侧穿过,保证构造柱纵筋上下贯通。

(4) 构造柱可不单独设置基础,但应伸入室外地面下500mm,或与埋深小于500mm的基础圈梁相连。

施工时必须先砌墙,再浇筑钢筋混凝土构造柱,如图7-17所示。

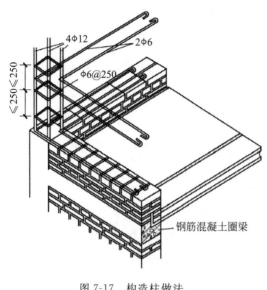

构造柱

图 7-17 构造柱做法

7.3 隔 墙

7.3.1 砌筑隔墙

砌筑隔墙是指用普通实心砖、空心砖、多孔砖、加气混凝土砌块等块状材料砌筑的隔墙,具有取材方便、造价较低、隔声效果好的特点。隔墙大多是分隔建筑物内部空间的非承重构件,墙体材料宜优先采用轻质材料。砌筑隔墙有砖砌隔墙和砌块隔墙两种。

1. 砖砌隔墙

砖砌隔墙多采用普通砖、烧结空心砖、烧结多孔砖砌筑。内隔墙厚度不应小于 90mm,外围护墙厚度不应小于 120mm。砌筑隔墙砌墙用的砂浆强度应不低于 M5.0(Ms5.0);烧结空心砖强度等级不应低于 MU3.5,用于外墙及潮湿环境的内墙时不应低于 MU5.0;烧结多孔砖的强度等级不宜低于 MU7.5。由于隔墙的厚度较薄,为确保墙体的稳定,应控制墙体的长度和高度。

针对墙体与主体结构的拉结及墙体间的拉结,根据不同情况可采用拉结钢筋、焊接钢筋网片、水平系梁和构造柱。填充墙应沿框架柱全高每隔 500~600mm 配置 2 φ6 拉结钢筋(墙厚大于 240mm 时宜设 3 φ6)与承重墙或柱拉结。对于拉筋伸入墙内的长度,当抗震等级为 6、7 度时宜沿墙全长贯通,8、9 度时应全长贯通。

墙长超过 5m 或层高 2 倍时,墙顶宜与梁底或板底拉结,墙中部应设置钢筋混凝土构造柱;构造柱厚度同墙厚,宽度不宜小于 190mm;构造柱宜砌成马牙槎,马牙槎伸入墙体 60~100mm,槎高 200~300mm 且为砌体材料高度的整数倍;填充墙高不宜超过 6m,当墙高超过 4m 时,墙体半高处宜设置与柱连接且沿墙全长贯通的钢筋混凝土水平系梁,梁截面高度不小于60mm。构造柱和水平系梁等构件混凝土强度等级不低于C20。

2. 砌块隔墙

为减轻隔墙自重，宜优先采用轻质砌块，常用的有蒸压加气混凝土砌块和混凝土小型空心砌块等。墙厚由砌块尺寸决定，外围护墙厚度不应小于120mm，内隔墙厚度一般不应小于90mm。墙高一般不宜超过6m。

1）蒸压加气混凝土砌块墙

《蒸压加气混凝土制品应用技术标准》(JGJ/T 17—2020)对蒸压加气混凝土砌块自承重墙构造要求规定如下。

蒸压加气混凝土砌块自承重墙砌块强度等级不应低于A2.5，砌筑砂浆强度等级不应低于Ma2.5，墙体宜采用3mm薄灰缝砌筑。有防水要求的房间，墙体应做防水处理，内墙根部应做配筋混凝土坎梁，坎梁高度不应小于200mm，厚度同墙厚；墙体的连接构造应满足传力、变形、耐久及防护要求，应沿墙高每600mm或三皮砌块配置2ϕ5拉结筋。当填充墙与主体结构采用柔性连接时，端部应设置构造柱，柱间距不宜大于20倍墙厚，且不应大于4m；填充墙两端宜卡入固定在主体结构的卡口铁件内，卡口铁件的竖向间距不宜大于600mm，如图7-18所示。

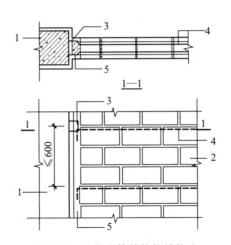

图7-18 墙与主体结构拉结构造
1—柱；2—加气混凝土砌块；3—卡口铁件；4—拉结钢筋；5—构造柱

填充墙顶部与梁(板)底应留有不大于20mm的缝隙，并应与设置在梁(板)底部的连接件实现柔性连接，连接件的水平间距不宜大于1200mm，如图7-19所示。

蒸压加气混凝土砌块自承重墙宜采用内包式构造柱，如图7-20所示，柱宽度不应小于100mm。构造柱竖向钢筋直径不小于10mm，箍筋宜为直径5mm单肢箍，竖向间距不宜大于400mm。竖向钢筋与框架梁应采用后锚固连接。柱顶与框架梁(板)应预留不小于20mm的缝隙，并采用硅酮胶或其他弹性密封材料封缝。当填充墙有宽度大于2100mm的洞口时，洞口两侧应加设宽度不小于50mm、三面包双筋混凝土柱，如图7-21所示。

当墙高超过4m时，墙体半高处宜设置与柱连接且沿墙全长贯通的内包钢筋混凝土水平系梁，如图7-22所示。梁截面高度不应小于60mm，宽度不应小于100mm，梁内应配

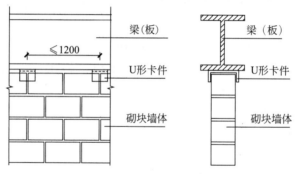

图 7-19 墙与梁(板)的柔性连接

2φ6 的纵向钢筋和直径 5mm、间距 300mm 的单肢箍筋。

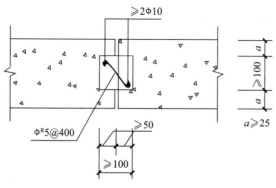

图 7-20 内包式构造柱

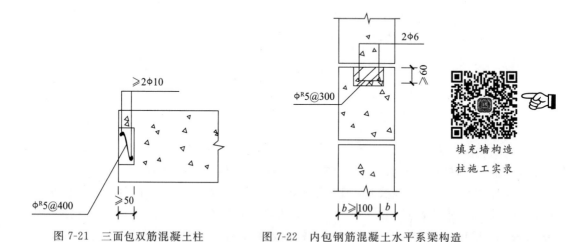

图 7-21 三面包双筋混凝土柱　　图 7-22 内包钢筋混凝土水平系梁构造

蒸压加气混凝土砌块墙构造柱、水平系梁和坎梁等构件混凝土强度等级不应低于 C20。

2）混凝土小型空心砌块墙

混凝土小型空心砌块填充墙厚度不应小于90mm，砌块强度等级不宜小于MU3.5，用于外墙及潮湿环境的内墙砌块强度等级不应低于MU5.0。有防水要求的房间，墙体应做防水处理，墙根部宜现浇与填充墙同厚度的混凝土坎台，坎台高宜为150～200mm。

对于墙体与主体结构的拉结及墙体间的拉结，根据不同情况可采用拉结钢筋、焊接钢筋网片、水平系梁和构造柱。填充墙应沿框架柱全高每隔600mm配置2ϕ6拉结钢筋（墙厚大于240mm时宜设3ϕ6)或ϕ4钢筋网片与承重墙或柱拉结。对于拉筋伸入墙内的长度，当抗震等级为6、7度时宜沿墙全长贯通，8、9度时应全长贯通。拉接结网片如图7-23所示。

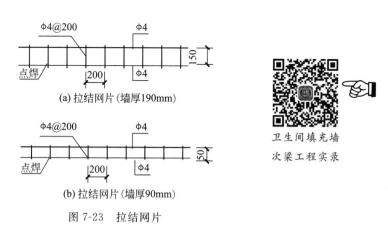

图 7-23 拉结网片

墙长超过5m或层高2倍时，墙顶宜与梁底或板底拉结，墙中部应设置钢筋混凝土构造柱。构造柱厚度同墙厚，宽度不宜小于190mm；构造柱宜砌成马牙槎，马牙槎伸入墙体60～100mm，槎高200～300mm且为砌体材料高度的整数倍。填充墙高不宜超过6m，当墙高超过4m时，墙体半高处宜设置与柱连接且沿墙全长贯通的钢筋混凝土水平系梁。梁截面高度不小于60mm。构造柱和水平系梁等构件混凝土强度等级不低于C20。

7.3.2 立筋隔墙

立筋隔墙是指先立墙筋（骨架），后做面层的隔墙，又称轻骨架隔墙。立筋隔墙由骨架和面层两部分组成，立筋隔墙骨架常见的有木骨架和金属骨架两种。

1. 木骨架

木骨架隔墙是由木方加工而成的上槛、下槛、立筋（龙骨）、斜撑等构件组成骨架，然后在立筋上安装面板而形成的隔墙，如图7-24所示。其具体做法：先在下槛下方砌3皮砖，厚度为120mm，立边框立筋，撑稳上槛、下槛并分别将其固定在顶棚和楼板（或先砌砖垄）上；再将立筋固定在上槛、下槛上，立筋的间距为500～1000mm，沿立筋每隔1500mm左右设斜撑。立筋一般采用50mm×70mm或50mm×100mm的木方。木骨架的固定多采用金属胀管、木楔圆钉、水泥钉等。

面板主要有板条抹灰板、纸面石膏板、胶合板、纤维板等。面板的固定方式有贴面式和

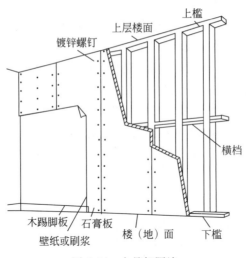

图 7-24 木骨架隔墙

嵌装式两种。贴面式是将面板封于木骨架之外,并将骨架全部掩盖。贴面式的饰面板要在立柱上拼缝,常见的拼缝方式有明缝、暗缝、嵌缝和压缝。嵌装式是将面板镶嵌或用木压条固定于骨架中间。由于木骨架隔墙的防火性能差、耗费木材多且不适合在潮湿环境中工作,所以目前较少使用。

2. 金属骨架

金属骨架的材料一般采用薄壁轻型钢、铝合金或拉眼钢板,两侧铺钉饰面板。金属骨架隔墙具有材料来源广泛、强度高、质轻、防火、易于加工和大批量生产等优点。

轻钢龙骨是目前最为常用的一种金属骨架,其是以镀锌钢板为原料,采用冷弯工艺生产的薄壁轻型钢,如图7-25所示。型钢(带)的厚度为0.5~1.5mm。隔墙板面有纸面石膏板、纤维水泥加压板、加压低收缩性硅酸钙板、纤维石膏板、粉石英硅酸钙板等,其中以纸面石膏板最为常用。

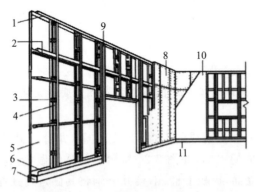

图 7-25 轻钢龙骨纸面石膏板隔墙

1—沿顶龙骨;2—横撑龙骨;3—支撑卡;4—费通孔;5—石膏板;6—沿地龙骨;
7—混凝土踢脚座;8—石膏板;9—加强龙骨;10—塑料壁纸;11—踢脚板

7.3.3 条板隔墙

条板隔墙是指用厚度比较厚、高度相当于房间净高的轻质材料或轻型构造制作、不依赖骨架,直接拼装而成的隔墙。其常用的条板有轻集料混凝土条板、玻纤增强水泥空心条板(简称水泥条板、GRC 板)、纤维增强石膏空心条板(简称石膏条板)、硅镁加气水泥条板(简称硅镁条板、GM 板)、粉煤灰泡沫水泥条板(简称泡沫水泥条板、ASA 板)、植物纤维复合空心条板(简称植物纤维条板、FGC 板)等。

条板应按隔墙长度方向竖向排列,当隔墙端部尺寸不足一块标准板时,可按尺寸要求切割补板,补板宽度应不小于 200mm。条板隔墙的竖向接板限制高度如表 7-11 所示,且在限高范围内,竖向接板不宜超过一次,相邻条板接头位置应错开 300~500mm,条板上端与顶板、结构梁的接缝处应加设镀锌钢板卡件,每块条板不应少于 2 个。

表 7-11 条板隔墙的竖向接板限制高度　　　　　　　　　　　单位:mm

板厚	60	90	120	150
板高	≤3000	≤3600	≤4200	≤4500

注:60mm 厚对应的高度为双层条板隔墙的接板高度。

在抗震设防地区,条板隔墙与顶板、结构梁、主体墙和柱的连接应采用镀锌钢板卡件,并使用胀管螺钉、射钉固定。条板隔墙与顶板、结构梁的接缝处,钢卡间距应不大于600mm;条板隔墙与主体墙、柱的接缝处,钢卡间距应不大于 1000mm,如图 7-26 所示。条板隔墙安装长度超过 6m 时,应布置构造柱并采取加固、防裂处理措施,如图 7-27 所示。

普通石膏条板隔墙及其他有防水要求的条板隔墙用于厨房、卫生间等潮湿环境时,下端应做混凝土条形墙垫,墙垫高度不应小于 100mm,并做泛水处理,如图 7-28 所示。

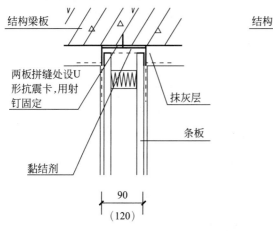
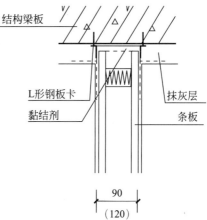

(a) 条板与结构梁、板连接　　　　(b) 条板与结构梁、板连接

图 7-26　条板与结构主体连接构造

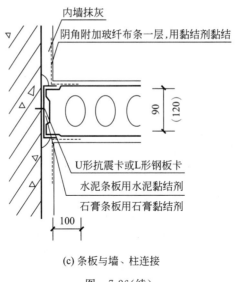

(c) 条板与墙、柱连接

图 7-26(续)

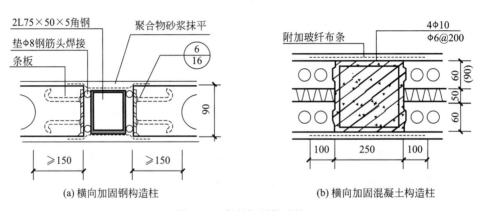

(a) 横向加固钢构造柱 (b) 横向加固混凝土构造柱

图 7-27 条板加固构造柱

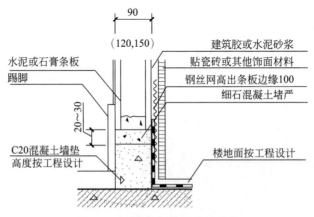

图 7-28 条板与卫生间地面连接

7.4 墙体节能

建筑节能是指在建筑规划、设计、施工和使用维护过程中,在满足规定的建筑功能要求和室内环境质量的前提下,通过采取技术措施和管理手段,实现提高能源利用效率、降低运行能耗的活动。墙体节能是指通过采取相应的构造措施,改善墙体的热工性能,以满足墙体保温与隔热要求,进而达到降低供暖、通风、空气调节等负荷的目的。墙体节能构造常有外墙外保温系统、外墙内保温系统和外墙自保温系统等。

7.4.1 外墙外保温系统

外墙外保温系统分为聚苯板薄抹灰外墙外保温系统、胶粉聚苯颗粒保温浆料外墙外保温系统、复合装饰板外墙外保温系统等。

1. 聚苯板薄抹灰外墙外保温系统

聚苯板宽度不宜大于1200mm,高度不宜大于600mm。聚苯板应按顺砌方式粘贴,竖缝应逐行错缝,墙角部位聚苯板应交错互锁。胶黏剂应涂在聚苯板背面,布点均匀,可采用点框法粘贴,板侧边不得涂胶,聚苯板涂胶面积不得少于板面积的40%。聚苯板薄抹灰外墙外保温系统构造如图7-29所示。

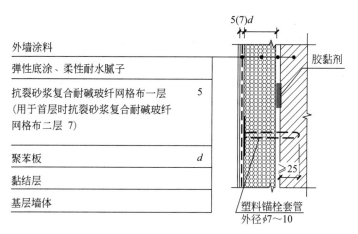

图7-29 聚苯板薄抹灰外墙外保温系统构造

2. 胶粉聚苯颗粒保温浆料外墙外保温系统

胶粉聚苯颗粒保温浆料外墙外保温系统基层应坚实平整,无空鼓、疏松、油渍、浮尘和脱模剂等附着物。基层处理合格后,涂刷界面砂浆。胶粉聚苯颗粒保温浆料宜分层抹灰,每层抹灰厚度不宜超过20mm。保温浆料充分干燥固化后才可进行抗裂砂浆层的施工。胶粉聚苯颗粒保温浆料外墙外保温系统构造如图7-30所示。

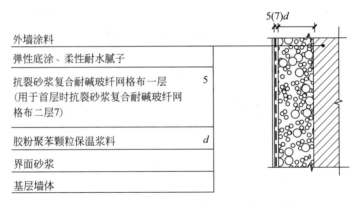

图 7-30 胶粉聚苯颗粒保温浆料外墙外保温系统构造

3. 复合装饰板外墙外保温系统

复合装饰板外墙外保温系统的保温材料有挤塑聚苯板和硬质聚氨酯泡沫塑料板两种，面板有铝合金面板和无机树脂面板两种。复合装饰板采用胶黏剂贴在找平层上，胶黏剂应涂在复合装饰板背面，涂胶面积不得少于复合装饰板面积的 40%。复合板粘贴就位后，沿边每隔 500mm 对基层墙体钻孔，安放锚栓套管，然后将扣件插入保温层中。复合装饰板外墙外保温系统构造如图 7-31 所示。

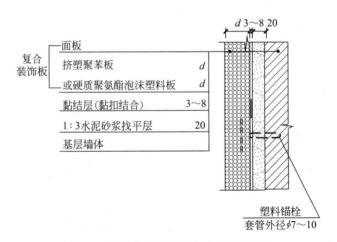

图 7-31 复合装饰板外墙外保温系统构造

7.4.2 外墙内保温系统

1. 增强粉刷石膏聚苯板外墙内保温系统

增强粉刷石膏聚苯板应从下至上逐层按顺序粘贴，一般采用点框法粘贴。黏结点按梅花形均匀布置，黏结点直径不小于 100mm，周边的黏结框宽 30mm，每块板的黏结面积不应小于 25%，粘贴后 2h 以内不得触碰。待增强粉刷石膏聚苯板粘贴完毕，先用聚苯板条填满缝隙，然后用黏结石膏嵌缝。增强粉刷石膏聚苯板外墙内保温系统构造如图 7-32 所示。

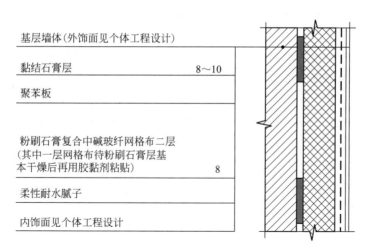

图 7-32　增强粉刷石膏聚苯板外墙内保温系统构造

2. 胶粉聚苯颗粒保温浆料外墙内保温系统

胶粉聚苯颗粒保温浆料外墙内保温系统基层应坚实平整，无空鼓、裂缝、粉化、起皮、爆灰、油渍等附着物，除黏土多孔砖可浇水湿润抹保温浆料外，其他墙体均需先涂刷界面砂浆。胶粉聚苯颗粒保温浆料宜分层抹灰，每层抹灰厚度不宜超过20mm。胶粉聚苯颗粒保温浆料外墙内保温系统构造如图7-33所示。

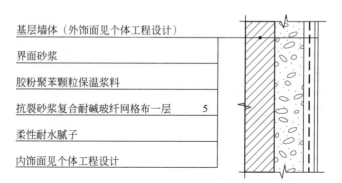

图 7-33　胶粉聚苯颗粒保温浆料外墙内保温系统构造

7.4.3　外墙自保温系统

外墙自保温系统是指以墙体材料自身的热工性能来满足建筑围护结构节能设计要求的构造系统。常用的自保温材料有蒸压加气混凝土砌块（代号为ACB）和格构式自保温混凝土砌块（代号为LSCB）等。

《自保温混凝土复合砌块墙体应用技术规程》(JGJ/T 323—2014)中对自保温砌块墙体的构造要求规定如下。

(1) 当自保温砌块墙体符合下列情况之一时，应设置钢筋混凝土构造柱。

① 自保温砌块墙体长度大于5m时,应在墙体中设置构造柱,构造柱间距不应大于5m。

② 自保温砌块墙体端部无柱或无剪力墙时,应在其端部设置构造柱。

③ 自保温砌块内外墙体交接处及外墙转角处。

④ 自保温砌块墙体中的门窗洞口宽度尺寸不小于2m时的两侧。

(2) 当构造柱的截面厚度与砌体厚度一致时,宽度不应小于190mm;当门窗洞口两侧的构造柱厚度与砌体厚度一致时,宽度不应小于100mm;当有抗震设防要求时,宽度不应小于190mm。构造柱的混凝土强度等级不应小于C20。构造柱的纵向钢筋直径不应小于φ12,数量不应少于4根;箍筋直径不应小于φ6,间距不应大于200mm,且应在上下端加密箍筋。

(3) 自保温砌块砌体的高度不宜大于6m,当高度大于4m时,宜在其中部设置水平系梁,水平系梁的截面高度不应小于60mm,纵向钢筋直径不宜小于φ12,箍筋直径不应小于φ6,间距不应大于200mm;端开间水平系梁的纵向钢筋直径不宜小于φ14,箍筋直径不应小于φ8,间距不应大于200mm。

(4) 当自保温砌块墙体与结构主体采用不脱开的方法连接时,沿钢筋混凝土柱、剪力墙高度方向每600mm应配置2根φ6的拉结钢筋,钢筋伸入自保温砌块墙体长度不宜小于1000mm。

(5) 采暖地区的自保温砌块墙体系中的构造柱和水平系梁等结构性热桥部位外侧应采取保温、抗裂、防水处理措施,如图7-34所示。

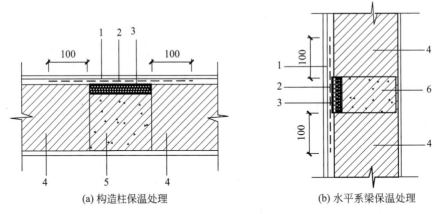

图7-34 构造柱和水平系梁保温处理构造
1—抗裂砂浆;2—增强网;3—保温材料;4—自保温砌块墙体;5—构造柱;6—混凝土腰梁

第8章 楼地层

8.1 楼地层概述

楼板层是沿竖向分隔建筑物内部空间的水平构件，它将建筑物分成许多楼层。同时，楼板层也是重要的承重构件，承受着自重和楼面上所有的使用荷载，并将这些荷载有效地传递给梁或直接传给墙或柱再由墙或柱传递给基础。

地层是分隔建筑物最底层房间与下部土壤的水平构件，它承受着作用在上面的各种荷载，并将这些荷载安全传给地基。

8.1.1 楼板层的构造组成

楼板层一般由面层、结构层和顶棚层等几个基本层次组成，还可以根据实际的功能需要设置附加层，如图 8-1 所示。

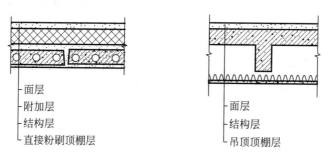

图 8-1 楼板层的构造

1. 面层

面层又称楼面或地面，是楼板上表面的构造层。面层是楼板层中与人们生产、生活直接接触的部分，起保护楼板结构层、传递荷载的作用，同时也起到装饰和美化室内空间的作用。

2. 结构层

结构层位于面层和顶棚层之间，是楼板层的承重部分，包括板、梁等构件。其主要作用是承受楼板层上的荷载，并将荷载传递给墙或柱；同时对墙身起水平支撑作用，以增强建筑物的整体刚度。

3. 附加层

附加层通常设置在面层和结构层之间,有时也布置在结构层和顶棚层之间。附加层主要有管线敷设层、隔声层、防水层、保温或隔热层等。附加层是为满足特定功能需求而设置的构造层次,因此也称为功能层。

4. 顶棚层

顶棚层是楼板层最底部的构造层,是室内空间上部的装修层,又称天花、天棚。顶棚层的主要功能是保护楼板、安装灯具、装饰室内空间及满足室内的特殊使用要求。

8.1.2 楼板的类型

根据楼板结构层所使用材料的不同,楼板可分为以下几种类型。

1. 木楼板

木楼板采用木梁承重,上表面做木地板,如图 8-2 所示。木楼板具有自重小、构造简单等优点,但其耐火性、耐久性、隔声能力较差,木材耗用量大,现在已很少采用。

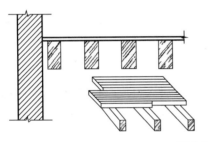

图 8-2　木楼板

2. 钢筋混凝土楼板

钢筋混凝土楼板具有强度高,刚度大,耐久性、防火性能和可塑性好等优点,便于工业化生产和机械化加工,是目前我国房屋建筑中广泛采用的一种楼板形式,如图 8-3 所示。

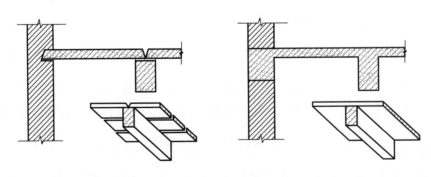

(a) 预制钢筋混凝土楼板　　　　　(b) 现浇钢筋混凝土楼板

图 8-3　钢筋混凝土楼板

3. 压型钢板组合楼板

压型钢板组合楼板是以压型薄钢板作衬板,在其上浇筑混凝土而形成的钢衬板组合楼板,如图 8-4 所示。压型钢板组合楼板以压型钢板为模板,既提高了楼板施工速度,又提高了楼板的强度和刚度。压型钢板组合楼板近年来主要用于大空间、高层民用建筑和大跨度工业厂房中。

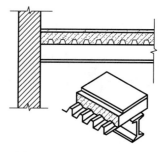

图 8-4 压型钢板组合楼板

8.1.3 楼板的设计要求

1. 强度和刚度

楼板的强度是指其能够承受自重和荷载而不被破坏,确保安全使用的能力。楼板的刚度是指在荷载的作用下,确保不产生超过规定的变形(挠度)而影响正常使用的能力。

2. 防火性

楼板作为建筑物的水平承重构件,应具有一定的防火能力。《建筑设计防火规范(2018年版)》(GB 50016—2014)对不同耐火等级建筑物楼板的燃烧性能和耐火极限做了明确规定,如表 8-1 所示。

表 8-1 不同耐火等级楼板的燃烧性能和耐火极限　　　　　　　　　单位:h

构件名称	耐 火 等 级			
	一级	二级	三级	四级
楼板	不燃性 1.50	不燃性 1.00	不燃性 0.50	可燃性

注:建筑高度大于 100m 的民用建筑,其楼板的耐火极限不应低于 2.00h。

3. 隔声性

楼板的隔声性包括对撞击声和空气声两种声音的隔绝性能。一般来说,钢筋混凝土材料具有较好的隔绝空气声性能。据测定,厚度为 120mm 的钢筋混凝土空气隔声量在 48～50dB,但其对隔绝撞击声的能力则明显不足。因此,对于有隔声要求的楼板,应采取相应的隔声构造措施。常见隔声构造做法有在面层与结构层之间设置减振垫板,如图 8-5 所示;设置减振隔声板,如图 8-6 所示;设置隔声玻璃棉板,如图 8-7 所示。或者对楼板面层进行处理,如采用木地板或地毯等面层。

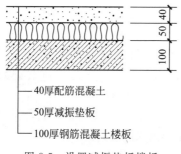
图 8-5 设置减振垫板楼板

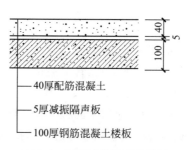
图 8-6 设置减振隔声板楼板

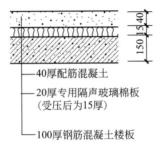

图 8-7 设置隔声玻璃棉板楼板

4. 防水、防潮性

对于厨房、卫生间、阳台等有用水需求的房间,楼板层应做防水、防潮处理,以免影响相邻空间的正常使用及建筑物的耐久性。

5. 经济性

一般楼地面占建筑物总造价的 20%～30%,楼板的厚度应在经济合理范围之内,以免厚度过大造成不必要的浪费;同时还应尽量就地取材,节约成本。

8.2　钢筋混凝土楼板

钢筋混凝土楼板按其施工方式的不同,可分为现浇、预制装配式和装配整体式三种类型。

为进一步强调高层建筑楼盖系统的整体性,《高层建筑混凝土结构技术规程》(JGJ 3—2010)中规定,当房屋高度超过 50m 时,框架—剪力墙结构、筒体结构及复杂高层建筑结构应采用现浇楼盖结构,剪力墙结构和框架结构宜采用现浇楼盖结构;当抗震设防烈度为 8、9 度时,宜采用现浇楼板,以保证地震力的可靠传递;当房屋高度小于 50m 且为非抗震设计和 6、7 度抗震设计时,可以采用加现浇钢筋混凝土面层的装配整体式楼板,并应满足相应的构造要求,以保证其整体工作。

8.2.1　现浇钢筋混凝土楼板

现浇钢筋混凝土楼板是在施工现场整体浇筑成型的,结构的整体性强、刚度好,有利于抗震,但现场湿作业量大,模板用量大,施工速度慢,工期较长。其主要适用于对整体刚度要求较高、平面布置不规则、管道穿越较多的楼面。

现浇钢筋混凝土楼板按受力特点和支承情况分为单向板和双向板。两对边支承的板应按单向板计算。四边支承的板,当 $l_2/l_1 \geqslant 3$ 时,在荷载作用下,楼板基本只在短边方向挠曲变形,这表明荷载沿短边方向传递,这种板称为单向板,如图 8-8 所示;当 $l_2/l_1 \leqslant 2$ 时,板在两个方向都发生挠曲,这表明荷载沿两个方向传递,这种板称为双向板,如

单向板和双向板

图 8-9 所示；当 $2<l_2/l_1<3$ 时，宜按双向板考虑。

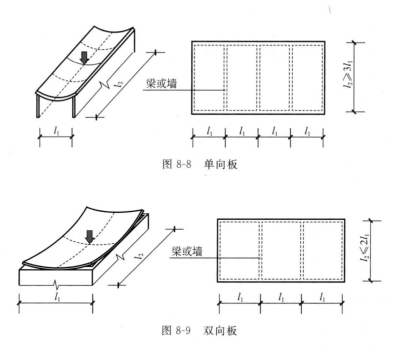

图 8-8　单向板

图 8-9　双向板

板的跨厚比规定为钢筋混凝土单向板不大于 30，双向板不大于 40；无梁支承的有柱帽板不大于 35，无梁支承的无柱帽板不大于 30。预应力板可适当增加；当板的荷载、跨度较大时宜适当减小。

板的最小厚度见《混凝土结构设计规范（2015 年版）》（GB 50010—2010）中的相关规定，如表 8-2 所示；《高层建筑混凝土结构技术规程》（JGJ 3—2010）中同时规定：当板内预埋暗管时厚度不宜小于 100mm；顶层楼板厚度不宜小于 120mm，宜双层双向配筋；普通地下室顶板厚度不宜小于 160mm；作为上部结构嵌固部位的地下室楼层的顶楼盖应采用梁板结构，楼板厚度不宜小于 180mm，应采用双层双向配筋。

表 8-2　现浇钢筋混凝土板的最小厚度　　　　　　　　　　单位：mm

板的类别		最小厚度
单向板	层面板	60
	民用建筑楼板	60
	工业建筑楼板	70
	行车道下的楼板	80
双向板		80
密肋楼盖	面板	50
	肋高	250
悬臂板（根部）	悬臂长度不大于 500mm	60
	悬臂长度 1200mm	100
无梁楼板		150
现浇空心楼板		200

板中受力钢筋的间距,当板厚不大于 150mm 时,不宜大于 200mm;当板厚大于 150mm 时,不宜大于板厚的 1.5 倍且不宜大于 250mm。

现浇钢筋混凝土楼板按其结构类型不同,可分为板式楼板、梁板式楼板、井格式楼板、无梁楼板、压型钢板组合楼板及现浇混凝土空心楼板。

1. 板式楼板

板式楼板是指直接支承在墙上的楼板。板式楼板底面平整,便于支模施工,但受楼板经济跨度的限制,通常用于平面尺寸较小的房间,如厨房、卫生间及走廊等。

2. 梁板式楼板

当房间的跨度较大时,板式楼板会因板跨较大而增加板厚,进而增加板的自重。为了使楼板结构的受力和传力更为合理,常在板下设梁来增加板的支点,从而减小板跨,楼板上的荷载由板传给梁,再由梁传给墙或柱。这种由板和梁组成的楼板称为梁板式楼板。梁板式楼板通常在纵横两个方向都设置梁,有主梁和次梁之分,如图 8-10 所示。

梁板式楼板

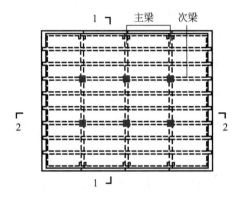 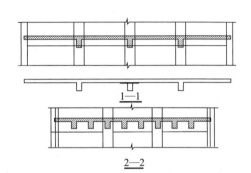

图 8-10 梁板式楼板

主梁一般沿房间短跨方向布置,其经济跨度一般为 5~8m,最大可达 12m;梁的高度为跨度的 1/14~1/8,梁宽为高度的 1/3~1/2。次梁垂直于主梁布置,其经济跨度一般为 4~6m,梁高为跨度的 1/18~1/12,梁宽为高度的 1/3~1/2。次梁的间距即为板的跨度,其经济跨度一般为 1.5~3m。

3. 井格式楼板

井格式楼板是梁板式楼板的一种特殊形式,常用于公共建筑的门厅、大厅、会议室等,如图 8-11 所示。当房间尺寸较大且平面形状为正方形或近似正方形时,常沿两个方向设置等间距、等截面尺寸的梁,两个方向的梁无主次梁之分,形成井格状,共同承担板传来的荷载。井格式楼板的跨度一般为 6~10m,板厚为 70~80mm,井格边长一般在 2.5m 以内。

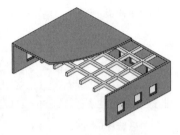

图 8-11 井格式楼板

4. 无梁楼板

无梁楼板是指不设梁,板直接支承在柱上的楼板。无梁楼板分为无柱帽和有柱帽(或托板)两种类型。

当荷载较大时,为避免楼板太厚,应采用有柱帽(或托板)无梁楼板,以增加板在柱上的支承面积。《混凝土结构设计规范(2015年版)》(GB 50010—2010)中规定,8度设防烈度时宜采用有托板或柱帽的板柱节点,板柱节点的形状、尺寸应包容45°的冲切破坏锥体,并应满足受冲切承载力的要求。柱帽的高度不应小于板的厚度h,托板的厚度不应小于$h/4$。柱帽或托板在平面两个方向上的尺寸均不宜小于同方向上柱截面宽度b与$4h$的和,如图8-12所示。

无梁楼板

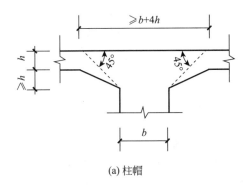 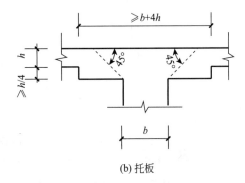

(a) 柱帽　　　　　　　　　　　　　(b) 托板

图8-12　带柱帽或托板的无梁楼板

无梁楼板的柱网应尽量按方形网格布置,跨度在6m左右较为经济。由于板的跨度较大,因此板厚不宜小于150mm,一般为160~200mm。

5. 压型钢板组合楼板

压型钢板组合楼板是以压型薄钢板作衬板,在其上浇筑混凝土而形成的钢衬板组合楼板,如图8-13所示。压型钢板组合楼板主要由楼面层、组合板和钢梁三部分组成。组合板包括混凝土和钢衬板。压型钢板的跨度一般为2~3m,铺设在钢梁上,与钢梁之间用栓钉连接。压型钢板组合楼板总厚度不应小于90mm,压型钢板肋顶部以上混凝土厚度不应小于50mm。

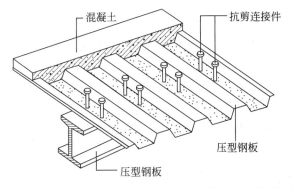 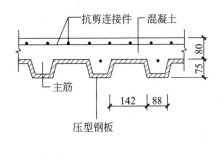

图8-13　压型钢板组合楼板

压型钢板承受施工时的荷载,也是楼板的永久性模板,其基板的净厚度不宜小于

0.5mm。压型钢板一般有开口型压型钢板、缩口型压型钢板和闭口型压型钢板。

《组合结构设计规范》(JGJ 138—2016)中有如下规定。

(1) 当压型钢板组合楼板支承于钢梁上时,其支承长度对边梁不应小于75mm,如图8-14(a)所示;当压型钢板不连续时中间梁不应小于50mm,如图8-14(b)所示;当压型钢板连续时,中间梁不应小于75mm,如图8-14(c)所示。

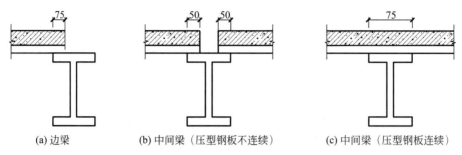

图 8-14 压型钢板组合楼板支承于钢梁上

(2) 当压型钢板组合楼板支承于混凝土梁上时,应在混凝土梁上设置预埋件,不得采用膨胀螺栓固定预埋件。压型钢板组合楼板在混凝土梁上的支承长度对边梁不应小于100mm,如图8-15(a)所示;当压型钢板不连续时中间梁不应小于75mm,如图8-15(b)所示;当压型钢板连续时,中间梁不应小于100mm,如图8-15(c)所示。

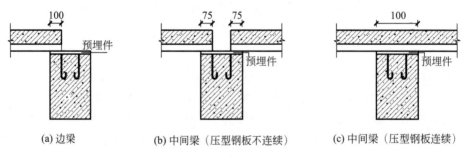

图 8-15 压型钢板组合楼板支承于混凝土梁上

压型钢板组合楼板以压型钢板为永久性模板,简化了施工程序,加快了施工进度,并且具有较强的承载力、刚度和整体稳定性,但其耗钢量较大,适用于多、高层的框架或框—剪结构建筑。

6. 现浇混凝土空心楼板

现浇混凝土空心楼板是指采用内置或外露填充体,经现场浇筑混凝土形成的空腔—楼板,如图8-16所示。《现浇混凝土空心楼盖技术规程》(JGJ/T 268—2012)对现浇混凝土空心楼盖的构造要求做了相应的规定,具体如下。

(1) 当填充体为填充管、填充棒时,现浇混凝土空心楼板的体积空心率宜为20%~50%;当填充体为内置填充箱、填充块、填充板时,宜为25%~60%;当填充体为外露填充箱、填充块时,宜为35%~65%。

(2) 现浇混凝土空心楼盖的跨度、跨高比宜符合表8-3中的规定。

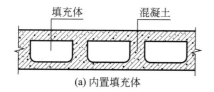 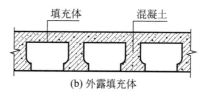

图 8-16 现浇混凝土空心楼板

表 8-3 现浇混凝土空心楼盖的跨度、跨高比　　　　　　　　　　单位：m

结构类别	适用跨度/m		跨高比	备 注
刚性支承楼盖	单向板	7～20	30～40	—
	双向板	7～25	35～45	取短向跨度
柔性支承楼盖	区格板	7～20	30～40	取长向跨度
柱支承楼盖	有柱帽	7～15	35～45	取长向跨度
	无柱帽	7～10	30～40	取长向跨度

（3）现浇混凝土空心楼板应沿受力方向设肋，肋宽宜为填充体高度的 1/8～1/3，且当填充体为填充管、填充棒时，不应小于 50mm；当填充体为填充箱、填充块时，不宜小于 70mm；当肋中放置预应力筋时，不应小于 80mm。

（4）现浇混凝土空心楼板边部填充体与竖向支承构件间应设置实心区，实心区宽度应满足板的受剪承载力要求，从支承边起不宜小于 0.2 倍板厚，且不应小于 50mm，如图 8-17 所示。

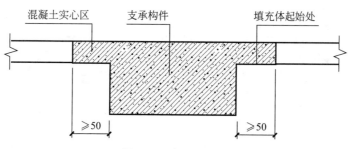

图 8-17 实心区范围

（5）当填充体为内置填充体时，现浇混凝土空心楼板上、下翼缘的厚度宜为板厚的 1/8～1/4，且不宜小于 50mm，不应小于 40mm，如图 8-18 所示。

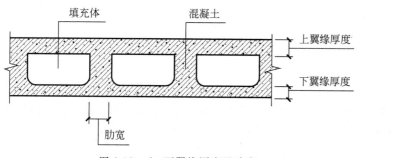 

现浇混凝土空心板

图 8-18 上、下翼缘厚度及肋宽

8.2.2 预制装配式钢筋混凝土楼板

预制装配式钢筋混凝土楼板是指在预制构件加工厂或施工现场外预先制作,然后运到施工现场装配而成的钢筋混凝土楼板。预制装配式钢筋混凝土楼板可节省模板,减少湿作业,提高了施工机械化水平和劳动生产率,加快了施工速度,但由于其整体性能差,因此不宜用于地震设防地区。

1. 预制装配式钢筋混凝土楼板的类型

预制装配式钢筋混凝土楼板可分为预应力和非预应力楼板两种。预应力构件与非预应力构件相比,其可推迟裂缝的出现和限制裂缝的开展,并且节省钢材30%~50%,节约混凝土10%~30%,故也可以减轻自重,降低造价。按照楼板的构造形式,预制装配式钢筋混凝土楼板可分为预制实心平板、槽形板和空心板三种。

1) 预制实心平板

预制实心平板的板面较平整,跨度一般不超过2.4m,板的厚度为60~100mm,宽度为600~1000mm。由于板的厚度较小且隔声效果较差,因此预制实心平板通常用作跨度较小的楼梯平台板、走廊板、阳台板、沟盖板或搁板等。预制实心平板两端常支承在墙或梁上,如图8-19所示。

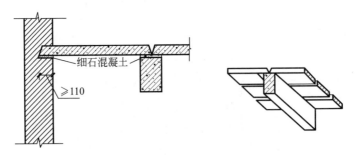

图8-19 预制实心平板

2) 槽形板

槽形板是一种梁板结合构件,由板和两侧的纵肋组成。为了提高板的刚度,同时便于搁置,通常将板的两端用端肋封闭。槽形板具有自重轻、造价低、便于开孔等优点。槽形板上的荷载主要由板两侧的肋承担,故槽形板的厚度较小,一般为30~50mm,跨度为3~7.2m,板宽为600~1200mm,板肋高一般为150~300mm。当槽形板跨度大于6m时,每500~700mm设置一道横肋。

槽形板的搁置方式有正置和倒置两种。正置是指肋向下,正向放置,如图8-20(a)所示。正置槽形板受力合理,但板底不平,通常需做吊顶遮盖。倒置是指肋向上,倒向放置,如图8-20(b)所示。倒置槽形板板底平整,可做直接式顶棚,但受力不合理,板面不平,需另做面层。也可以在槽内填充轻质多孔材料,以提高板的隔声与保温性能。

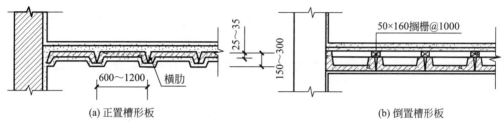

图 8-20 槽形板

3) 空心板

空心板也属于梁板结合的构件,是将平板截面中部沿纵向抽孔而形成中空的一种钢筋混凝土楼板,如图 8-21 所示。孔的断面形式有圆形、椭圆形、方形和长方形等。圆孔和椭圆孔增大了板肋的截面面积,使板的强度和刚度增加。圆孔和椭圆孔板抽芯脱模方便,故应用最普遍。

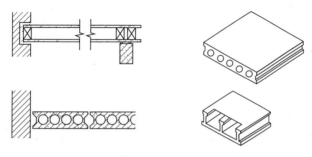

图 8-21 空心板

空心板有预应力和非预应力之分,一般多采用预应力空心板。常见空心板的尺度如表 8-4 所示。

表 8-4 常见空心板的尺度

空心板类型	板长度/m	板厚度/mm	板宽度/mm
非预应力空心板	2.1~4.2	120、150、180	600、900、1200
预应力空心板	4.5~6.0	180、200	

空心板上、下表面平整,隔声效果较预制实心平板和槽形板好,是预制板中应用最广泛的一种类型,但空心板不能随意开洞。

2. 预制装配式钢筋混凝土楼板的结构布置与细部构造

1) 板的布置

预制钢筋混凝土楼板的结构布置应综合考虑房间的开间与进深尺寸,分为板式布置和梁板式布置两种。板式布置是指预制楼板直接搁置在承重墙上,形成板式结构布置。板式布置主要用于房间平面尺寸较小的住宅、宿舍、旅馆等建筑。梁板式布置是指预制楼板搁置在梁上,梁支承于墙或柱上,形成梁板式结构布置。梁板式结构布置通常用于教学楼、实验楼、办公楼等开间、进深要求较大的建筑物。

2）板的布置原则

（1）板的规格和类型越少越好，板的规格过多，不仅增加制作工作量，而且施工也较复杂，容易出错。

（2）尽量选用宽板，窄板做调剂使用。宽板可有效减少板缝处现浇混凝土的浇筑量。

（3）板在布置时应避免出现三边支承，板的纵向长边不得深入砌体内，否则在板面荷载作用下板会产生纵向裂缝，如图8-22所示。

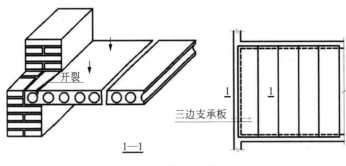

图8-22 板三边支承

3）板的搁置

预制板可直接搁置在墙上或梁上。为满足板与墙或梁之间的连接要求，预制板应有足够的搁置长度。一般情况下，板在梁、内墙及外墙上搁置长度应分别不小于80mm、100mm及120mm。

空心板安装前应在板端孔内填塞混凝土或碎砖封堵，以避免板端在搁置处被压坏；同时避免端缝浇灌时材料流入孔内，从而降低其隔声、隔热性能等。预制板安装时，先在墙上或梁上抹厚度为10~20mm的水泥砂浆找平（称"坐浆"），空心板纵向长边与墙体间的缝隙用细石混凝土填实，如图8-23所示。

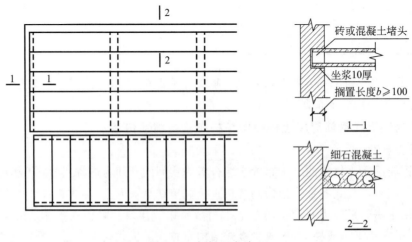

图8-23 板搁置在墙上

当选用梁板式结构时,板的搁置方式有两种,一是搁置在梁顶,如矩形梁;另一种是搁置在花篮梁或十字梁挑出的翼缘上,如图 8-24 所示。

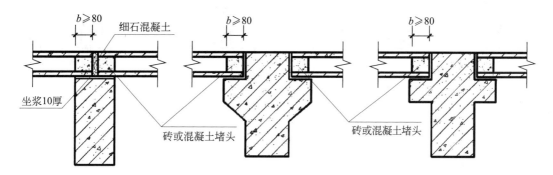

图 8-24　板搁置在梁上

4)板缝构造

板的接缝有侧缝和端缝两种。端缝一般是用细石混凝土浇灌。为了增强建筑物的整体性,可将板端外露的钢筋交错搭接在一起,或加钢筋网片,并用细石混凝土灌实。侧缝一般有 V 形缝、U 形缝和凹槽缝三种,如图 8-25 所示。V 形缝和 U 形缝灌缝方便,多用于薄板;凹槽缝连接牢固,楼板整体性、抵抗板间裂缝和错动的能力最强,但施工复杂。

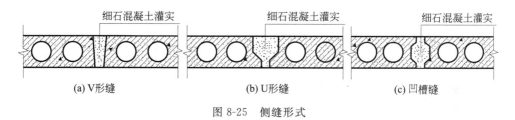

图 8-25　侧缝形式

预制板在排板时,板宽方向的尺寸与房间的平面尺寸之间可能会出现不足一块板的缝隙,称为缝差。当缝差在 60mm 以内时,调整板侧缝宽度,调整后的板缝宽度宜小于 50mm;当缝差在 60~120mm 时,可沿墙边挑两皮砖;当缝差为 120~200mm,且在靠墙处有管道穿过时,可用现浇钢筋混凝土板带补缝;当缝差大于 200mm 时,需重新调整板的规格。

5)楼板与隔墙

在预制楼板上设置隔墙时,应优先选用轻质隔墙,隔墙的位置不受限制。若选用重质隔墙,如砖隔墙、砌块隔墙等,应避免将隔墙搁置在一块板上。通常将隔墙布置在两块板的接缝处,如图 8-26(a)所示。采用槽形板时,隔墙应设置在板的纵肋上,如图 8-26(b)所示;采用空心板时,须在隔墙下的板缝处设现浇钢筋混凝土板带,如图 8-26(c)所示;隔墙与板跨垂直时,应选择合适的预制板型号并在板面加配构造钢筋,图 8-26(d)所示。

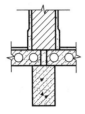 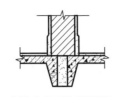 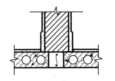 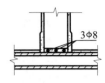

(a) 隔墙支承于梁上　　(b) 隔墙支承于槽形板纵肋上　　(c) 板缝处设现浇钢筋混凝土板带　　(d) 板面加配构造钢筋

图 8-26　楼板与隔墙

8.2.3　装配整体式钢筋混凝土楼板

装配整体式钢筋混凝土楼板是提前预制部分构件,然后运到现场进行安装,再以整体浇筑方法连接而成的楼板。这种楼板的整体性较好,节省模板,施工速度快,兼具现浇和预制钢筋混凝土楼板的优点。《高层建筑混凝土结构技术规程》(JGJ 3—2010) 中指出,当房屋高度不超过 50m 时,8、9 度抗震设计时宜采用现浇楼盖结构,6、7 度抗震设计时可采用装配整体式楼盖。

装配整体式钢筋混凝土楼板有叠合板和密肋填充块楼板两种。

1. 叠合板

叠合板是预制和现浇混凝土相结合的一种结构形式,预制薄板既是楼板结构的一部分,又是楼板的永久模板,它上部现浇混凝土叠合层与下部预制薄板叠合成一个整体,协同工作,共同承担楼板上的荷载。叠合板有普通混凝土薄板叠合板、预应力混凝土薄板叠合板、混凝土空心板叠合板和桁架钢筋混凝土叠合板等。

叠合板的预制板厚度不宜小于 60mm,后浇混凝土叠合层厚度不应小于 60mm。屋面层和平面受力复杂的楼层采用叠合楼盖时,后浇混凝土叠合层厚度不应小于 100mm,且后浇层内应采用双向通长配筋,钢筋直径不宜小于 8mm,间距不宜大于 200mm。后浇混凝土叠合层混凝土强度等级不应小于 C20。

当叠合板跨度大于 3m 时,宜采用桁架钢筋混凝土叠合板,如图 8-27 所示。桁架钢筋应沿主要受力方向布置,距板边不应大于 300mm,间距不宜大于 600mm,弦杆钢筋直径不宜小于 8mm,腹杆钢筋直径不应小于 4mm,弦杆混凝土保护层厚度不应小于 15mm;当叠合板跨度大于 6m 时,宜采用预应力混凝土预制板;当叠合板厚度大于 180mm 时,宜采用混凝土空心板。当叠合板的预制板采用空心板时,板端空腔应封堵,堵头深度不宜小于 60mm,并应采用强度等级不低于 C20 的混凝土浇灌密实。

板端支座处,预制板内的纵向受力钢筋宜从板端伸出并锚入支承梁或墙的后浇混凝土中,锚固长度不应小于 $5d$(d 为纵向受力钢筋直径),且宜伸过支座中心线,如图 8-28 所示。

叠合板预制板之间的侧缝有分离式接缝和整体式接缝两种形式。当预制板之间采用分离式接缝时,宜按单向板考虑,如图 8-29 所示;对长宽比不大于 3 的四边支承叠合板,当预制板之间采用整体式接缝时,宜按双向板考虑。

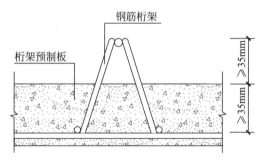

图 8-27 桁架钢筋混凝土叠合板

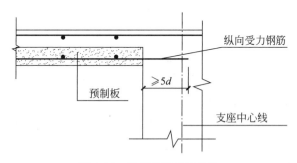

图 8-28 板端钢筋锚固构造

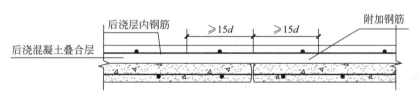

图 8-29 单向叠合板板侧分离式拼缝构造

双向叠合板板侧的整体式接缝宜设置在叠合板的次要受力方向且宜避开最大弯矩截面，接缝可采用后浇带形式，后浇带宽度不宜小于 200mm，如图 8-30 所示。

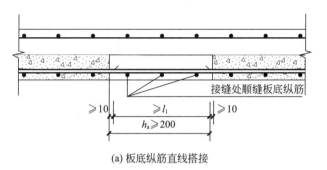

叠合板

(a) 板底纵筋直线搭接

图 8-30 双向叠合板后浇带接缝构造

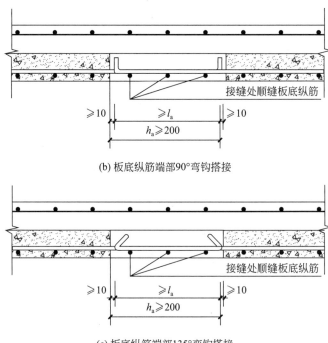

(b) 板底纵筋端部90°弯钩搭接

(c) 板底纵筋端部135°弯钩搭接

图 8-30(续)

2. 密肋填充块楼板

密肋填充块楼板是采用间距较小的肋作为承重构件,肋与肋之间用轻质砌块填充,并在上面整浇面层而形成的楼板。密肋填充块楼板的肋有现浇和预制两种。

现浇密肋填充块楼板是以陶土空心砖、矿渣混凝土空心块等作为肋间填充块,现场浇筑肋和面板形成的楼板。肋的间距一般为 300～600mm,面板的厚度一般为 40～50mm,如图 8-31(a)所示。预制密肋填充块楼板的肋采用预制倒 T 形断面混凝土梁,在肋之间填充陶土空心砖、矿渣混凝土空心块、煤渣空心砖等填充块,上面现浇混凝土面层,如图 8-31(b)所示。

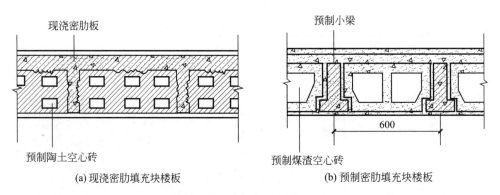

(a) 现浇密肋填充块楼板　　(b) 预制密肋填充块楼板

图 8-31　密肋填充块楼板

8.3 阳台及雨篷

8.3.1 阳台

阳台是建筑室内空间向外的延伸,是使用者休息、眺望、晾晒衣物、摆放盆栽或从事其他活动的场所,其设计需要兼顾实用与美观的原则。《住宅设计规范》(GB 50096—2011)中指出,每套住宅宜设阳台或平台。

1. 阳台的类型

按与外墙的位置关系,阳台可分为凸阳台、凹阳台、半凸半凹阳台,如图 8-32 所示。按照使用功能不同,阳台又可以分为生活阳台和服务阳台。生活阳台一般是指观赏和休闲阳台,通常与客厅及卧室相连;而服务阳台一般和厨房相连,燃气立管及表、洗衣机、储物架等一般放到服务阳台上。按施工方法不同,阳台还可分为现浇阳台和预制阳台。

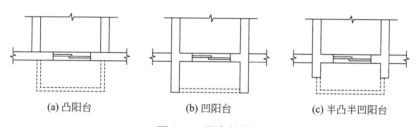

图 8-32 阳台的类型

2. 阳台的结构布置

阳台的结构形式、布置方式及材料应与楼板结构布置统一考虑,目前应用最多的是现浇钢筋混凝土结构或预制装配式钢筋混凝土结构。

1) 凸阳台的结构布置

凸阳台的结构布置方式有挑梁式、挑板式和压梁式三种。

(1) 挑梁式。挑梁式阳台是阳台结构布置常用的一种形式,一般是从建筑物的内横墙上伸出挑梁,上面搁置阳台板。阳台荷载通过挑梁传给内承重墙,由压在挑梁上的墙体和楼板抵抗阳台的倾覆力矩。挑梁压入横墙部分的长度应不小于悬挑部分长度的 1.5 倍,以防止阳台倾覆,如图 8-33 所示。挑梁式阳台的悬挑长度可达到 1800mm。

(2) 挑板式。挑板式阳台是将楼板直接悬挑出墙外,形成阳台板,如图 8-34 所示。阳台板与楼板形成一个整体,楼板的重量构成阳台板的抗倾覆力矩,保证阳台板的稳定。这种阳台板底平整,构造简单,施工方便,阳台板可做成半圆形、弧形、多边形等形式,增强建筑立面效果。挑板式阳台悬挑长度一般不超过 1200mm。

(3) 压梁式。压梁式阳台是将凸阳台板与墙梁整浇在一起,墙梁可用加大的圈梁代替,阳台板通过墙梁和梁上部的墙体获得根部压重来抵抗阳台的倾覆力矩,如图 8-35 所示。由于墙梁受扭,因此阳台悬挑长度一般不宜超过 1200mm。

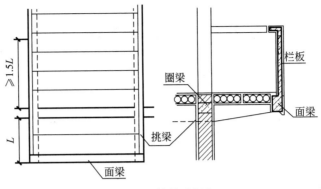

图 8-33 挑梁式阳台

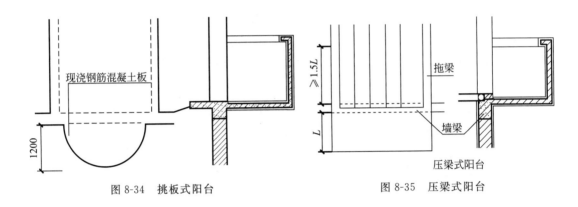

图 8-34 挑板式阳台　　　　　图 8-35 压梁式阳台

2) 凹阳台的结构布置

凹阳台实际是楼板层的一部分,是将阳台板直接搁置在墙上,阳台板的跨度和板型一般与楼板相同。这种结构形式稳定、可靠,施工方便。

3. 阳台的细部构造

1) 阳台的栏杆和栏板

栏杆和栏板是阳台的围护结构,承担着因倚扶活动产生的侧推力,因此栏杆和栏板必须具有足够的强度和适当的高度,以保证使用安全。《住宅设计规范》(GB 50096—2011)中规定,七层及七层以上住宅和寒冷、严寒地区住宅宜采用实体栏板。

《民用建筑设计统一标准》(GB 50352—2019)中规定:当临空高度在 24.0m 以下时,栏杆高度不应低于 1.05m;当临空高度在 24.0m 及以上时,栏杆高度不应低于 1.1m。上人屋面和交通、商业、旅馆、医院、学校等建筑临开敞中庭的栏杆高度不应小于 1.2m;公共场所栏杆离地面 0.1m 高度范围内不宜留空;住宅、托儿所、幼儿园、中小学及其他少年儿童专用活动场所的栏杆必须采取防止攀爬的构造。当采用垂直杆件做栏杆时,其杆件净间距不应大于 0.11m。

阳台栏杆与混凝土结构之间的连接宜采用预埋件,若采用机械锚栓、化学锚栓和植筋与混凝土结构连接时,每个立柱处的锚栓不应少于 2 个,锚栓的直径不应小于 8mm,锚板厚度不宜小于 6mm。

2) 阳台排水

开敞阳台应采用有组织排水,阳台地面宜设支管接入排水立管,立管不宜断开,且不宜穿越各层阳台楼板。低层阳台可采用泄水管排水,伸出阳台不小于 0.05m,阳台地面应有排水坡度和防水措施,排水坡向水落口,坡度宜为 1%。阳台的地面完成面标高宜比相邻室内空间地面完成面低 15~20mm。阳台排水构造如图 8-36 所示。

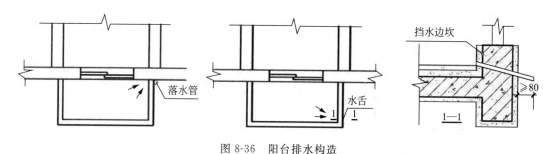

图 8-36 阳台排水构造

当阳台设有洗衣机时,应在相应位置设置专用给水排水接口和电源插座,洗衣机的下水管道不得接驳在雨水管上。

8.3.2 雨篷

雨篷是指建筑出入口上方或顶层阳台上部为遮挡雨水而设置的部件。按其材料和结构形式的不同,可分为钢筋混凝土雨篷和钢结构雨篷等。

1. 钢筋混凝土雨篷

钢筋混凝土雨篷按其结构布置形式分为钢筋混凝土悬挑板式雨篷(板式雨篷)和钢筋混凝土悬挑梁式雨篷(梁式雨篷)。当悬挑长度不超过 1500mm 时,常采用板式雨篷,如图 8-37(a)所示;当悬挑长度超过 1500mm 时,常采用梁式雨篷,如图 8-37(b)所示。梁式雨篷的悬挑长度一般不宜超过 1800mm,当悬挑长度较大时,应采用有立柱支撑的雨篷,即由梁、板、柱组成的雨篷,其构造与楼板相同。

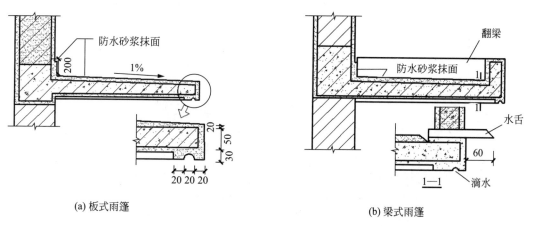

(a) 板式雨篷   (b) 梁式雨篷

图 8-37 钢筋混凝土雨篷

钢筋混凝土雨篷按其排水方式可分为有组织排水雨篷和无组织排水雨篷。有组织排水雨篷是指雨水按设计的坡度和路线汇集到出水口,有组织地排出,如图 8-38(a)～(d)所示。雨篷排水坡度不宜小于1‰,墙面与雨篷接触部分应做泛水处理。无组织排水是指雨水沿雨篷自由滴落的排水方式,如图 8-38(e)和(f)所示。

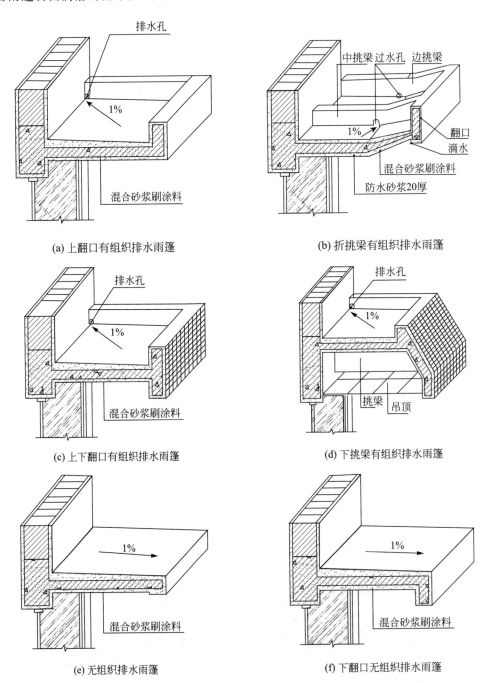

图 8-38 钢筋混凝土雨篷排水方式

2. 钢结构雨篷

钢结构雨篷按与主体的连接方式分为钢结构纯悬挑式雨篷(图 8-39)、钢筋结构上拉压杆雨篷(图 8-40)、钢筋结构上下拉杆雨篷(图 8-41)。钢结构雨篷饰面多为夹层钢化玻璃或半钢化夹层玻璃。夹层玻璃的两片玻璃厚度相差不宜大于 2mm,玻璃原片厚度不宜小于 5mm。钢结构雨篷结构构件挑出长度一般为 1200～6000mm,宽度为 1500～6000mm,纯悬挑式雨篷挑出长度不宜超过 2400mm。

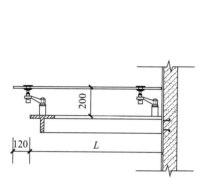

图 8-39 钢结构纯悬挑式雨篷

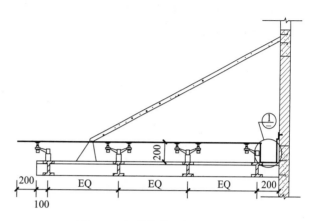

图 8-40 钢筋结构上拉压杆雨篷

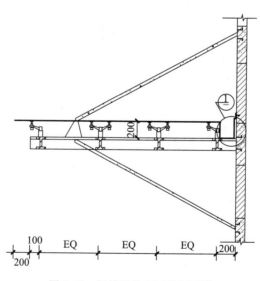

图 8-41 钢筋结构上下拉杆雨篷

钢结构雨篷的排水方式分为无组织排水和有组织排水。采用无组织排水时,雨向外侧和两侧自由落水,坡度为 0.5%;采用有组织排水时,坡度为 2%,通过排水沟槽汇入排水立管。

8.4 地面构造

底层地面的基本构造层宜为面层、垫层和基层,如图8-42(a)所示;楼层地面的基本构造层宜为面层、结构层和顶棚层,如图8-42(b)所示。当底层地面和楼层地面的基本构造层不能满足使用或构造要求时,可增设结合层、隔离层、找平层、隔声层、防水层、保温层或隔热层等附加层,如图8-43所示。

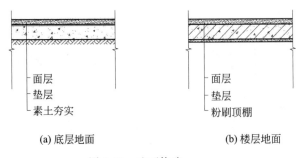

图 8-42 地面构造

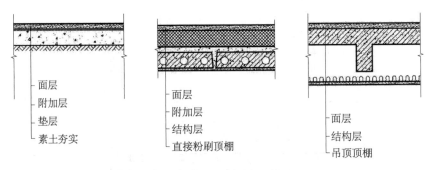

图 8-43 有附加层的地面构造

《建筑地面设计规范》(GB/T 50037—2013)对地面的构造要求规定如下。

(1)底层地面的沉降缝和楼层地面的沉降缝、伸缩缝、防震缝的设置均应与结构相应的缝位置一致,且应贯通地面的各构造层,并做盖缝处理。变形缝应设在排水坡的分水线上,不应通过有液体流经或聚集的部位。

(2)底层地面的混凝土垫层应设置纵向缩缝和横向缩缝,并应符合下列要求。

① 纵向缩缝应采用平头缝或企口缝,如图8-44(a)和(b)所示,其间距宜为3~6m。

② 纵向缩缝采用企口缝时,垫层的厚度不宜小于150mm,企口拆模时的混凝土抗压强度不宜低于3MPa。

③ 横向缩缝宜采用假缝,如图8-44(c)所示,其间距宜为6~12m;高温季节施工的地面假缝间距宜为6m。假缝的宽度宜为5~12mm,高度宜为垫层厚度的1/3,缝内应填水泥砂浆或膨胀型砂浆。

④ 当纵向缩缝为企口缝时,横向缩缝应做假缝。

⑤ 在不同混凝土垫层厚度的交界处,当相邻垫层的厚度比大于1、小于或等于1.4时,可采用连续式变截面,如图 8-44(d)所示;当厚度比大于1.4时,可设置间断式变截面,如图 8-44(e)所示。

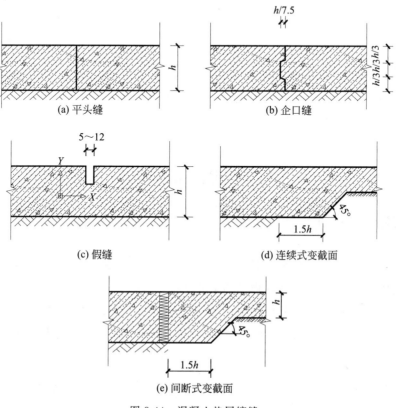

图 8-44 混凝土垫层缩缝

(3) 室外地面的混凝土垫层宜设伸缝,间距宜为 30m,缝宽宜为 20~30mm,缝内应填耐候弹性密封材料,沿缝两侧的混凝土边缘应局部加强。

(4) 当需要排除水或其他液体时,地面应设朝向排水沟或地漏的排泄坡面。排泄坡面较长时,宜设排水沟。底层地面的坡度宜采用修正地基高程筑坡,楼层地面的坡度宜采用变更填充层、找平层的厚度或结构起坡。整体面层或表面比较光滑的块材面层,排泄坡面的坡度宜为 0.5%~1.5%;表面比较粗糙的块材面层,排泄坡面的坡度宜为 1%~2%。排水沟的纵向坡度不宜小于 0.5%,排水沟宜设盖板。

(5) 厕浴间和有防水要求的建筑地面应设置防水隔离层。楼层地面应采用现浇混凝土。楼板四周除门洞外,应做强度等级不小于 C20 的混凝土翻边,其高度不小于 200mm。

地面面层常见的有水磨石面层、水泥砂浆面层、聚合物砂浆面层及块材类面层等,其构造要求见第 13 章相关内容。

第 9 章 楼梯与电梯

在建筑物中,为了解决垂直方向的交通问题,一般采取的设施有楼梯、电梯、自动扶梯、爬梯及坡道等。在建筑物入口处,因室内外地面的高差而设置的踏步段称为台阶。为方便车辆、轮椅通行,也可增设坡道。

9.1 楼梯概述

9.1.1 楼梯的类型

(1) 按楼梯的材料划分:钢筋混凝土楼梯、钢楼梯、木楼梯及组合材料楼梯。

(2) 按楼梯的位置划分:室内楼梯和室外楼梯。

(3) 按楼梯的使用性质划分:主要楼梯、辅助楼梯、疏散楼梯及消防楼梯。

(4) 按楼梯间的平面形式划分:敞开楼梯间、封闭楼梯间、防烟楼梯间,如图 9-1 所示。

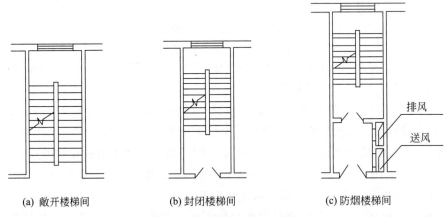

图 9-1 楼梯间按平面形式分类

(5) 按楼梯的外部形状不同划分:直行单跑楼梯、直行多跑楼梯、平行双跑楼梯、平行双分楼梯、平行双合楼梯、折行双跑楼梯、折行三跑楼梯、设电梯的折行三跑楼梯、剪刀(交叉跑)楼梯、螺旋形楼梯、弧形楼梯等,如图 9-2 所示。

楼梯的分类

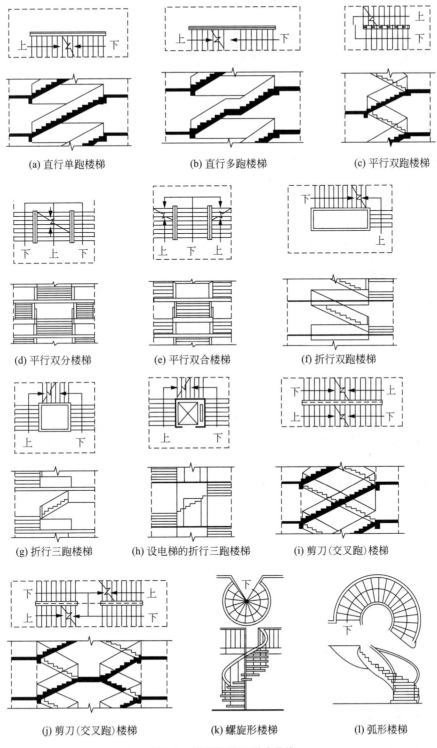

图 9-2 楼梯按平面形式分类

9.1.2 楼梯的组成

楼梯由楼梯段、楼梯平台和栏杆组成,如图 9-3 所示。

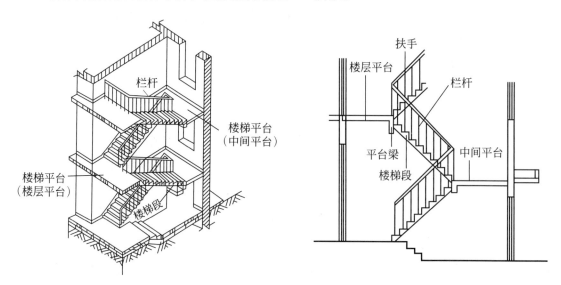

图 9-3 楼梯的组成

1. 楼梯段

楼梯段由若干个踏步构成。每个踏步由两个相互垂直的平面组成,供人们行走时踏脚的水平面称为踏面,与踏面垂直的平面称为踢面。踏面和踢面之间的尺寸关系决定了楼梯的坡度。为了使人们上下楼梯时不致过度疲劳及保证每段楼梯均有明显的高度感,我国规定每段楼梯的踏步数量应在 3～18 步。

2. 楼梯平台

楼梯平台是连接两个楼梯段的水平构件。设置平台主要是为了方便楼梯段的转折,同时也使人们在上下楼时能在此处稍做休息。楼梯平台分成两种:与楼层标高一致的平台通常称为楼层平台,位于两个楼层之间的平台通常称为中间平台。

3. 栏杆

大多数楼梯段至少有一侧临空,为了确保使用安全,应在楼梯段的临空边缘设置栏杆或栏板。当楼梯宽度较大时,还应根据有关规定的要求在楼梯段的中部加设栏杆或栏板。在栏板上部供人们用手扶持的连续斜向配件称为扶手。

9.1.3 楼梯尺度

1. 楼梯坡度

楼梯坡度是指楼梯段沿水平面倾斜的角度。楼梯的坡度有两种表示方法:一种是用楼梯段和水平面的夹角表示,另一种是用踏面和踢面的投影长度之比表示,在实际工程中采用后者的居多。

楼梯的允许坡度范围为23°～45°，正常情况下应当把楼梯坡度控制在38°以内，一般认为30°是楼梯的适宜坡度。坡度大于45°时，由于坡度较陡，应做成爬梯；坡度小于23°时，由于坡度较缓，应做成坡道。楼梯、爬梯、坡道的坡度范围如图9-4所示。

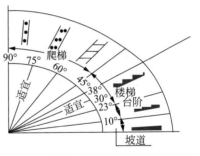

图9-4　楼梯、爬梯、坡道的坡度范围

2. 踏步尺寸

踏步尺寸包括踏面宽度和踢面高度。梯段内每个踏步高度、宽度应一致，相邻梯段的踏步高度、宽度宜一致。在工程实际中，踏步高宽比决定了楼梯的坡度，其比值为1∶2左右。踏步尺寸应根据人体的步距及脚长来确定，踏步宽度和踏步高度之间应符合下列关系之一：

$$h+b=450(\text{mm})$$
$$2h+b=(600\sim620)\text{mm}$$

式中，h 为踏步高度；b 为踏步宽度。

600～620mm为一般人行走时的平均步距。楼梯踏步的最小宽度和最大高度应符合表9-1中的要求。

表9-1　楼梯踏步最小宽度和最大高度　　　　　　　　　　　　　　　单位：m

楼梯类别		最小宽度	最大高度
住宅楼梯	住宅公共楼梯	0.260	0.175
	住宅套内楼梯	0.220	0.200
宿舍楼梯	小学宿舍楼梯	0.260	0.150
	其他宿舍楼梯	0.270	0.165
老年人建筑楼梯	住宅建筑楼梯	0.300	0.150
	公共建筑楼梯	0.320	0.130
托儿所、幼儿园楼梯		0.260	0.130
小学楼梯		0.260	0.150
人员密集且竖向交通繁忙的建筑和大、中学校楼梯		0.280	0.165
其他建筑楼梯		0.260	0.175
超高层建筑核心筒内楼梯		0.250	0.180
检修及内部服务楼梯		0.220	0.200

注：螺旋楼梯和扇形踏步离内侧扶手中心0.250m处的踏步宽度不应小于0.220m。

为了增加行走舒适度，常将踏步出挑20～30mm，使实际宽度增加，如图9-5所示。

3. 楼梯段宽度

墙面至扶手中心线或扶手中心线之间的水平距离称为楼梯段宽度。

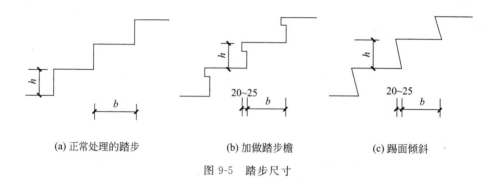

(a) 正常处理的踏步　　(b) 加做踏步檐　　(c) 踢面倾斜

图 9-5　踏步尺寸

楼梯净宽除应符合现行国家标准《建筑设计防火规范（2018年版）》(GB 50016—2014)及国家现行相关专用建筑设计标准的规定外，供日常主要交通用的楼梯的梯段净宽还应根据建筑物的使用特征，按每股人流宽为 $0.55+(0\sim0.15)$m 的人流股数确定，并不少于两股人流。$0\sim0.15$m 为人流在行进中人体的摆幅，公共建筑人流众多的场所应取上限值。

非主要通行的楼梯应满足单人携带物品通过的需要。此时，梯段的净宽一般不应小于900mm，如图 9-6 所示。住宅套内楼梯的梯段净宽应满足以下规定：当梯段一边临空时，不应小于 0.75m；当梯段两侧有墙时，不应小于 0.9m。

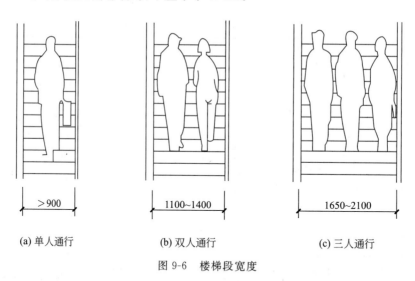

(a) 单人通行　　(b) 双人通行　　(c) 三人通行

图 9-6　楼梯段宽度

《住宅设计规范》(GB 50096—2011)规定：楼梯段净宽不应小于1.10m；不超过六层的住宅，一边设有栏杆的梯段净宽不应小于1.00m。

4. 楼梯平台宽度

楼梯平台宽度是指墙面到转角扶手中心线的距离，包括中间平台宽度和楼层平台宽度，如图 9-7 所示。当梯段改变方向时，扶手转向端处的平台最小宽度应不小于梯段净宽，并不得小于1.2m。当有搬运大型物件的需要时，应适量加宽。直跑楼梯的中间平台宽度不应小于0.9m。

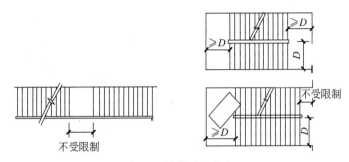

图 9-7 楼梯平台宽度

5. 楼梯井

两段楼梯之间的空隙称为楼梯井。楼梯井一般是为方便楼梯施工和安置栏杆扶手而设置的,其净宽度以 60～200mm 为宜。《民用建筑设计统一标准》(GB 50352—2019)规定,托儿所、幼儿园、中小学校及其他少年儿童专用活动场所,当楼梯井大于 0.2m 时,必须采取防止少年儿童坠落的措施。《住宅设计规范》(GB 50096—2011)规定,楼梯井净宽大于 0.11m 时,必须采取防止儿童攀滑的措施。

6. 楼梯净空高度

楼梯净空高度包括梯段净高和平台部位净高。梯段净高为自踏步前缘(包括每个梯段最低和最高一级踏步前缘线以外 0.3m 范围内)量至上方突出物下缘间的垂直高度。平台部位净高是指平台过道地面至上部结构最低点(通常为平台梁)的垂直距离。《民用建筑设计统一标准》(GB 50352—2019)规定,楼梯平台上部及下部过道处的净高不应小于 2.0m,梯段净高不应小于 2.2m,如图 9-8 所示。

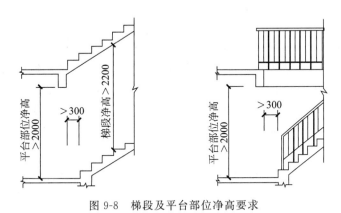

图 9-8 梯段及平台部位净高要求

当楼梯底层中间平台下作为通道时,为了使平台部位净高满足要求,常采用以下几种处理方法。

(1) 局部降低地坪标高,如图 9-9(a)所示。
(2) 将底层变作长短跑梯段,如图 9-9(b)所示。
(3) 将上述两种方法结合,如图 9-9(c)所示。
(4) 底层用直跑楼梯,如图 9-9(d)所示。

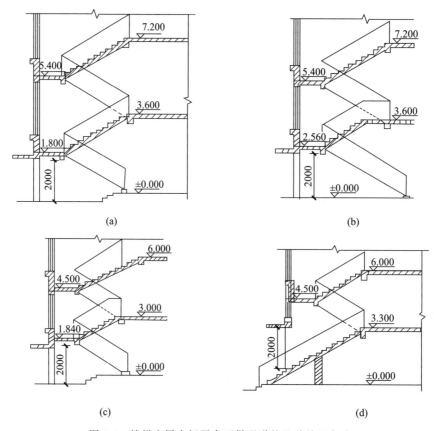

图 9-9 楼梯底层中间平台下做通道的几种处理方法

7. 栏杆和扶手

楼梯栏杆是楼梯的安全设施。一般情况下,当楼梯段的垂直高度大于 1.0m 时,就应当在梯段的临空一侧设置栏杆。梯段净宽达三股人流时应两侧设扶手,四股人流时宜加设中间扶手。

室内楼梯扶手自踏步前缘线量起不宜小于 0.9m。楼梯水平栏杆或栏板长度大于 0.5m 时,其高度不应小于 1.05m。外廊、内天井及上人屋面等临空处的栏杆净高,六层及六层以下不应低于 1.05m,七层及七层以上不应低于 1.10m。防护栏杆必须采用防止儿童攀登的构造,栏杆的垂直杆件间净距不应大于 0.11m。

楼梯栏杆应用坚固、耐久的材料制作,并具有一定的强度和抵抗侧向推力的能力。同时,还应充分考虑到栏杆对建筑室内空间的装饰效果,应具有美观的形象。扶手应选用坚固、耐磨、光滑、美观的材料制作。

9.2 钢筋混凝土楼梯构造

楼梯是建筑中重要的安全疏散设施,对其自身耐火性能要求较高,因此作为燃烧体的木材显然不宜用来制作楼梯。钢材是非燃烧体,但受热后易产生变形,一般要经特殊的防火处理之后才能用于制作楼梯。钢筋混凝土的耐火和耐久性能均好于木材和钢材,因此在民用建筑中大量采用钢筋混凝土楼梯。钢筋混凝土楼梯有现浇和预制装配两大类。

9.2.1 现浇钢筋混凝土楼梯

现浇钢筋混凝土楼梯可以根据楼梯段的传力与结构形式不同分成板式和梁式楼梯两种。

1. 板式楼梯

板式楼梯是指由梯段板承受该梯段的全部荷载,并将荷载传递至两端的平台梁的现浇式钢筋混凝土楼梯。梯段相当于一块斜放的现浇板,平台梁是支座。板式楼梯结构简单、板底平整、施工方便,板跨度即平台梁之间的距离在 3m 以内比较经济。板式楼梯的构造如图 9-10(a)所示。

为保证平台过道处的净空高度,可在板式楼梯的平台位置取消平台梁,形成无平台梁的折板式楼梯,如图 9-10(b)所示。

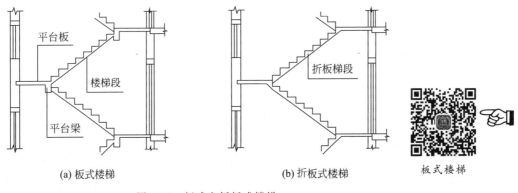

图 9-10 板式和折板式楼梯

2. 梁式楼梯

梁式楼梯的梯段踏步板直接搁置在斜梁上,斜梁搁置在梯段两端的楼梯梁上。梯段斜梁可以在踏步板的下面、上面或侧面,按斜梁所在部位,可分为梁承式、梁悬臂式等。

(1) 梁承式:梯段斜梁一般设两根,设置于踏步板两侧的下部,此时踏步外露,称为明步,如图 9-11(a)所示;斜梁也可设置于踏步板两侧的上部,这时踏步处于斜梁里面,称为暗步,如图 9-11(b)所示。梯段边斜梁间的距离为板的跨度。梁板式楼梯的楼梯板跨度小,适用于荷载较大、层高较高的建筑,如教学楼、商场等。

(2) 梁悬臂式:梁悬臂式楼梯通常有两种形式,一种是在踏步板的一侧设斜梁,将踏步板的另一侧搁置在楼梯间墙上,如图 9-12(a)所示;另一种是将斜梁布置在踏步板的中间,踏步板向两侧悬挑,如图 9-12(b)所示。

梁式楼梯

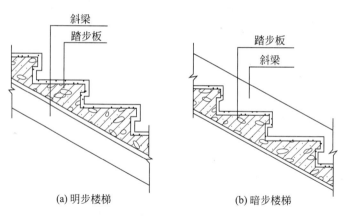

图 9-11 明步楼梯和暗步楼梯

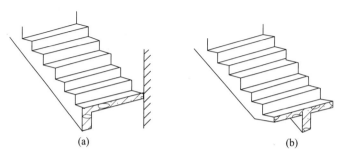

图 9-12 梁悬臂式楼梯

9.2.2 预制装配式钢筋混凝土楼梯

预制装配式钢筋混凝土楼梯将楼梯分成休息板、楼梯梁、楼梯段 3 个部分。构件在加工厂或施工现场进行预制,施工时将预制构件进行装配、焊接。预制装配式钢筋混凝土楼梯根据构件尺度不同可分为小型构件装配式和大中型构件装配式两类。

预制钢筋混凝土楼梯

1. 小型构件装配式钢筋混凝土楼梯

小型构件装配式钢筋混凝土楼梯的预制构件主要有踏步板、平台板、梯段梁、平台梁等。小型构件装配式钢筋混凝土楼梯按其构造方式可分为墙承式、悬臂式和梁承式 3 种。

1) 墙承式钢筋混凝土楼梯

墙承式钢筋混凝土楼梯是将预制钢筋混凝土踏步板直接搁置在两侧墙上的一种楼梯形式,其踏步板一般采用"一"字形、L 形或倒 L 形断面。该种楼梯没有平台梁、梯斜梁和栏杆,需要时设置靠墙扶手,如图 9-13 所示。由于踏步直接安装入墙,因此对墙体砌筑和施工速度影响较大。同时,踏步板入墙端形状、尺寸与墙体砌块模数不容易吻合,砌筑质量不易保证。这种楼梯由于梯段之间有墙,不易搬运家具,转弯处视线被挡,因此需要设置观察孔;对抗震不利,施工也较麻烦。

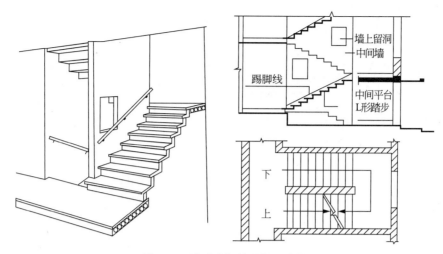

图 9-13 墙承式钢筋混凝土楼梯

2）悬臂式钢筋混凝土楼梯

悬臂式钢筋混凝土楼梯是将预制钢筋混凝土踏步板一端嵌固于楼梯间侧墙上，另一端悬挑在空中，如图 9-14 所示。用于嵌固踏步板的墙体厚度不应小于 240mm，踏步板的悬臂长度可达 1.5m，踏步板一般采用 L 形带肋断面形式，其入墙嵌固端一般做成矩形断面，嵌入深度 240mm。悬臂式钢筋混凝土楼梯整体刚度差，不能用于有抗震设防要求的地区。

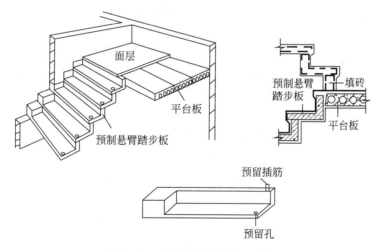

图 9-14 悬臂式钢筋混凝土楼梯

3）梁承式钢筋混凝土楼梯

梁承式钢筋混凝土楼梯是将预制踏步搁置在斜梁上形成梯段，梯段斜梁搁置在平台梁上，平台梁搁置在两边墙或梁上，楼梯休息平台可用空心板或槽形板搁在两边墙上，或用小型的平台板搁置在平台梁和纵墙上的一种楼梯形式。

由于在楼梯平台与斜向梯段交汇处设置了平台梁，避免了构件转折处受力不合理和节点处理的困难，同时平台梁既可以支承于承重墙上，又可以支承于框架结构梁上，因此该种楼梯在一般民用性建筑物中较为常用。预制构件可按梯段(梁板式或板式梯段)、平台梁、平台板3部分进行划分,如图9-15所示。

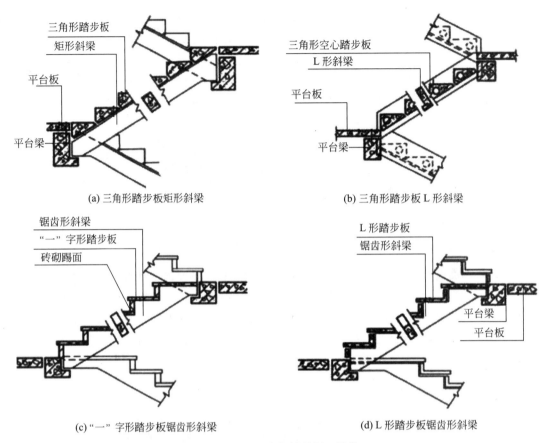

图 9-15　梁承式钢筋混凝土楼梯

2. 中、大型构件预制装配式钢筋混凝土楼梯

中、大型构件预制装配式楼梯主要是为了减少预制构件的种类和数量,简化施工过程,加快施工速度,但施工时必须利用吊装工具。

中型构件预制装配式楼梯一般由梯段板和带有平台梁的平台板构成。当起重能力有限时,可将平台梁和平台板分开。

大型构件预制装配式楼梯是将整个梯段和平台预制成一个整体构件。

9.3　楼梯的细部构造

楼梯是建筑中与人体接触频繁的构件,在使用过程中磨损大,容易受到人为因素的破坏。施工时应当对楼梯的踏步面层、踏步细部、栏杆和扶手进行适当的构造处理,这对保证楼梯的正常使用和保持建筑的形象美观非常重要。

9.3.1 踏步的面层和细部处理

踏步面层应当平整光滑,耐磨性好。常见的踏步面层有水泥砂浆、水磨石、铺地面砖、各种天然石材、塑胶材料等。面层材料要便于清扫,并应当具有相当的装饰效果。

因为踏步面层比较光滑且尺度较小,行人容易滑跌,踏步前缘也是踏步磨损最严重的部位,也容易受到其他硬物的破坏,因此需设置防滑措施,提高踏步前缘的耐磨程度,起到保护作用。常用的防滑条材料有水泥铁屑、金刚砂、金属条(铸铁、铝条、铜条)、陶瓷锦砖及带防滑条缸砖等,如图9-16所示。防滑条凸出踏步面不能太高,一般凸出踏步面2~3mm。

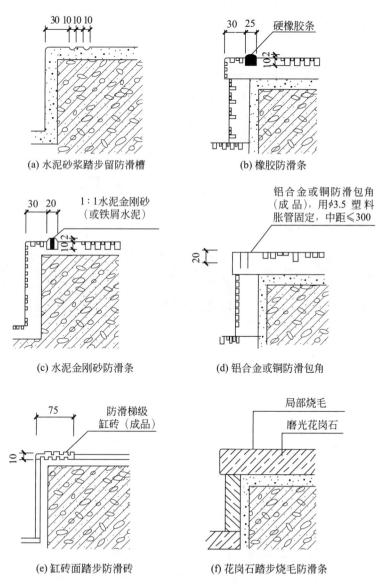

图9-16 踏步防滑构造

9.3.2 栏杆

1. 栏杆概述

栏杆多采用方钢、圆钢、钢管或扁钢等材料焊接或铆接,并可形成各种图案,既起防护作用,又起装饰作用。为了确保人身安全,栏杆高度不得低于 900mm,栏杆垂直杆件的净空隙不应大于 110mm。

栏杆与梯段及平台必须有可靠的连接,连接方式有锚接、焊接和栓接 3 种。

2. 顶层水平栏杆

顶层的楼梯间应加设水平栏杆,以保证人身安全。顶层水平栏杆靠墙处的做法是将铁板伸入墙内,并弯成燕尾形,然后浇灌混凝土;也可以将铁板焊于柱身铁件上,如图 9-17 所示。

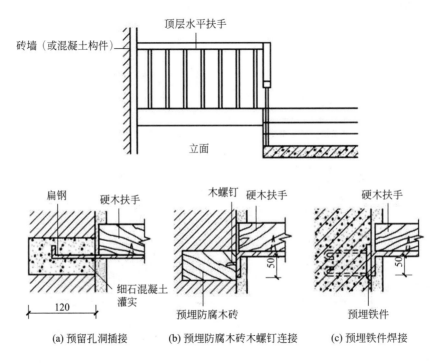

图 9-17 顶层水平栏杆及扶手入墙做法

9.3.3 扶手

扶手位于栏杆或栏板顶部,通常用木材、塑料、钢管等材料做成。扶手的断面应考虑人的手掌尺寸,并注意美观。对于硬木扶手、塑料扶手与金属栏杆的连接,通常是在金属栏杆的顶端先焊接一根通长扁钢,然后用木螺钉将扁钢与扶手连接在一起。扶手与栏杆的连接方法视扶手和栏杆的材料而定,如图 9-18 所示。

当直接在墙上装设扶手时,扶手应与墙面保持 100mm 左右的距离。一般在砖墙上留洞,将扶手连接杆件伸入洞内,用细石混凝土嵌固。当扶手与钢筋混凝土墙或柱连接时,一般采取预埋钢板焊接,如图 9-19 所示。

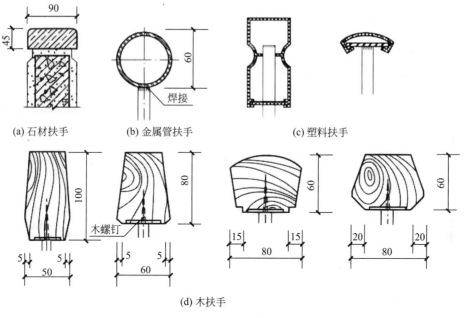

图 9-18 扶手样式

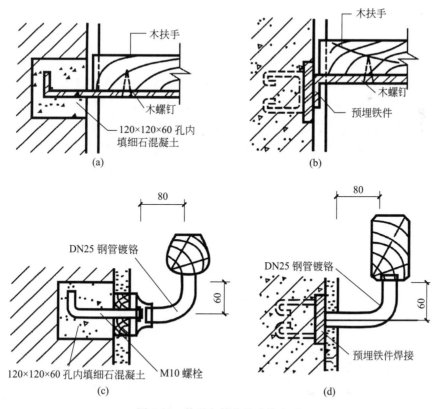

图 9-19 扶手与墙柱的连接方式

9.3.4 楼梯起步和梯段转折处栏杆扶手处理

1. 楼梯起步处理

为增强刚度和美观,可对底层第一跑起步处和扶手做特殊处理,如踏步成圆弧形等外形,扶手形式可美化,如图 9-20 所示。

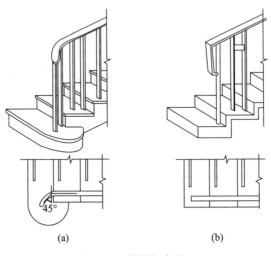

图 9-20 楼梯起步处理

2. 扶手转折处理

当上下行梯段齐步时,上下行扶手同时伸进平台半步,扶手为平顺连接,转折处的高度与其他部位一致,如图 9-21(a)所示。当平台宽度较窄时,扶手不宜伸进平台,应紧靠平台边缘设置,扶手为高低连接,在转折处形成向上弯曲的鹤颈扶手,如图 9-21(b)所示。鹤颈扶手制作麻烦,可改用斜接扶手,如图 9-21(c)所示;当上下行梯段错步时,将形成一段水平扶手,如图 9-21(d)所示。

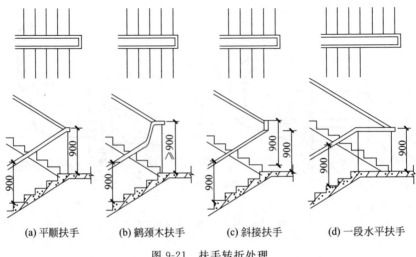

图 9-21 扶手转折处理

9.3.5 楼梯的基础

楼梯的基础简称梯基。首层第一个踏步下应有基础支撑。梯基的做法有两种：一是楼梯直接设砖、石或混凝土基础，另一种是楼梯支承在钢筋混凝土地基梁上。

9.4 台阶与坡道

台阶和坡道通常设在室外，是建筑入口与室外地面的过渡，为人们进出建筑提供方便。坡道是为车辆及残疾人而设置的，有时会把台阶和坡道合并在一起。

9.4.1 台阶

1. 台阶的形式和尺寸

常见的台阶形式有单面踏步、两面踏步、三面踏步、单面踏步带花池（花台）等。有的台阶还附带花池和方形石、栏杆等。部分大型公共建筑经常把行车坡道与台阶合并成为一个构件，强调了建筑入口的重要性，以达到提高建筑身份的目的。图 9-22 是几种常见台阶的示例。

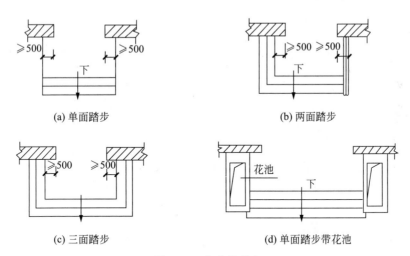

图 9-22　台阶的形式

2. 台阶的构造

台阶的坡度较小，室内外台阶踏步宽度不宜小于 300mm，高度不宜大于 150mm，室内台阶踏步数不应小于 2 级。在人流密集的场所，当台阶高度超过 700mm 时，宜设置护栏。台阶顶部平台一般应比门洞口每边至少宽出 500mm，平台深度一般不应小于 1000mm，并比室内地面低 20~50mm，向外做出 1%~4% 的排水坡度。台阶在建筑主体工程完成后再进行施工，台阶的面材应考虑防水、防滑、抗冻、抗风化等，如水泥砂浆、水磨石、地砖、天然石材等都可作为台阶面材。台阶按构造有实铺和空铺两种,如图 9-23 所示。

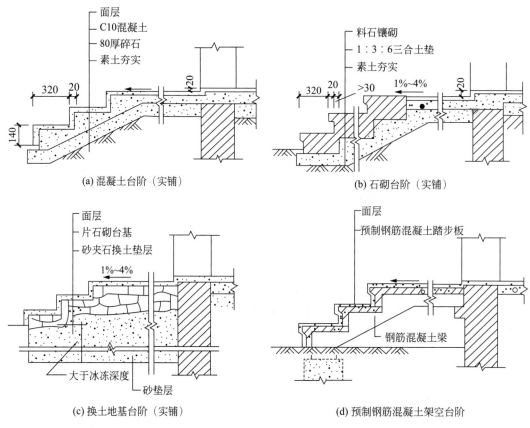

图 9-23 台阶的构造

9.4.2 坡道

1. 坡道的分类

坡道按照其用途的不同,可以分成行车坡道和轮椅坡道两类。行车坡道分为普通行车坡道与回车坡道两种,如图 9-24 所示。

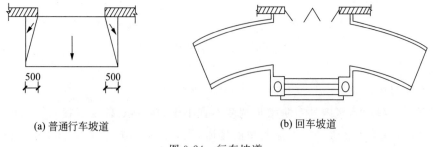

图 9-24 行车坡道

轮椅坡道是专供残疾人使用的,《城市道路和建筑物无障碍设计规范(附条文说明)》

(JGJ 50—2001)对有关问题做了明确的规定。

2. 坡道的尺寸和坡度

普通行车坡道的宽度应大于所连通的门洞口宽度,每边至少为 500mm。《民用建筑设计统一标准》(GB 50352—2019)规定,室内坡道不宜大于 1∶8,室外坡道不宜大于 1∶10;供轮椅使用的坡道不应大于 1∶12,困难地段不应大于 1∶8。考虑无障碍设计坡道时,出入口平台深度不应小于 1500mm。室内坡道水平投影长度超过 15m 时,宜设休息平台。

坡道两侧宜在 900mm 高度处设上、下层扶手,两段坡道之间的扶手应保持连贯;坡道起点和终点处的扶手应水平延伸 300mm 以上;坡道侧面凌空时,在栏杆下端宜设高度不小于 50mm 的安全挡台。图 9-25 所示为坡道扶手构造。

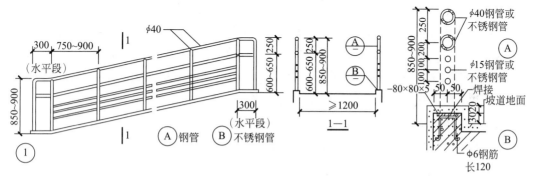

图 9-25　坡道扶手构造

3. 坡道的构造

坡道一般均采用实铺,构造要求与台阶基本相同。垫层的强度和厚度应根据坡道长度及上部荷载的大小进行选择,严寒地区的坡道同样需要在垫层下部设置砂垫层。坡道的构造如图 9-26 所示。

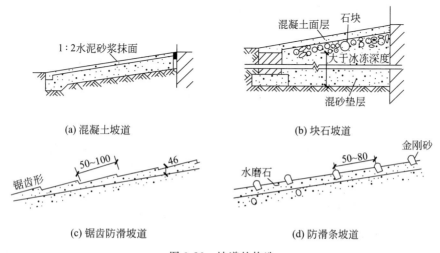

图 9-26　坡道的构造

9.5 电梯及自动扶梯

9.5.1 电梯

1. 电梯的分类

(1) 按照电梯的用途分类:乘客电梯、住宅电梯、病床电梯、客货电梯、载货电梯、杂物电梯等。

(2) 按照电梯的拖动方式分类:交流拖动(包括单速、双速、调速)电梯、直流拖动电梯、液压电梯等。

(3) 按照消防要求分类:普通乘客电梯和消防电梯。消防电梯是在火灾发生时供运送消防人员及消防设备,抢救受伤人员用的垂直交通工具。建筑符合下列条件之一时,应设置消防电梯:①一类高层建筑;②塔式住宅;③12层及12层以上的单元式住宅和通廊式住宅;④高度超过32m的其他二类公共建筑。消防电梯的数量与建筑主体每层建筑面积有关,多台消防电梯在建筑中应设置在不同的防火分区之内。

2. 电梯的组成

电梯由井道、机房和轿厢3部分组成,如图9-27所示。其中,轿厢是由电梯厂生产的,并由专业公司负责安装,但其规格、尺寸等指标是确定机房及井道布局、尺寸和构造的决定因素。

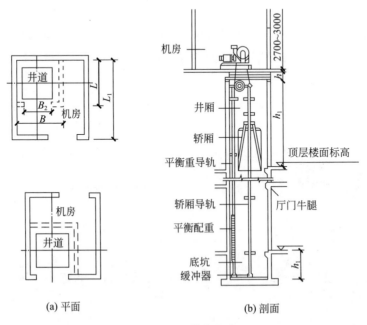

图 9-27 电梯的组成

1) 井道

电梯井道是电梯轿厢运行的通道。井道内部设置电梯导轨、平衡配重等电梯运行配件,并设有电梯出入口。电梯井道可以用砖砌筑,也可以采用现浇钢筋混凝土井道。砖砌井道在竖向一般每隔一段距离应设置钢筋混凝土圈梁,供固定导轨等设备用。井道的净宽、净深尺寸应当满足生产厂家提出的安装要求。

电梯井道应只供电梯使用,不允许布置无关的管线。速度超过 2m/s 的载客电梯,应在井道顶部和底部设置不小于 600mm×600mm 带百叶窗的通风孔。

为了便于电梯的检修、安装和设置缓冲器,井道的顶部和底部应当留有足够的空间。

井道可供单台电梯使用,也可供两台电梯共用。图 9-28 所示是住宅电梯井道平面图。

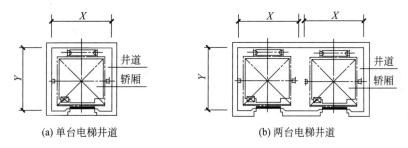

图 9-28　住宅电梯井道平面图

2) 机房

电梯机房一般设在电梯井道的顶部,少数电梯把机房设在井道底层的侧面(如液压电梯)。机房的平面及剖面尺寸均应满足布置机械及电控设备的需要,并留有足够的管理、维护空间。

9.5.2　自动扶梯

自动扶梯一般设在室内,也可以设在室外。根据自动扶梯在建筑中的位置及建筑平面布局,自动扶梯的布置方式主要有以下几种。

(1) 并联排列式:楼层交通乘客流动可以连续,升降两个方向交通均分离清楚,外观豪华,但安装面积大,如图 9-29(a)所示。

(2) 平行排列式:安装面积小,但楼层交通不连续,如图 9-29(b)所示。

(3) 串联排列式:楼层交通乘客流动可以连续,如图 9-29(c)所示。

(4) 交叉排列式:乘客流动升降两方向均连续,且搭乘相距较远,升降客流不发生混乱,安装面积小,如图 9-29(d)所示。

自动扶梯的电动机械装置设置在楼板下面,需占用较大的空间。底层应设置地坑,供安放机械装置用,并做防水处理。

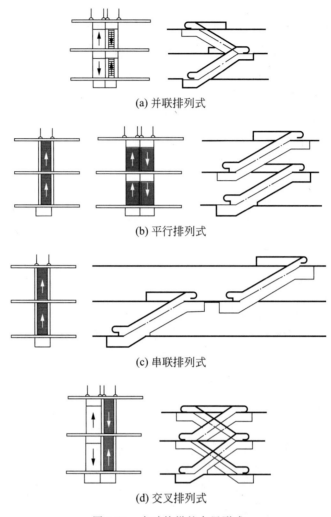

图 9-29 自动扶梯的布置形式

第 10 章 门窗

门窗是建筑物的主要构造组成之一,但不具备结构方面的功能。门窗应根据建筑所在地区的气候条件、节能要求等选用。

10.1 门窗的功能与分类

10.1.1 门窗的功能

1. 门的功能

门的主要功能是分隔和交通,同时还兼具通风、采光之用。在特殊情况下,门又有保温、隔声、防风雨、防风沙、防水、防火及防放射线、美观等功能。

门是建筑入口的重要组成部分,主要出入口处门的设计形态直接影响建筑物的立面效果。门可以让建筑物主次分明、重点突出,达到丰富建筑物立面装饰效果的目的。

2. 窗的功能

窗的主要功能是采光、通风、保温、隔热、隔声、眺望、防风雨及防风沙等。有特殊功能要求时,窗还可以防火及防放射线等。

1) 采光

窗的大小应满足窗地比的要求。窗地比指的是窗洞面积与房间净面积的比值,如卧室、起居室的窗地比为 1/7,幼儿园活动室为 1/5,办公室为 1/6,阅览室为 1/5,教室为 1/6。

窗的透光率是影响采光效果的重要因素。透光率是指窗玻璃面积与窗洞面积的比值。

2) 通风

确定窗的位置及大小时,应尽量选择对通风有利的窗型及合理的布置,以获得较好的空气对流。

3) 围护功能

窗开启后可以通风,关闭后可以保持室内温度。同时窗户还可以起防盗和围护等作用。

4) 隔声

窗是噪声的主要传入途径。一般单层窗的隔声量为 16~20dB,约比墙体隔声少 3/6 左右。双层窗的隔声效果较好。

5) 美观

窗的样式在满足功能要求的前提下,应力求做到形式与内容的统一和协调,同时还必须符合整体建筑立面处理的要求。

10.1.2 门窗的分类

1. 门的分类

(1) 按启闭方式分类：平开门、弹簧门、推拉门、折叠门、转门等，如图 10-1 所示；另外，还有上翻门、升降门、卷帘门等形式，这种形式一般适用于门洞口较大，有特殊要求的房间。推拉门、转门、电动门、卷帘门、吊门、折叠门不应作为疏散门。

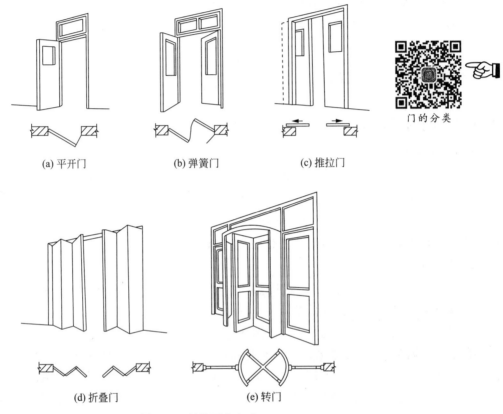

图 10-1 门的开启方式

(2) 按门所用材料分类：木门、钢门、铝合金门、塑料门及塑钢门等。

(3) 按门的功能分类：普通门、保温门、隔声门、防火门、防盗门及有其他特殊要求的门等。

2. 窗的分类

(1) 按启闭方式分类：固定窗、平开窗、上悬窗、中悬窗、下悬窗、立旋窗、水平推拉窗、垂直推拉窗等，如图 10-2 所示。

(2) 按框料分类：木窗、钢窗、铝合金窗和塑料窗单一材料的窗，以及塑钢窗、铝塑窗等复合材料的窗。

(3) 按层数分类：单层窗和多层窗。

(4) 按镶嵌材料分类：玻璃窗、百叶窗和纱窗。

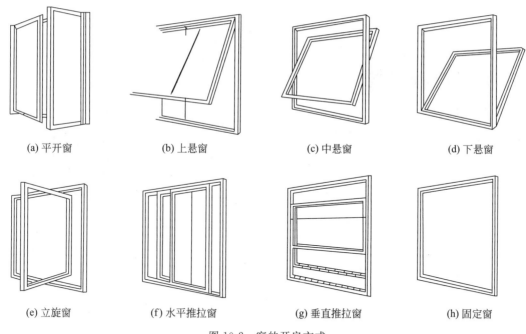

图 10-2 窗的开启方式

10.1.3 门窗的尺寸

1. 门的尺寸

门的宽度和高度由人体平均高度、需搬运物体(如家具、设备)、人流股数、人流量及建筑造型艺术和立面等要求来确定。

门的高度一般以 300mm 为模数,特殊情况下可以 100mm 为模数,常见的高度为 2000mm、2100mm、2200mm、2400mm、2700mm、3000mm、3300mm 等。当门高超过 2200mm 时,门上加设亮子。亮子高度常用的有 400~900mm,可根据门洞高度进行调节。在部分公共建筑和工业建筑中,按使用要求,门洞高度可适当增加。

门的尺寸

门的宽度一般以 100mm 为模数,当大于 1200mm 时以 300mm 为模数。辅助用门宽 700~800mm 时常做单扇门,宽 1200~1800mm 时做双扇门,宽 2400mm 以上时做四扇门。平开门为了避免门扇面积过大导致门扇及五金连接件等变形而影响使用,单扇宽度不宜超过 1000mm。一般供日常活动进出的门,其单扇宽度为 800~1000mm。

2. 窗的尺寸

窗的尺度既要满足采光、通风与日照的需要,又要符合建筑立面设计及建筑模数协调的要求。我国大部分地区标准窗的尺寸均采用 3M 的扩大模数,常用的高、宽尺寸有 600mm、900mm、1200mm、1500mm、1800mm、2100mm、2400mm 等。当洞口尺寸较大时,可进行窗扇的组合。

10.2 门窗的构造

10.2.1 木门窗的构造

1. 木门的构造

木门由门框和门扇两部分组成。各种类型的木门的门扇样式、构造做法不尽相同,但其门框却基本一样。门框分有亮子和无亮子两种。

1) 门框

门框由上槛、中槛和边框等组成,多扇门还有中竖框,如图10-3所示。门扇由上冒头、中冒头、下冒头和边梃等组成。有亮子的门框应在门扇上方设置中贯档。

门的构造

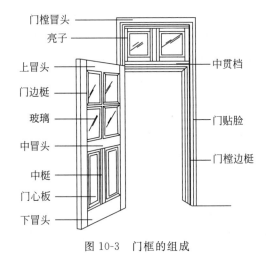

图10-3 门框的组成

门框与墙间的缝隙常用木条盖缝,称门头线(俗称贴脸)。门上常见的五金零件有铰链、门锁、插销、拉手、停门器、风钩等。

(1) 门框的断面形状和尺寸。门框的断面形状与窗框类似,但由于门受到的各种冲撞荷载比窗大,因此门框的断面尺寸要适当加大,如图10-4所示。

(2) 门框的安装。门框的安装与窗框相同,分立口和塞口两种施工方法。工厂化生产的成品门,其安装多采用塞口法。

(3) 门框与墙的关系。门框在墙洞中的位置同窗框一样,有门框内平、门框居中、门框外平和门框内外平三种情况,如图10-5所示。一般情况下门框多做在开门方向一边,与抹灰面平齐,使门的开启角度较大。对较大尺寸的门,为牢固地安装,多居中设置。

门框的墙缝处理与窗框相似,但应更牢固。门框靠墙一边应开防止因受潮而变形的背槽,并做防潮处理。门框外侧的内外角做灰口,缝内填弹性密封材料。

2) 门扇

门扇按其骨架和面板拼装方式,一般分为夹板门和镶板门两大类。

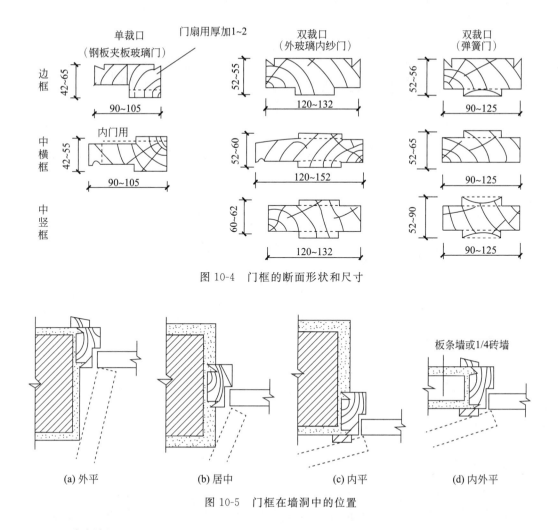

图 10-4 门框的断面形状和尺寸

图 10-5 门框在墙洞中的位置

(1) 夹板门

夹板门门扇由骨架和面板组成，用断面较小的方木做成骨架，两面粘贴面板。面板并不是骨架的负担，而是和骨架形成一个整体，共同抵抗变形。夹板门的形式包括全夹板门、带玻璃或带百叶夹板门。

夹板门门扇骨架通常采用 $(32\sim35)\text{mm}\times(34\sim36)\text{mm}$ 的木料制作，内部用小木料做成格形纵横肋条，肋距视木料尺寸而定，一般为 300mm 左右。在上部设小通气孔，保持内部干燥，防止面板变形。面板可用胶合板、硬质纤维板或塑料板等，用胶结材料双面胶结在骨架上。门的四周可用 15~20mm 厚的木条镶边，以取得整齐美观的效果。根据功能的需要，夹板门上也可以局部加玻璃或百叶，一般在装玻璃或百叶处做一个木框，用压条镶嵌。图 10-6 所示是常见夹板门的构造。

(2) 镶板门

镶板门门扇由骨架和门芯板组成。骨架一般由上冒头、下冒头及边梃组成，有时中间还有中冒头或竖向中梃。门芯板可采用木板、胶合板、硬质纤维板及塑料板等。有时门芯板可部分或全部采用玻璃，这样的门称为半玻璃(镶板)门或全玻璃(镶板)门。与镶板门类

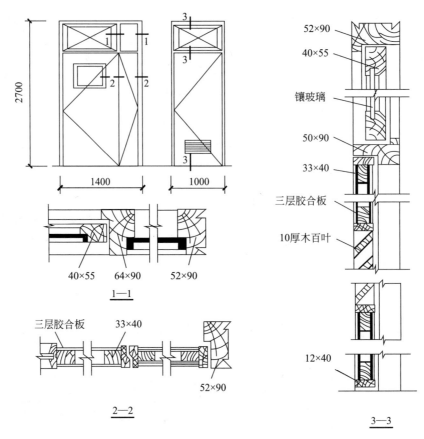

图 10-6 夹板门的构造

似的还有纱门、百叶门等。

木制门芯板一般用 10～15mm 厚的木板拼装成整块,镶入边梃和冒头中,板缝应结合紧密。实际工程中常用的接缝形式为高低缝和企口缝。门芯板在边梃和冒头中的镶嵌方式有暗槽、单面槽及双边压条 3 种,工程中用得较多的是暗槽,其他两种方法多用于玻璃、纱门及百叶门。

镶板门门扇骨架的厚度一般为 40～45mm。上冒头、中冒头和边梃的宽度一般为 75～120mm;下冒头的宽度习惯上同踢脚高度,一般为 200mm 左右。中冒头为了便于开槽装锁,其宽度可适当增加,以弥补开槽对中冒头材料的削弱。图 10-7 所示是常见镶板门的构造。

2. 木窗的构造

木窗主要由窗框、窗扇和五金配件组成,如图 10-8 所示。窗框由上框、下框、中横框、中竖框及边框等组成,窗扇由上冒头、中冒头(窗芯)、下冒头及边梃组成。按镶嵌材料的不同,窗扇分为玻璃窗扇、纱窗扇和百叶窗扇等。平开窗中窗扇与窗框用五金件连接,常用的五金件有铰链、风钩、插销、拉手及导轨、滑轮等。在窗框与墙的连接处,为满足不同要求,有时加贴脸板、窗台板、窗帘盒等。

窗的构造

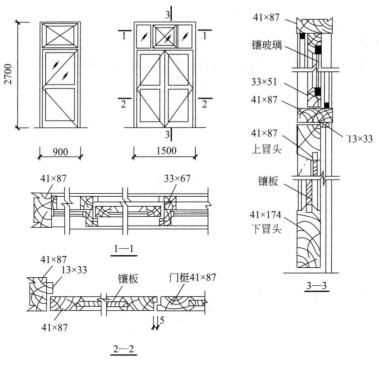

图 10-7 镶板门的构造

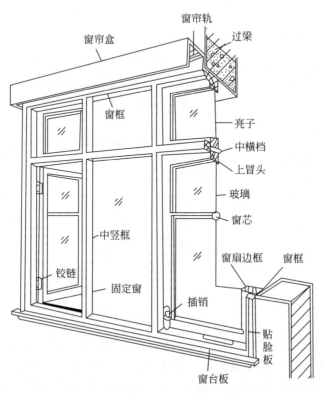

图 10-8 木窗的组成

1) 窗框

(1) 窗框的断面形式与尺寸

窗框的断面形式与尺寸主要由窗扇的层数、窗扇厚度、开启方式、窗洞口尺寸及当地风力大小来确定,一般多为经验尺寸。图 10-9 为常见窗框的断面形式和尺寸,其中虚线为毛料尺寸,粗实线为刨光后的设计尺寸(净尺寸)。中横框若加披水或滴水槽,其宽度还需增加 20~30mm。

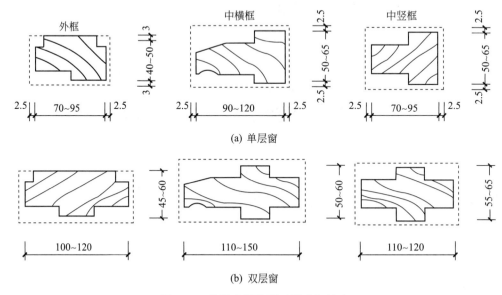

图 10-9 常见窗框的断面形式与尺寸

(2) 窗框与墙的关系

窗框在墙洞中的位置根据房间的使用要求、墙身的材料及墙体的厚度确定,有内平、外平和居中 3 种情况,如图 10-10 所示。内平即窗框内表面与墙体内表面齐平,外平窗框外表面与墙体外表面平齐,居中则立于洞口墙厚中部。

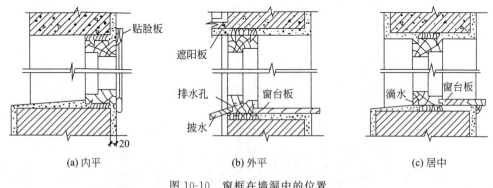

图 10-10 窗框在墙洞中的位置

窗框与墙间的缝隙应填塞密实,以满足防风、挡雨、保温、隔声等要求。一般情况下,洞口边缘可采用平口,用砂浆或油膏嵌缝。为保证嵌缝牢固,常在窗框靠墙一侧内外两角做灰口。寒冷地区在洞口两侧外缘做高低口为宜,缝内填弹性密封材料,以增强密闭效果;标准较高的常做贴脸板或筒子板。木窗框靠墙一面易受潮变形,通常当窗框的宽度大于120mm时在窗框外侧开槽(俗称背槽),并做防腐处理。

(3)窗框的安装

窗框的安装方式有立口和塞口。立口是施工时先将窗框立好,后砌窗间墙,窗框与墙体结合紧密、牢固。塞口是在砌墙时先预留洞口,洞口应比窗框外缘尺寸多出20~30mm,框与墙间的缝隙较大,为加强窗框与墙的联系,应用长钉将窗框固定在砌墙时预埋的木砖上,或用铁脚将窗框固定在墙上。

2)窗扇

(1)窗扇的断面形状和尺寸

窗扇的厚度为35~42mm。上、下冒头和边梃的宽度为50~60mm,下冒头若加披水板,应比上冒头加宽10~25mm。窗芯宽度一般为20~30mm。为镶嵌玻璃,在窗扇外侧要做裁口,其深度为8~12mm,但不应超过窗扇厚度的1/3。窗料的内侧常做装饰性线脚,既挡光又美观。两窗扇之间的接缝处常做高低缝的盖口,也可以一面或两面加钉盖缝条,以提高防风雨能力和减少冷风渗透,如图10-11所示。

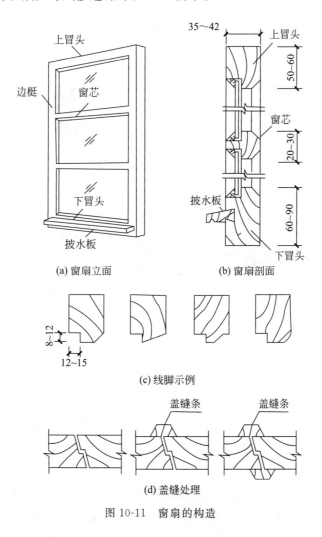

图10-11 窗扇的构造

（2）玻璃的选择和安装

普通窗一般采用3mm厚无色透明的平板玻璃,若单块玻璃的面积较大,可选用6mm加厚玻璃,同时应加大窗扇用料的尺寸与刚度。为了满足保温、隔声、遮挡视线及防晒等特殊要求,可选用双层中空玻璃、磨砂玻璃、压花玻璃或钢化玻璃等。安装玻璃时,一般先用小铁钉将玻璃固定在窗扇上,然后用油灰（桐油、石灰）或玻璃密封膏镶嵌成斜角形,或者用小木条镶钉。

10.2.2 铝合金门窗的构造

钢门窗容易锈蚀,使用中需要经常维修和保护,并且密封性和保温性能较差;而铝合金门窗耐腐蚀,并能加工成各种复杂的断面形状,不仅美观、耐久,而且密封性很好,质量比钢窗减小20%,但其造价较高。

1. 铝合金推拉门窗的构造

1）铝合金推拉窗的构造

铝合金推拉窗的构造特点是其由不同断面型材组合而成,上框为槽形断面,下框为带导轨的凸形断面,两侧竖框为另一种槽形断面,共4种型材组合成窗框与洞口固定,如图10-12所示。

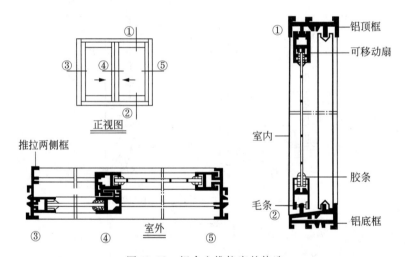

图 10-12 铝合金推拉窗的构造

2）铝合金推拉门的构造

推拉门由门扇、门轨、地槽、滑轮及门框组成,如图10-13所示。推拉门的支承方式分为上挂式和下滑式两种,当门扇高度小于4m时用上挂式,即门扇通过滑轮挂在门洞上方的导轨上;当门扇高度大于4m时多用下滑式,在门洞上下均设导轨,门扇沿上下导轨推拉,下面的导轨承受门扇的质量。

2. 铝合金门窗的安装

铝合金门窗安装主要依靠金属锚固件定位,安装时应保证定位正确、牢固,然后在门窗框与墙体之间分层填以矿棉毡、玻璃棉毡或沥青麻刀等保温隔声材料,并于门窗框内外四周各留 5~8mm 深的槽口后填建筑密封膏。铝合金门窗不宜用水泥砂浆作门框与墙体间的填塞材料。

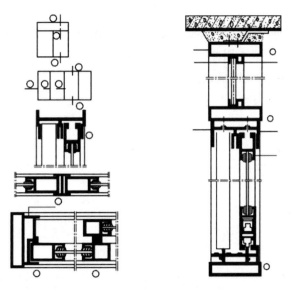

图 10-13 铝合金推拉门的构造

门窗框固定铁件,除四周离边角 180mm 设一点外,一般间距为 400~500mm,铁件可采用射钉、膨胀螺栓或钢件焊于墙上的预埋件等形式,锚固铁件两端均须伸出铝框外,然后用射钉固定于墙上,固定铁卡用厚度不小于 1.5mm 厚的镀锌铁片,如图 10-14 所示。

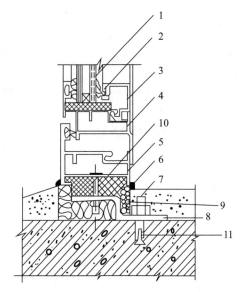

图 10-14 铝合金门窗安装节点的构造
1—玻璃;2—橡胶条;3—压条;4—内扇;5—外框;6—密封膏;
7—砂浆;8—地脚;9—软填料;10—塑料垫;11—膨胀螺栓

10.2.3 塑钢门窗的构造

塑钢门窗以聚乙烯与氯化聚乙烯共混树脂为主体,加上一定比例的添加剂,经挤压加工成型材,在型材内腔中塞入用薄壁型钢制成的钢衬,以增加型材的刚度。型材通过切割、钻孔、熔接等方法拼接,制成窗框,装上五金配件后组成套窗。塑钢门窗具有耐酸、耐碱、耐腐蚀、防尘、阻燃自熄、强度高、不变形、色调和谐等特点,且气密性、水密性比一般同类窗大2~5倍。

1. 塑钢门窗型材

型材根据宽度不同分为60系列、65系列、70系列、80系列。图10-15所示为部分塑钢窗型材系列示意。

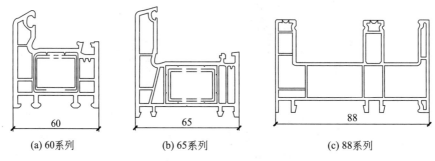

图 10-15　塑钢型材系列图

型材腔体可设计为两腔、三腔或多腔结构,如图10-16所示。腔体越多型材的保温、隔声的效果越好。腔体越多,使用的原材料越多,价格越贵。

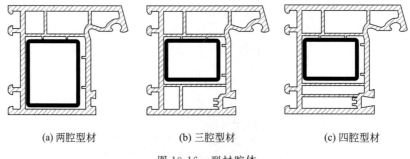

图 10-16　型材腔体

型材的壁厚一般为2.8mm、2.5mm、2.2mm等,型材壁厚越厚,组装的门窗横平竖直且不易变形,密封效果更好。

2. 塑钢门窗钢衬

没有钢衬的塑钢门窗只能算是塑料门窗,真正的塑钢门窗都是要加入钢衬。与五金件连接(如轴承与框的连接),需要使自攻钉拧紧在钢衬上,以保证足够的强度。图10-17所示为钢衬装配示意图。钢衬的截面尺寸越大、厚度越大,抗风性能越好。

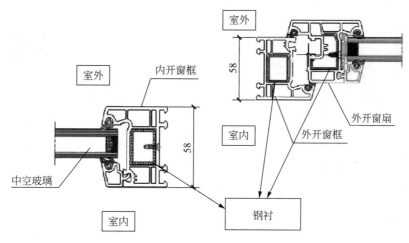

图 10-17　钢衬装配图

3. 塑钢门窗玻璃的形式

根据玻璃形式分为单片玻璃、中空玻璃。

中空玻璃是由两片或多片玻璃用有效的支撑均匀隔开,周边黏结密封,使玻璃间形成干燥气体空间层的制品。中空玻璃能有效控制通过玻璃传送的热量;提高窗户的隔热性能;减少噪音及提高窗户的安全性能。中空玻璃分为双玻中空玻璃、三玻中空玻璃,如图 10-18 所示。

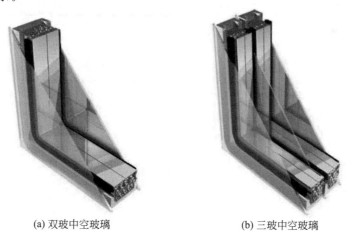

(a) 双玻中空玻璃　　　　(b) 三玻中空玻璃

图 10-18　中空玻璃

4. 塑钢门窗与墙体的安装

塑钢门窗框与墙体连接方式有螺栓连接、预埋铁件焊接和直接连接法,如图 10-19 所示。墙和窗框间的缝隙用泡沫塑料等发泡剂填实,并用玻璃胶密封。

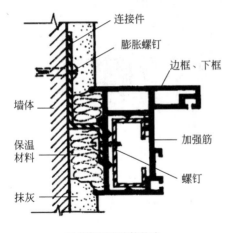
(a) 螺栓固定连接件法

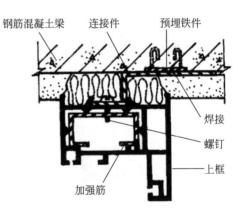
(b) 预埋件焊接固定连接件法

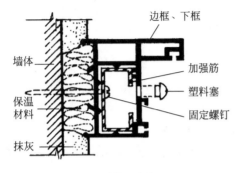
(c) 直接固定法

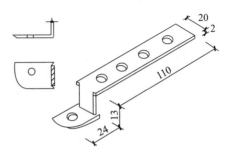
(d) 连接件

图 10-19　塑钢门窗与墙体连接方式

第 11 章 屋顶

11.1 屋顶概述

屋顶是建筑最上部的围护结构,应满足相应的使用功能要求,为建筑提供适宜的内部空间环境。屋顶也是建筑顶部的承重结构,受到材料、结构、施工条件等因素的制约。屋顶又是建筑体量的一部分,其形式对建筑物的造型有很大影响,因而设计中还应注意屋顶的美观问题。屋顶一般由屋面、保温层、顶棚和承重结构 4 部分组成。

1. 屋顶的作用

屋顶的作用主要体现在两个方面:一是减小风、雨、雪、太阳辐射和温度变化对屋面的影响;二是起到承重作用,承担作用在屋面上的所有荷载,包括屋面自重、雪荷载、施工荷载和屋面上活荷载。

2. 影响屋顶坡度的因素

屋顶坡度与屋面排水要求和结构要求有关,坡度的大小一般要考虑屋面选用的防水材料、当地降雨量大小、屋顶结构形式、建筑造型等因素。屋顶坡度太小容易渗漏,坡度太大又浪费材料,所以要综合考虑,合理确定屋顶排水坡度。

一般情况下,屋面覆盖材料面积越小,厚度越大,其坡度就越大,如瓦材,其拼接缝比较多,漏水的可能性就大,其坡度应大一些,以便迅速排除雨水,减少漏水的机会;反之,屋面覆盖材料的面积越大,其坡度就越小,如卷材,基本上是整体的防水层,拼缝少,故坡度可以小一些。

3. 屋顶的类型

屋顶的类型与建筑物的屋面材料、屋顶结构类型及建筑造型要求等因素有关。按照屋顶的排水坡度和构造形式,屋顶可分为平屋顶、坡屋顶和其他形式的屋顶。

屋顶的类型

4. 屋顶的设计要求

作为围护结构,屋盖最基本的功能是防止雨水渗漏,因而屋顶构造设计的主要任务就是解决防水问题。一般通过采用不透水的屋面材料及合理的构造处理达到防水目的,同时也需根据情况采取适当的排水措施,将屋面积水迅速排掉,以减少渗漏的可能。因此,一般屋面都需做一定的排水坡度。保温隔热是屋盖设计的另一项重要内容,屋盖的保温通常是采用导热系数小的材料,阻止室内热量由屋盖流向室外;屋盖的隔热则通常采用设置通风间层、落水、种植等方法减少从屋盖传入室内的热量。除此

屋顶的设计要求

之外,屋盖还要满足建筑结构、建筑艺术设计及其他要求。

11.2 平 屋 顶

11.2.1 平屋顶概述

屋面坡度不大于10%的屋顶通常称为平屋顶。平屋顶的主要特点是坡度平缓,一般坡度为2%~3%。平屋顶具有体积小、结构简单、节约材料和经济成本等特点,在建筑工程中得到广泛应用。平屋顶的形式如图11-1所示。

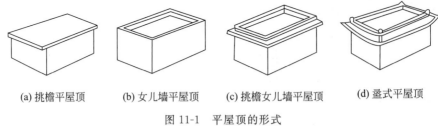

图 11-1 平屋顶的形式

平屋顶一般由屋面、保温隔热层、承重结构层和顶棚层4部分组成,如图11-2所示。由于各地气候条件不同,因此其组成也略有差异。我国南方地区一般不设保温层,而北方地区则很少设隔热层。

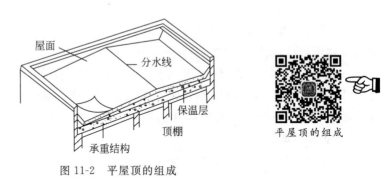

图 11-2 平屋顶的组成

(1)屋面。屋面是屋顶构造中最上面的表面层次,由于其要承受施工荷载和使用时的维修荷载,以及自然界风吹、日晒、雨淋、大气腐蚀等的长期作用,因此屋面材料应有一定的强度、良好的防水性能和耐久性能。

(2)保温隔热层。当对屋顶有保温隔热要求时,需要在屋顶中设置相应的保温隔热层。保温隔热层通常设置在结构层与防水层之间。

(3)结构层。结构层承受着屋面传来的各种荷载和屋顶自重。平屋顶主要采用钢筋混凝土结构,按施工方法的不同,有现浇钢筋混凝土结构、预制装配式混凝土结构和装配整体式钢筋混凝土结构3种形式。

(4)顶棚层。顶棚层位于屋顶的底部,用来满足室内对顶部的平整度和美观的要求。

顶棚按照其构造形式的不同,可分为直接式顶棚和悬吊式顶棚。

11.2.2 平屋顶排水

平屋顶排水坡度小,为了能够尽快排出屋面雨水、雪水,必须组织屋面排水系统,结合实际情况,选择合理的排水方式。平屋顶排水方式可分为有组织排水和无组织排水两大类。

1. 有组织排水

有组织排水常用于高度较大或较重要的建筑物,或者是年降水量较大地区的建筑物,如图 11-3 所示。有组织排水是把屋顶分成几个区域,将屋面雨水根据一定的排水坡度,有组织地引至檐沟或天沟,经雨水管排入散水或明沟。与自由落水相比,该方法结构设计复杂,成本相对较高。

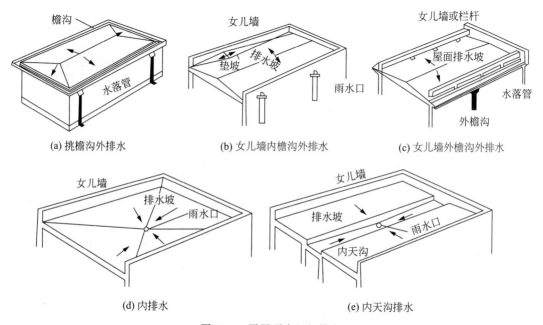

图 11-3 平屋顶有组织排水

根据排水管位置的不同,有组织排水分为内排水和外排水。

1) 外排水

外排水是指雨水通过雨水口直接进入室外排水管。根据流入方式的不同,外排水又分为女儿墙内檐沟外排水和挑檐沟外排水两种。

(1) 女儿墙内檐沟外排水:在设置有女儿墙的平屋顶上,女儿墙内设内檐沟,外墙外设排水管,雨水口经女儿墙进入落水管,最后将雨水排出到地面。

(2) 挑檐沟外排水:平屋顶檐沟悬挑时,雨水经檐沟纵坡引至雨水口进入落水管,最后将雨水排出。

2) 内排水

内排水是指雨水经雨水口流入室内排水管,再排入室外排水管。这种排水方式常见于多跨、高层及有特殊要求的屋面。

2. 无组织排水

无组织排水又称自由落水,是指屋顶雨水从屋檐自由滴落到室外地面排水,如图11-4所示。这种排水方式不需要设置排水沟和雨水管道进行导流,具有结构简单、不易渗漏和堵塞、造价经济等优点。但是,当建筑高度较高或降雨量较大时,水落下时会沿屋檐形成水幕,雨水会四处飞溅,这会破坏墙体和环境。因此,这种排水方式主要适用于降水量较少地区的低层建筑。

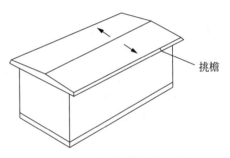

图 11-4　平屋顶四周挑檐自由落水

11.2.3　平屋顶防水构造

按防水层的做法不同,平屋顶防水构造分为卷材防水屋面和涂膜防水屋面等形式。

平屋顶防水构造

1. 卷材防水屋面

卷材防水屋面是将柔性的防水卷材或片材用胶结材料粘贴在屋面上,形成一个大面积的封闭防水覆盖层。

1) 卷材防水屋面的类型和适用范围

卷材防水屋面的卷材是以合成橡胶、树脂或高分子聚合物改性沥青等经不同工序加工而成的可卷曲的片状防水材料。这种防水层有一定的延伸性,可适应直接暴露在大气层的屋面和结构的温度变形。

《屋面工程技术规范》(GB 50345—2012)中规定,卷材、涂膜屋面防水等级和防水做法应符合表 11-1。防水卷材可按合成高分子防水卷材和高聚物改性沥青防水卷材选用。其外观质量和品种、规格应符合国家现行有关材料标准的规定。

表 11-1　卷材、涂膜屋面防水等级和防水做法

防水等级	防水做法
Ⅰ 级	卷材防水层和卷材防水层、卷材防水层和涂膜防水层、复合防水层
Ⅱ 级	卷材防水层、涂膜防水层、复合防水层

注:在Ⅰ级屋面防水做法中,防水层仅作单层卷材时,应符合有关单层防水卷材屋面技术的规定。

2) 卷材防水屋面的组成

卷材防水屋面由结构层、找坡层、找平层、结合层、防水层、保护层等部分组成,如图 11-5 所示。

(1) 结构层。卷材防水屋面的结构层的主要作用是承担屋顶的全部荷载,通常为预制或现浇的钢筋混凝土屋面板。当结构层为预制式钢筋混凝土板时,应采用强度等级不小于 C20 的细石混凝土灌缝;当板缝宽度大于 40mm 时,缝内应设置构造钢筋。

卷材防水屋面

图 11-5　卷材防水屋面的组成

（2）找坡层。当屋顶采用材料找坡来形成坡度时，找坡层一般位于结构层之上，采用轻质、廉价的材料，如 1：(6~8)的水泥焦渣或水泥膨胀蛭石垫置形成坡度，最薄处的厚度不宜小于 30mm。当屋顶采用结构找坡时，则不需设置找坡层。

（3）找平层。卷材防水层要求铺贴在坚固、平整的基层上，以避免卷材凹陷或被穿刺，因此必须在找坡层或结构层上设置找平层。具体要求如表 11-2 所示。

表 11-2　找平层厚度和技术要求

类　　别	适用的基层	厚度/mm	技　术　要　求
水泥砂浆	整体现浇混凝土板	15~20	1：2.5 水泥砂浆
	整体材料保温层	20~25	
细石混凝土	装配式混凝土板	30~35	C20 混凝土，宜加钢筋网片
	板状材料保温层		C20 混凝土

（4）结合层。由于砂浆中水分的蒸发在找平层表面形成小的孔隙和小颗粒粉尘，严重影响了沥青胶与找平层的粘结，因此在铺贴卷材防水层前，必须在找平层上预先涂刷基层处理剂作为结合层。基层处理剂应与卷材相容，采用沥青类卷材和高聚物改性沥青防水卷材时，一般采用冷底子油（冷底子油就是将沥青溶解在一定量的煤油或汽油中所配成的沥青溶液）作为结合层；采用合成高分子防水卷材时，则用专用的基层处理剂作为结合层。

（5）防水层。防水材料和做法应根据建筑物对屋面防水等级的要求来确定。防水卷材包括高聚物改性沥青防水卷材和合成高分子防水卷材。防水卷材接缝应采用搭接缝，卷材搭接宽度应符合表 11-3 中的规定。

表 11-3　卷材搭接宽度　　　　　　　　　　　　　　　　　　单位：mm

卷材类别		搭　接　宽　度
合成高分子防水卷材	胶黏剂	80
	胶黏带	50
	单缝焊	60，有效焊接宽度不小于 25
	双缝焊	80，有效焊接宽度 10×2+空腔宽

续表

卷材类别		搭接宽度
高聚物改性沥青防水卷材	胶黏剂	100
	自黏	80

(6)保护层。卷材防水层的材质呈黑色,极易吸热,夏季屋顶表面温度达60~80℃时,高温会加速卷材的老化,所以卷材防水层做好以后,一定要在上面设置保护层。保护层可分为不上人屋面保护层和上人屋面保护层两种,具体做法如下。

① 不上人屋面保护层不考虑人在屋顶上的活动情况。高聚物改性沥青防水卷材和合成高分子防水卷材在出厂时,卷材的表面一般已做好了铝箔面层、彩砂或涂料等保护层,不需再专门做保护层。石油沥青油毡防水层的不上人屋面保护层做法是用玛瑞脂粘结粒径为3~5mm的浅色绿豆砂。

② 上人屋面要承受人的活动荷载,其保护层应有一定的强度和耐磨度。上人屋面保护层的一般做法是在防水层上用水泥砂浆或沥青砂浆铺贴缸砖、大阶砖、预制混凝土板等,或在防水层上浇筑厚度为40mm的C20细石混凝土。

3)卷材防水屋面的细部构造

卷材防水屋面在檐口、屋面与凸出构件之间、变形缝、上人孔等处特别容易产生渗漏,所以应加强这些部位的防水处理。

(1)泛水。泛水是指屋面防水层与凸出构件之间的防水构造。一般在屋面防水层与女儿墙、上人屋面的楼梯间、凸出屋面的电梯机房、水箱间、高低屋面交接处等都需做泛水,其具体做法如下。

① 屋面的卷材防水层继续铺至垂直面上,形成卷材泛水,泛水高度不得小于250mm。泛水处防水层下应加设附加层,附加层在平面和立面的宽度均不应小于250mm。

② 在屋面与垂直面交接处,应将卷材下的砂浆找平层抹成直径不小于150mm的圆弧形或45°斜面,上刷卷材胶黏剂使卷材铺贴牢实,以免卷材架空或折断。

③ 做好泛水上口的卷材收头固定,防止卷材在垂直墙面上下滑。当女儿墙较低时,卷材收头可直接铺压在女儿墙压顶下,压顶作防水处理。当女儿墙是砖墙时,可在砖墙上留凹槽,卷材收头应压入凹槽内并用压条钉压固定密封,再用纤维防水砂浆或聚合物水泥砂浆保护密封处。凹槽距屋面完成面高度不应小于250mm,凹槽上部的墙体也应作防水处理。当女儿墙为混凝土墙时,卷材收头直接用金属压条钉压固定于墙上,并用密封材料封固。为防止雨水沿高女儿墙的泛水渗入,卷材收头上部应做金属盖板保护。

(2)檐口。檐口是屋面防水层的收头处,易开裂、渗水,因此必须做好檐口处的收头处理。檐口的构造及处理方法与檐口的形式有关,可根据屋面的排水方式和建筑物的立面造型要求来确定。

① 自由落水檐口。自由落水檐口一般与屋顶圈梁整体浇筑,将屋面防水层的收头压入距离挑檐板前端40mm处的预留凹槽内,先用钢压条固定,然后用密封材料进行密封。

为使屋面雨水迅速排除,油毡防水屋面一般在距檐口0.2~0.5m的屋面坡度不宜小于15%。檐口处要做滴水线,并用1∶3水泥砂浆抹面。卷材收头处采用油膏嵌缝,上面再撒绿豆砂保护,或用镀锌薄钢板出挑。

② 挑檐沟檐口。当檐口处采用挑檐沟檐口时,卷材防水层应在檐沟处加铺一层附加卷材,并注意做好卷材的收头。

斜板挑檐沟檐口是考虑建筑立面造型对檐口的一种处理形式,它给较呆板的平屋顶建筑增添了传统的韵味,丰富了城市景观。其构造如图 11-6 所示。但挑檐端部的荷载较大,应注意悬挑构件的倾覆问题,处理好构件的拉结锚固。

③ 女儿墙檐口。女儿墙檐口的构造要点同泛水,如图 11-7 所示。

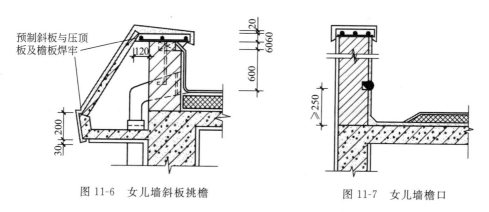

图 11-6　女儿墙斜板挑檐　　　　图 11-7　女儿墙檐口

油毡防水屋面女儿墙檐口有外挑檐口、女儿墙带檐沟檐口等多种形式,在檐沟内要加铺一层油毡,檐口油毡收头处可采取用砂浆压实、嵌油膏和插铁卡等方法处理,如图 11-8 所示。

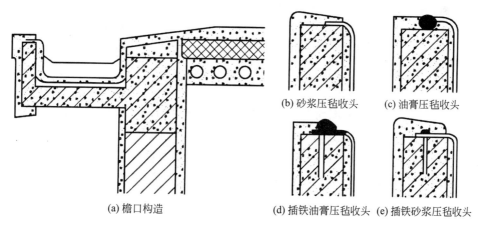

图 11-8　有组织排水檐口构造

(3) 落水口。落水口是将屋面雨水排至落水管的连通构件,应排水通畅,不易堵塞和渗漏。落水口分为直管式和弯管式两类,其中直管式适用于中间天沟、挑檐沟和女儿墙内排水天沟的水平落水口,弯管式则适用于女儿墙的垂直落水口。

① 直管式落水口。直管式落水口由套管、环形筒、底座和顶盖组成,如图 11-9 所示。

它一般是用铸铁或钢板制造的,有各种型号,可根据降水量和汇水面积进行选择。

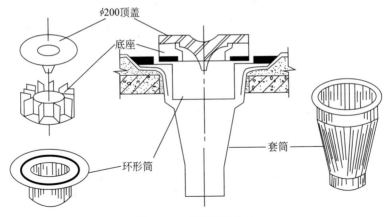

图 11-9 直管式落水口

② 弯管式落水口。弯管式落水口呈 90°弯曲状,由弯曲套管、铸铁管座和顶盖等分组成,如图 11-10 所示。

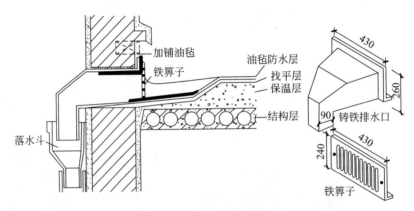

图 11-10 弯管式落水口

(4) 上人孔。对于上人屋面,需要在屋面上设置上人孔,以方便对屋面进行维修和安装设备。上人孔应位于靠墙处,以方便设置爬梯。上人孔的平面尺寸应不小于 600mm×700mm。上人孔的孔壁一般高出屋面至少 250mm,与屋面板整体浇筑。孔壁与屋面之间应做成泛水,孔口用木板上加钉厚度为 0.6mm 的镀锌薄钢板进行盖孔。其构造如图 11-11 所示。

2. 涂膜防水屋面

1) 涂膜防水屋面的概念

涂膜防水屋面又称为涂料防水屋面,是指用可塑性和黏结力较强的高分子防水涂料直接涂刷在屋面基层上,形成一层不透水的薄膜层,以达到防水目的的一种屋面做法。

2) 涂膜防水的涂刷要求

防水涂料按其组成材料可分为聚合物水泥防水涂料、高聚物改性沥青防水涂料、合成

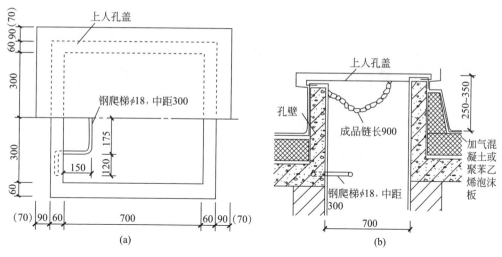

图 11-11 上人孔

高分子防水涂料。

涂膜防水屋面的构造层次与卷材防水屋面相同,由结构层、找坡层、找平层、防水层和保护层组成,如图 11-12 所示。

- 保护层:浅色涂料(或水泥砂浆、块材等)。
- 防水层:合成高分子防水涂料(或高聚物改性沥青防水涂料或沥青基防水涂料)。
- 找平层:1∶3 水泥砂浆。
- 找坡层:1∶8 水泥膨胀珍珠岩(或水泥炉渣等)。
- 结构层:钢筋混凝土板。

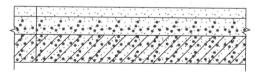

图 11-12 涂膜防水屋面的组成

防水涂膜应分层多涂布,待先涂的涂层干燥成膜后,方可涂布后一遍涂料,最后形成一道防水层。为加强防水性能(特别是防水薄弱部位),可在涂层中加铺聚酯无纺布、化纤无纺布或玻璃纤维网布等胎体增强材料。

涂膜的厚度根据屋面防水等级和所用涂料的不同而不同,每道涂膜防水层的最小厚度如表 11-4 所示。

涂膜防水屋面

表 11-4 每道涂膜防水层的最小厚度 单位:mm

屋面防水等级	合成高分子防水涂膜	聚合物水泥防水涂膜	高聚物改性沥青防水涂膜
Ⅰ	1.5	1.5	2.0
Ⅱ	2.0	2.0	3.0

分格缝应嵌填密封材料,如图11-13所示。

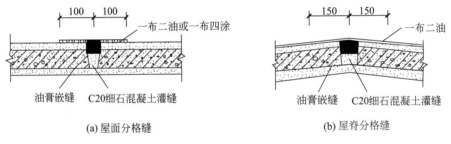

图 11-13　分格缝

11.2.4　平屋顶保温与隔热

1. 平屋顶保温

保温层的施工方案和材料选择应根据建筑物的使用要求、气候条件,以及屋面结构形式、防水处理方法等因素确定。

1) 屋面保温材料

保温层应根据屋面所需传热系数或热阻选择轻质、高效的保温材料,保温层及其保温材料应符合表11-5中的规定。

表 11-5　保温层及其保温材料

保温层	保温材料
板状材料保温层	聚苯乙烯泡沫塑料、硬质聚氨酯泡沫塑料、膨胀珍珠岩制品、泡沫玻璃制品、加气混凝土砌块、泡沫混凝土砌块
纤维材料保温层	玻璃棉制品、岩棉、矿渣棉制品
整体材料保温层	喷涂硬泡聚氨酯、现浇泡沫混凝土

2) 保温层的位置

根据保温层与防水层在屋顶中的相对位置,保温层有正置式保温和倒置式保温两种设置方法。

(1) 正置式保温:将保温层设置在结构层上面、防水层下面,可形成封闭式保温层,也称内置式保温,如图11-14(a)所示。

(2) 倒置式保温:将保温层设置在防水层上面,使保温层暴露在外面,也称外置式保温,如图11-14(b)所示。

2. 平屋顶隔热

平屋顶可采用通风隔热、储水隔热和种植隔热等隔热措施。

(1) 通风隔热屋面:在屋面上设置通风层,使上层能遮挡阳光。利用风压和热压作用,可将夹层内的热空气不断带走,以减少传递到室内的热量,从而达到隔热降温的目的。通风隔热屋面是一种常见的通风保温屋面,架空保温层高度宜为180~300mm,架空板与女儿墙的距离不应小于250mm,如图11-15所示。

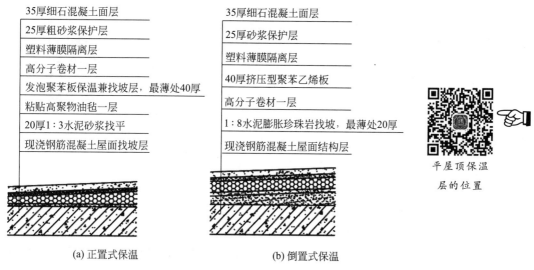

图 11-14　平屋顶保温构造

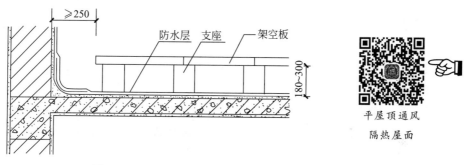

图 11-15　通风隔热屋面

（2）储水隔热屋面：屋面上蓄积一层水，水在蒸发过程中会吸收周围的热，从而消耗大量暴露在屋面上的太阳辐射热，减少屋顶吸收的热量，实现降温隔热的效果。储水隔热屋面一般采用整体现浇混凝土，溢流口上部高度距隔墙顶部100mm。隔墙底部设溢流孔，排水管与落水管连接。

（3）种植隔热屋面：在屋顶上种植植物，通过植物的蒸腾作用和光合作用吸收太阳辐射热能，实现降温隔热的效果。种植隔热层面的构造层次应包括植被层、种植土层、过滤层和排水层等。

11.3　坡　屋　顶

11.3.1　坡屋顶概述

屋面坡度大于10%的屋顶称为坡屋顶。坡屋顶在中国有着悠久的历史，由于其丰富多彩的形状和应用材料广泛,直到今天仍然被广泛使用,如图 11-16 所示。

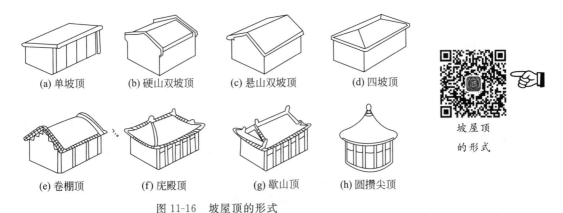

图 11-16 坡屋顶的形式

坡屋顶按坡度的不同可分为单坡顶、双坡顶和四坡顶 3 种。当建筑进深不大时,可选用单坡顶;当建筑进深较大时,宜采用双坡顶或四坡顶。双坡顶又分为硬山双坡顶和悬山双坡顶。其中,硬山是指房屋两端的山墙高于屋顶,山墙封住屋顶;悬山是指屋顶两端伸出山墙,屋顶覆盖山墙。

坡屋顶经过稍加处理,可形成卷棚顶、庑殿顶、歇山顶、圆攒尖顶等。在古代建筑中,庑殿顶和歇山顶都属于四坡顶。

坡屋顶由承重结构、屋面和顶棚组成。结合不同的使用场景,坡屋顶有时还会增加保温层或隔热层等。

(1) 承重结构:主要承受作用在屋面上的各种荷载,并将荷载传递给墙或柱。坡屋顶的承重结构一般由椽条、檩条、屋架或梁组成。在现代建筑中,钢筋混凝土梁板结构是经常使用的承重结构形式。

(2) 屋面:屋顶的上部结构部分,直接承担风、雨、雪、太阳辐射等自然功能。屋面包括屋面覆盖材料和基层材料,如挂瓦条、屋面板等。

(3) 顶棚:屋顶下的结构部分,它不仅能使房间上部平整,同时也有反光和装饰作用。

(4) 保温层或隔热层:可设置在屋面或顶棚位置。

11.3.2 坡屋顶的承重结构

1. 砖墙承重

当横墙间距较小时,可将横墙顶部做成坡形,并直接搁置檩条,将荷载传递到砖墙上,这种结构也称硬山搁檩,如图 11-17 所示。

2. 梁架承重

梁架承重最典型的就是中国传统的木结构,其由柱和梁组成,如图 11-18 所示。檩条放置在梁之间,用以承受屋顶上的荷载,并将弯曲的框架连接成一个完整的骨架。内外墙填充在骨架之间,只起隔离和围挡作用,不承受荷载。梁框架节点为木桁架组合,用于调高结构的整体性及抗震性能。但是,这种梁的结构形式设计不合理,梁截面要求大,耐火性和耐久性差,维修成本高,所以现在很少使用。

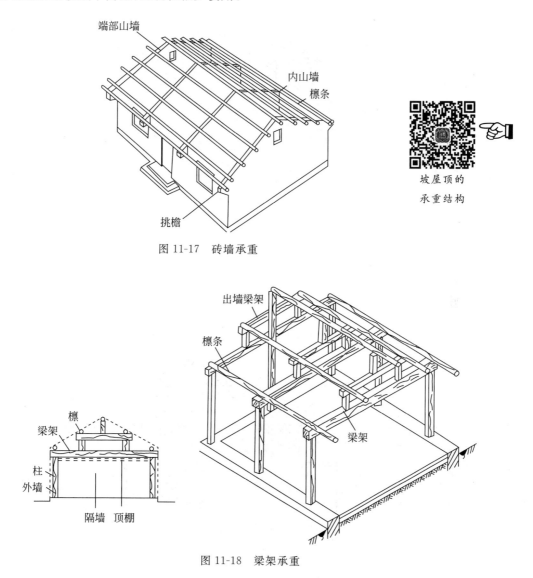

图 11-17 砖墙承重

图 11-18 梁架承重

3. 屋架承重

屋架是指作为屋盖承重结构的桁架,墙或柱是屋架的支撑结构,如图 11-19 所示。屋架可根据不同的使用场景要求,如排水坡度和空间,设置成三角形、梯形、矩形和多边形等。这种屋架各构件结构设计受力合理,构件截面小,跨度大,空间大。木屋架跨度可达 18m,钢筋混凝土屋架跨度可达 24m,钢屋架跨度可达 36m 以上。

4. 钢筋混凝土屋面板承重

钢筋混凝土屋面板、现浇或预制钢筋混凝土屋面板作为坡屋顶的承重结构,置于横墙、屋架或斜梁上,如图 11-20 所示。这种结构设计方法简单,节约木材,可以提高建筑的耐火性和耐久性,近年来广泛应用于住宅楼屋顶和园林绿化施工中。

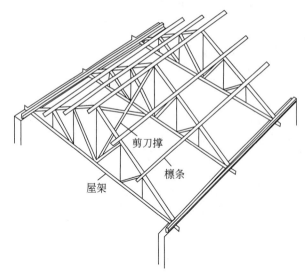

图 11-19 屋架承重

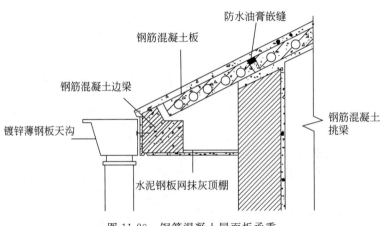

图 11-20 钢筋混凝土屋面板承重

11.3.3 坡屋顶的排水构造

坡屋顶排水有以下两种形式。

1. 有组织排水

有组织排水是指屋面雨水通过屋面上设置的排水设施有组织地排至室外地面或地下排水管网的一种排水方式。这种方式构造复杂,造价高,优点是雨水不会浸湿墙面,不影响行人交通。有组织排水根据排水管位置的不同可分为外排水和内排水。

1) 外排水

雨水经雨水口直接流入室外的排水管。外排水又分为女儿墙内檐沟外排水和女儿墙挑檐沟外排水。

(1) 女儿墙内檐沟外排水：在设有女儿墙的平屋面上，女儿墙的里面设内檐沟，排水管设在外墙外面，将雨水口穿过女儿墙进入落水管，如图11-21(a)所示。

(2) 女儿墙挑檐沟外排水：平屋顶上的檐沟为外挑时，通过檐沟内的纵坡将雨水引至雨水口，进入落水管，如图11-21(b)所示。

2) 内排水

雨水经过雨水口流入室内排水管，再排至室外排水管。内排水常用在多跨、高层及有特殊要求的屋顶，如图11-21(c)所示。

2. 无组织排水

无组织排水又称自由落水，是指雨水经檐口直接落至地面，屋面不设雨水口、天沟等排水设施的一种排水方式，如图11-21(d)所示。这种方式构造简单，造价低廉，但雨水会浸湿墙面，并影响行人通行，不宜用于临街和高度较大的建筑物中。

坡屋顶的排水构造

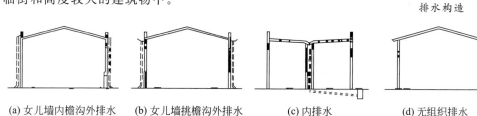

(a) 女儿墙内檐沟外排水　　(b) 女儿墙挑檐沟外排水　　(c) 内排水　　(d) 无组织排水

图 11-21　坡屋顶排水方式

11.3.4　坡屋顶的屋面构造

坡屋顶屋面一般由基层和面层组成。

根据防水材料的不同，坡屋顶的屋面可分为平瓦屋面、波形瓦屋面和金属压型钢板屋面等。

1. 平瓦屋面

平瓦有黏土瓦和水泥瓦两种，黏土瓦又称机制平瓦，用黏土焙烧而成，尺寸一般为长400mm、宽230mm、厚50mm（净厚约20mm）。为防止下滑，平瓦背面设有挂钩，这样瓦片可以挂在挂瓦条上。平瓦屋面根据使用要求和基层材料不同，一般有以下几种铺法。

1) 冷滩瓦屋面

冷滩瓦屋面是平瓦屋面最简单的施工方法，即在椽条上钉挂瓦条后直接挂瓦，如图11-22所示。椽条横截面尺寸约为50mm×50mm，瓦挂椽的截面尺寸取决于椽条间距。当间距为400mm时，挂瓦条的尺寸约为30mm×30mm。冷滩瓦屋面结构简单，造价低廉，但是由于这种设计方法雨雪容易飘入室内，屋面保温效果较差，因此很少使用。

2) 屋面板平瓦屋面

平瓦屋面又称木望板瓦屋面。首先在木条上铺设一层15~20mm厚的木板（也称为望板），然后在木板上铺设一层油毡作为辅助防水层。油毡可平行于屋脊方向铺设，檐口至屋脊搭接长度不小于80mm，并钉牢木条（称平行条），板条的方向应垂直于檐口。最后将砖条钉在上面,使砖与油毡之间有空隙,有利于排水,如图 11-23 所示。

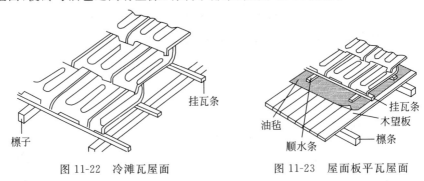

图 11-22　冷滩瓦屋面　　　　图 11-23　屋面板平瓦屋面

3) 钢筋混凝土板平瓦屋面

钢筋混凝土板平瓦屋面是以钢筋混凝土板(现浇板、预制空心板、挂瓦板等)为基层面,后再铺瓦的平瓦屋面。

钢筋混凝土板平瓦屋面结构常见的做法有两种。

(1) 将预制好的钢筋混凝土挂瓦板呈倒 T 形或 F 形固定在横墙或屋架上,然后直接挂在挂瓦板的板肋上,如图 11-24 所示。

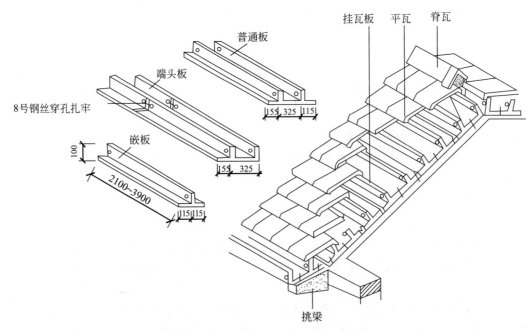

图 11-24　钢筋混凝土挂瓦板平瓦屋面

(2) 屋面结构层采用钢筋混凝土屋面板,屋面砖覆盖一般有 3 种方式:将上部用挂瓦条固定;草泥或粉煤灰坑做成的瓦泥背,厚度为 30~50mm;防水水泥砂浆直接浇在屋面板和瓦或齿上,作为面砖(也称装饰砖),如图 11-25 所示。

2. 波形瓦屋面

波形瓦可由石棉水泥、塑料、玻璃钢等材料混合制成,其中石棉水泥波形瓦最为常见。

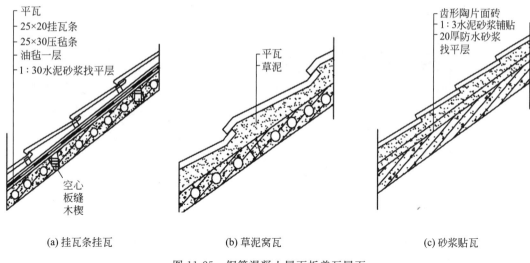

(a) 挂瓦条挂瓦　　　　(b) 草泥窝瓦　　　　(c) 砂浆贴瓦

图 11-25　钢筋混凝土屋面板盖瓦屋面

石棉水泥波形瓦屋面具有质量小、结构简单、施工方便、造价经济等优点,但这种材料易脆裂,保温性能差,通常用于室内要求较低的建筑中。石棉水泥波形瓦可分为大波瓦、中波瓦和小波瓦。石棉水泥波形瓦尺寸大,具有一定刚度,可直接铺设在檩条上。檩条间距应保证每块砖至少有 3 个支撑点,上下瓦的搭接长度不应小于 100mm,左右方向也应满足一定的搭接要求,并在适当的部位去角,以保证搭接处瓷砖层数不多。

此外,在工程中常见的还有塑料波形瓦屋面、玻璃钢瓦屋面等,它们的构造方法与石棉水泥波形瓦基本相同。

3. 金属压型钢板屋面

金属压型钢板是一种由镀锌钢板制成,经轧制并涂有各种防腐涂料和烤漆的轻型屋面板。它有多种规格,有的填充保温材料,做成夹芯板,不仅可以提高屋顶的保温效果,而且还能起到防水、保温、承重作用。金属压型钢板屋盖一般与钢屋架配套使用。这种屋面板具有自重小、施工方便、抗震好、装饰性和耐久性强等特点。

11.3.5　坡屋顶的细部构造

1. 平瓦屋面

平瓦屋面是最常见的一种屋面形式,其细部构造主要包括檐口、天沟、屋脊等。另外,烟囱出屋面部位不仅要有一定的防水性能,还应满足防火要求。

1) 纵墙檐口

纵墙檐口根据构造方法的不同,主要分为挑檐和封檐两种形式。

(1) 当坡屋顶采用无组织排水时,应将屋面伸出外纵墙挑檐。挑檐有砖挑檐、屋面板挑檐、挑檐木挑檐、挑椽檐口和挑檩檐口等形式。

(2) 当坡屋顶采用有组织排水时,一般多采用外排水,应将檐墙砌出屋面,形成女儿墙包檐口构造。此时,在屋面与女儿墙处必须设天沟,天沟最好采用预制天沟板,沟内铺油毡防水层,并将油毡一直铺到女儿墙上形成泛水,如图 11-26 所示。

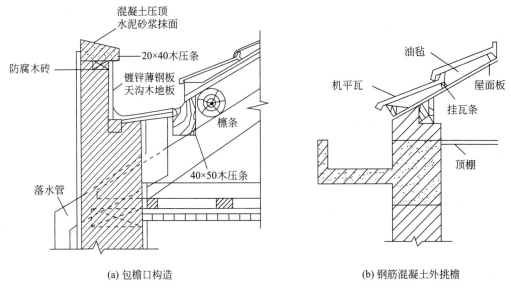

(a) 包檐口构造　　　　(b) 钢筋混凝土外挑檐

图 11-26　有组织排水纵墙挑檐

2）山墙檐口

山墙檐口可分为山墙挑檐（悬山）和山墙封檐（硬山）两种做法。

（1）悬山屋顶的檐口构造是先将檩条挑出山墙形成悬山，檩条端部钉木封檐板，沿山墙挑檐的一行瓦应用1∶2.5的水泥砂浆做出坡水线，将瓦封固，如图11-27所示。

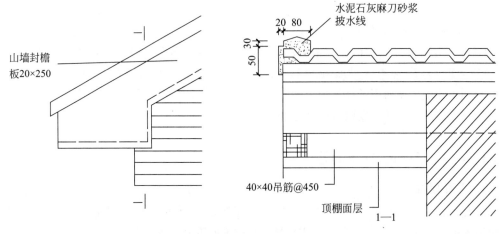

图 11-27　悬山屋顶檐口

（2）硬山有山墙与屋面等高或高出屋面形成山墙女儿墙两种。等高做法是山墙砌至屋面高度，屋面铺瓦盖过山墙，然后用水泥麻刀砂浆嵌填，再用1∶3水泥砂浆抹瓦出线。当山墙高出屋面时，女儿墙与屋面交接处应做泛水处理，一般用水泥石灰麻刀砂浆抹成泛水，如图11-28所示。

3）烟囱出屋面处的构造

烟囱穿过屋面，其构造问题主要是防水和防火。因为屋面木基层与烟囱接触易引起火

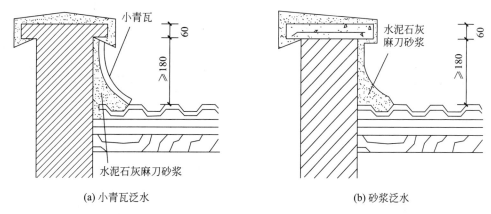

图 11-28 硬山屋顶檐口

灾,所以建筑防水规范要求木基层与烟囱内壁应保持一定距离,一般不小于 370mm。为了不使屋面雨水从四周渗漏,应在交界处作泛水处理,一般采用水泥石灰麻刀砂浆抹面做泛水。其构造如图 11-29 所示。

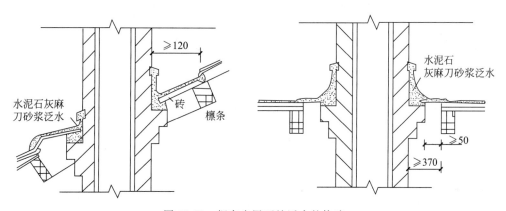

图 11-29 烟囱出屋面处泛水的构造

2. 压型钢板屋面

1)檐口

(1)无组织排水檐口。当压型钢板屋面采用无组织排水时,挑檐板与墙板之间应使用封檐板密封,以增加屋面的围护效果。

(2)有组织排水檐口。当压型钢板屋面采用有组织排水时,应在檐口处设置檐沟,檐沟可采用彩板檐沟或钢板檐沟。当采用彩板檐沟时需伸入檐沟内一定长度,其长度一般为 150mm。

2)屋脊

压型钢板屋面屋脊根据构造不同可分为双坡屋脊和单坡屋脊,双坡屋脊处盖 A 型屋脊盖板,单坡屋脊处用彩色泛水板包裹。

11.3.6 坡屋顶的保温与隔热

1. 坡屋顶的保温

坡屋顶的保温层一般布置在瓦材与檩条之间或吊顶棚上面。保温材料包括松散材料、块状材料或板状材料,可根据建筑物的具体要求确定。在小青瓦屋面中,一般的做法是在基层上满铺一层黏土麦秸泥作为保温层,小青瓦片粘结在该层上;在平瓦屋面中,可将保温层填充在檩条之间;在设有吊顶的坡屋顶中,常常将保温层铺设在吊顶棚之上,可以增强保温和隔热双重效果。图 11-30 为坡屋顶保温层的构造。

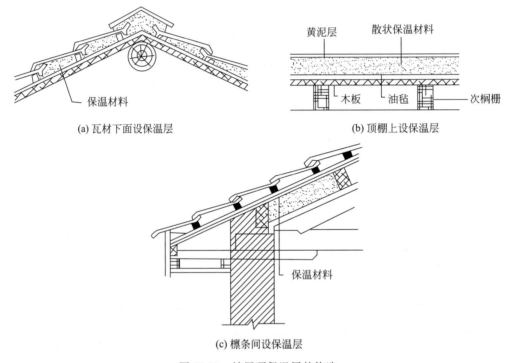

图 11-30　坡屋顶保温层的构造

2. 坡屋顶的隔热

坡屋顶一般利用屋顶通风来隔热,最常见的有屋面通风和吊顶棚通风两种做法,如图 11-31 所示。当采用屋面通风进行隔热时,应在屋顶檐口设进风口,在屋脊设出风口,利用空气对流增加间层的热量交换,以达到降低屋顶温度的目的。采用吊顶棚通风时,将吊顶棚与坡屋面之间的空间作为通风层,在坡屋顶的歇山、山墙或屋面等位置设进风口,可以显著增强隔热效果,这是坡屋顶常用的隔热形式。由于吊顶空间较大,因此可利用穿堂风达到降温隔热的效果。

炎热地区将坡屋顶做成双层,由檐口处进风,由屋脊处排风,可利用空气流动带走一部分热量,以降低瓦底面的温度;也可利用檩条的间距通风。

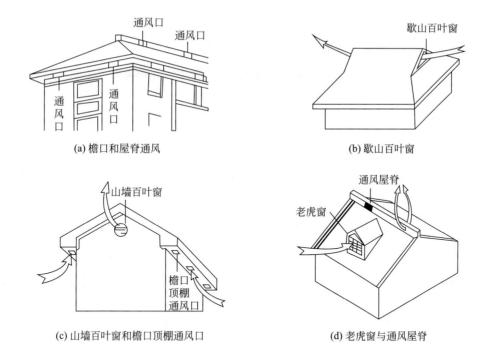

图 11-31 坡屋顶的隔热与通风

第 12 章　变形缝

在温度变化、地基不均匀沉降和地震等外部因素的影响下，建筑物的结构内部会产生附加的应力和变形，从而引起建筑物的开裂和变形，严重的甚至造成结构破坏，影响建筑物的安全使用。为了避免上述情况发生，除了加强房屋的整体性，使其具有足够的强度和刚度外，也可以在建筑结构的薄弱部位设置结构缝，将建筑物分成若干相对独立的部分，以保证各部分自由变形，互不干涉。建筑物各部分之间的这种人工构造缝称为变形缝。

变形缝包括伸缩缝、沉降缝和防震缝 3 种，目前在实际工程中使用的后浇带做法也属于此类。

变形缝

(1) 伸缩缝：解决由于建筑物超长而产生的伸缩变形。

(2) 沉降缝：解决由于建筑物高度、质量不同及平面转折部位等产生的不均匀沉降变形。

(3) 防震缝：解决由于地震时建筑物不同部分相互撞击产生的变形。

12.1　伸　缩　缝

12.1.1　伸缩缝设置原则

伸缩缝是指当建筑物较长时为避免建筑物因热胀冷缩较大而使结构构件产生裂缝所设置的变形缝。建筑中需设置伸缩缝的情况主要有以下 3 类。

(1) 建筑物长度超过一定限度。

(2) 建筑平面复杂，变化较多。

(3) 建筑中结构类型变化较大。

砌体房屋伸缩缝的最大间距如表 12-1 所示，钢筋混凝土结构伸缩缝的最大间距如表 12-2 所示，钢筋混凝土结构高层伸缩缝的最大间距如表 12-3 所示。

伸缩缝设置原则

表 12-1　砌体房屋伸缩缝的最大间距　　　　　　　单位：m

屋盖或楼盖类型		间距
整体式或装配整体式钢筋混凝土结构	有保温层或隔热层的屋盖、楼盖	50
	无保温层或隔热层的屋盖	40

续表

屋盖或楼盖类型		间距
装配式无檩体系钢筋混凝土结构	有保温层或隔热层的屋盖、楼盖	60
	无保温层或隔热层的屋盖	50
装配式有檩体系钢筋混凝土结构	有保温层或隔热层的屋盖	75
	无保温层或隔热层的屋顶	60
瓦材屋盖、木屋盖或楼盖、轻钢屋盖		100

注：1. 层高大于5m的烧结普通砖、烧结多孔砖、配筋砌块砌体结构单层房屋，其伸缩缝间距可按表中数值乘以1.3确定。

2. 温差较大且变化频繁地区和严寒地区不采暖的房屋及构筑物墙体的伸缩缝最大间距，应按表中数值予以适当减少。

表 12-2 钢筋混凝土结构伸缩缝的最大间距 单位：m

结构类型		室内或土中	露天
排架结构	装配式	100	70
框架结构	装配式	75	50
	现浇式	55	35
剪力墙结构	装配式	65	40
	现浇式	45	30
挡土墙、地下室墙壁等结构	装配式	40	30
	现浇式	30	20

注：1. 如有充分依据或可靠措施，表中数值可以增减。

2. 当屋面板上部无保温或隔热措施时，框架、剪力墙结构的伸缩缝间距可按表中"露天"栏的数值选用，排架结构可按适当低于"室内或土中"栏的数值选用。

3. 当排架结构的柱顶面（从基础顶面算起）低于8m时，宜适当减少伸缩缝间距。

4. 外墙装配内墙现浇的剪力墙结构，其伸缩缝最大间距按"现浇式"一栏的数值选用。滑模施工的剪力墙结构，宜适当减小伸缩缝间距。现浇墙体在施工中应采取相应措施，减少混凝土的收缩应力。

表 12-3 钢筋混凝土结构高层伸缩缝的最大间距 单位：m

结构体系	施工方法	最大间距
框架结构	现浇	55
剪力墙结构	现浇	45

注：1. 框架-剪力墙的伸缩缝间距可根据结构的具体布置情况取表中框架结构与剪力墙结构之间的数值。

2. 当屋面无保温和隔热措施、混凝土的收缩较大或室内结构因施工外露时间较长时，伸缩缝间距应当减小。

3. 位于气候干燥地区、夏季炎热且暴雨频繁地区的结构，伸缩缝的间距宜适当减小。

12.1.2 伸缩缝的构造

伸缩缝要求建筑物的墙、楼板、屋顶等地上构件在结构上均应断开。由于基础埋在地下,受温度变化的影响较小,因此其不需要断开。伸缩缝宽度一般为 20～40mm。

1. 墙体伸缩缝的构造

根据墙体的厚度和所用材料不同,伸缩缝可做成平缝、错口缝和企口缝等形式,如图 12-1 所示。为减少外界环境对室内环境的影响,满足建筑立面的装饰等各方面要求,需对伸缩缝进行嵌缝和盖缝处理,缝内一般填充沥青麻丝、油膏、泡沫塑料等材料。当缝口较宽时,还应用镀锌铁皮、彩色钢板、铝皮等金属调节片覆盖。

伸缩缝的构造要求

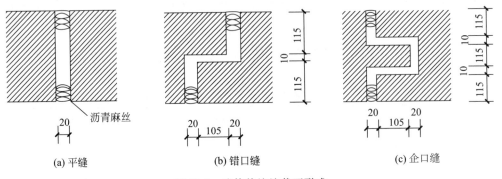

图 12-1 墙体伸缩缝截面形式

2. 楼地板层伸缩缝的构造

楼地板层伸缩缝的位置和缝宽应与墙体、屋顶变形缝一致,缝的处理应满足地面平整、光洁、防滑、防水和防尘等要求,可用油膏、沥青麻丝、橡胶、金属等弹性材料封缝,上铺活动盖板或橡胶、塑料板等地面材料,如图 12-2 所示。顶棚盖缝条只固定一侧,以保证两侧构件能自由伸缩变形。

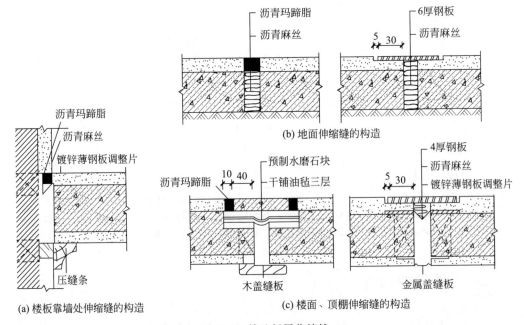

图 12-2 楼地板层收缩缝

3. 屋面伸缩缝的构造

屋面伸缩缝分为伸缩缝两侧屋面等高和不等高两种情况。上人平顶的接缝一般采用防水油膏填缝,并注意泛水处理。一般情况下,伸缩缝两侧可砌低墙,做好泛水处理,盖缝处保证自由伸缩但不漏水。常见屋面伸缩缝的构造如图12-3所示。

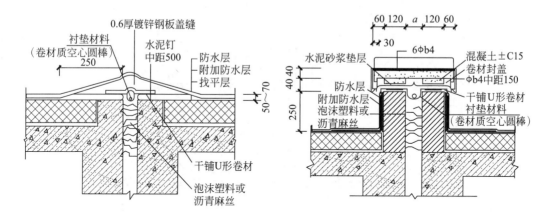

(a) 等高屋面伸缩缝的构造

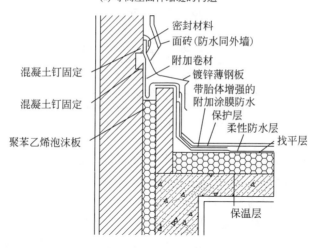

(b) 不等高屋面伸缩缝的构造

图 12-3 屋面伸缩缝的构造

4. 变形缝的防火构造

变形缝内的填充材料和变形缝的构造基层应采用不燃材料。建筑变形缝是在建筑长度较长的建筑中或建筑中有较大高差部分之间,为防止温度变化、沉降不均匀或地震等引起的建筑变形而影响建筑结构安全和使用功能,将建筑结构断开为若干部分所形成的缝隙。特别是高层建筑的变形缝,因抗震等需要留得较宽,在火灾中具有很强的拔火作用,会使火灾通过变形缝内的可燃填充材料蔓延,烟气也会通过变形缝等竖向结构缝隙扩散到全楼。因此,要求变形缝内的填充材料、变形缝在外墙上的连接

屋面伸缩缝的构造

与封堵构造处理和在楼层位置的连接与封盖的构造基层采用不燃材料。变形缝的防火构造如图12-4所示，该构造由铝合金型材、铝合金板（或不锈钢板）、橡胶嵌条及各种专用胶条组成。配合止水带、阻火带，其可以满足防水、防火、保温等要求。

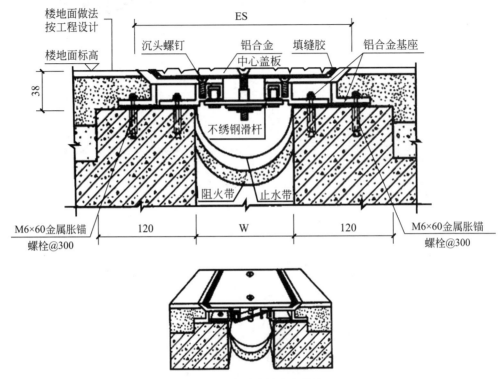

图12-4　变形缝的防火构造

据调查，有些高层建筑的变形缝内还敷设电缆或填充泡沫塑料等，这是不妥当的。为了消除变形缝的火灾危险因素，保证建筑物的安全，《建筑设计防火规范（2018年版）》（GB 50016—2014）规定变形缝内的填充材料和变形缝的构造基层应采用不燃材料。变形缝内不宜敷设电线、电缆、可燃气体管道和甲、乙、丙类液体管道，确需穿过时，应在穿过处加设不燃材料制作的套管或采取其他防变形措施，并应采用防火封堵材料封堵。在建筑使用过程中，变形缝两侧的建筑可能发生位移等现象，故应避免将一些易引发火灾或爆炸的管线布置其中。本条规定主要为防止因建筑变形破坏管线而引发火灾并使烟气通过变形缝扩散。

因建筑内的孔洞或防火分隔处的缝隙未封堵或封堵不当导致人员死亡的火灾，在国内外均发生过。国际标准化组织标准及欧美等国家的建筑规范均对此有明确的要求。这方面的防火处理容易被忽视，但却是建筑消防安全体系中的有机组成部分，设计中应予重视。

12.2　沉　降　缝

沉降缝是为了预防建筑物各部分由于不均匀沉降引起的破坏而设置的变形缝。

12.2.1 沉降缝设置原则

建筑物各部分由于地基承载力不同或各部分荷载差异较大等原因可能引起不均匀沉降,导致建筑物被破坏。为预防这种情况,当建筑物有下列情况时,均应考虑设置沉降缝。

(1) 同一建筑物相邻两部分高差在两层以上或超过 10m 时。
(2) 建筑物建造在地基承载力相差较大的土壤上时。
(3) 建筑物的基础承受的荷载相差较大时。
(4) 原有建筑物和新建、扩建的建筑物之间。
(5) 相邻基础的宽度和埋深相差悬殊时。
(6) 建筑物体形比较复杂,连接部位又比较薄弱时。

沉降缝设置条件及要求

沉降缝的宽度与地基的性质和建筑物的高度有关。一般地基土越软弱,建筑高度越大,沉降缝宽度越大;反之,宽度则较小。不同地基条件下的沉降缝宽度如表 12-4 所示。

表 12-4 不同地基条件下的沉降缝宽度

地 基 情 况	建筑物高度	沉降缝宽度/mm
一般地基	$H<5m$	30
	$H=5\sim10m$	50
	$H=10\sim15m$	70
软弱地基	2~3 层	50~80
	4~5 层	80~120
	5 层以上	>120
湿陷性黄土地基		≥30~70

12.2.2 沉降缝的构造

1. 基础沉降缝的构造

沉降缝的基础应该断开,并应避免因不均匀沉降造成的互相干扰。基础沉降缝的处理形式有双墙偏心基础、双墙基础交叉排列和悬挑基础等,如图 12-5 所示。

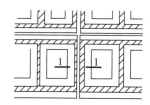 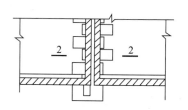 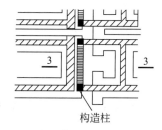

构造柱

图 12-5 基础沉降缝的处理形式

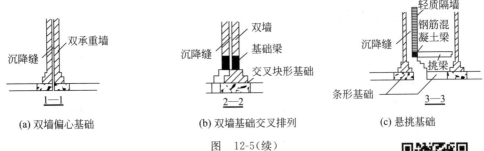

(a) 双墙偏心基础　　(b) 双墙基础交叉排列　　(c) 悬挑基础

图 12-5（续）

2. 沉降缝在墙体部位的构造

墙体沉降缝的结构构造与伸缩缝基本相同，但要注意调节板或接缝盖板的结构，应保证结构两侧的垂直相对位移不受约束，如图 12-6 所示。

沉降缝在墙体
部位的构造

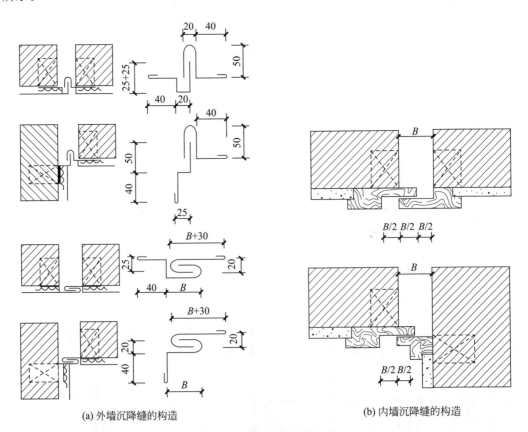

(a) 外墙沉降缝的构造　　(b) 内墙沉降缝的构造

图 12-6　墙体沉降缝的构造

3. 沉降缝在楼地面及屋面的构造

沉降缝在楼地面及屋顶的构造做法与伸缩缝基本相同。屋顶沉降缝应充分考虑不均匀沉降对屋面泛水的影响。屋顶沉降缝处泛水金属铁皮或其他构件应满足沉降变形的要求，并有维修余地，如图 12-7 所示。

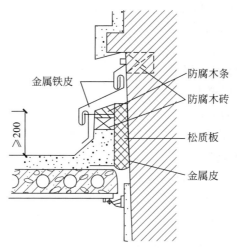

图 12-7 屋顶沉降缝的构造

12.3 防 震 缝

防震缝是为防止建筑物在地震力作用下震动、摇摆，引起变形裂缝、造成破坏而设置的。防震缝的作用是将建筑物分成若干体型简单、结构刚度均匀的独立单元，防止建筑物的各部分在地震时相互拉伸、挤压或扭转，造成变形和破坏。防震缝应沿建筑的全高设置，缝的两侧应布置墙或柱，形成双墙、双柱或一墙一柱，使各部分封闭，增加刚度，如图12-8所示。由于建筑物的底部受地震影响较小，因此一般情况下基础不设防震缝。当防震缝与沉降缝合并设置时，基础也应设缝断开。

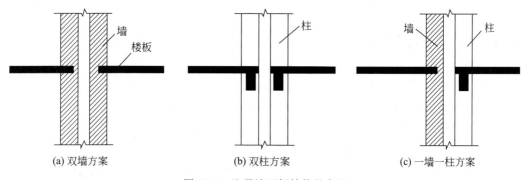

图 12-8 防震缝两侧结构的布置

12.3.1 防震缝设置原则

强烈地震对地面建筑物和构筑物的影响或破坏是很大的，因此在地震地区建造房屋时必须充分考虑地震对建筑物造成的影响。为预防这种情况，遇到下列情况时，应结合抗震设计规范要求,考虑设置防震缝。

(1) 建筑平面形体复杂,有较长的突出部分,如 L 形、U 形、T 形、"山"形等,应设缝将它们分开,使各部分平面形成简单规整的独立单元。

(2) 建筑物立面高差在 6m 以上。

(3) 建筑有错层且错层楼板高差较大。

(4) 建筑物相邻部分的结构刚度和质量相差悬殊。

防震缝的宽度一般根据结构形式、设防烈度和建筑物的高度确定。一般多层砌体结构建筑的缝宽为 50～100mm。多层钢筋混凝土框架结构中,当建筑物高度不超过 15m 时,缝宽不应小于 100mm,当建筑物高度超过 15m 时,按设防烈度 6 度、7 度、8 度和 9 度分别每增加高度 5m、4m、3m 和 2m,宜加宽 20mm。

防震缝设置原则

防震缝的最小宽度与地震设防烈度、建筑物高度有关,如表 12-5 所示。

表 12-5 框架结构房屋防震缝的宽度

建筑物高度/m	地震设防烈度	防震缝宽度/mm
H≤15	6	100
	7	100
	8	100
	9	100
H>15	6	高度每增加 5m,缝宽增加 20mm
	7	高度每增加 4m,缝宽增加 20mm
	8	高度每增加 3m,缝宽增加 20mm
	9	高度每增加 2m,缝宽增加 20mm

12.3.2 防震缝的构造

防震缝应沿建筑物的全高度设置,通常基础可以连续设置,但当平面复杂或结构需要时,也可以断开。防震缝一般与伸缩缝、沉降缝配合布置,一缝多用。

防震缝的构造做法与伸缩缝相同,但由于防震缝宽度较大,因此应充分考虑盖条的牢固性和变形的适应性,并做好防水防风处理,如图 12-9 所示。

伸缩缝、沉降缝、防震缝的上部结构都必须断开;沉降缝的基础必须断开,伸缩缝的基础不必断开,防震缝的基础视情况不同断开或不断开。在设置变形缝时应综合考虑,互相兼顾,一缝多用,使工程建设既安全又经济。当两种以上变形缝合并设置时,应同时满足其缝的设置要求、宽度及构造(如间距和基础的处理)。变形缝处理都比较复杂,还会增加成本,因此应尽量调整方案,不设或少设变形缝。

防震缝的构造

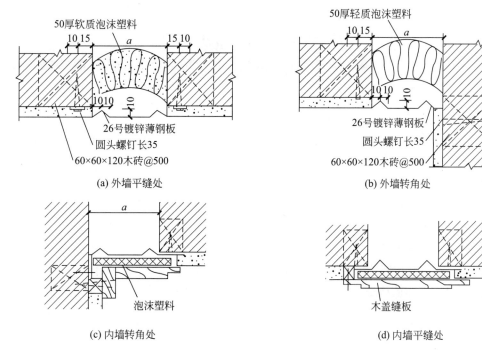

图 12-9　防震缝的构造

第13章 建筑装修构造

建筑装修是指建筑主体工程完成以后进行的装潢与修饰，是建筑物不可缺少的有机组成部分。建筑物无论室内还是室外，都不可避免地要遭到风吹、日晒、雨淋和周围有害介质的侵蚀，对建筑进行装饰可以保护主体结构，延长建筑寿命。同时，房屋内部温度、湿度、光学、声响的调节，以及灰尘、射线的防御，也是装饰的功能范畴。不仅如此，通过装饰，还可使建筑物焕然一新，展现时代风貌和民族风格，给人们带来精神上的享受和快乐。因此，建筑装饰是工程技术与艺术的统一体，具有物质功能与精神功能的两重性。

建筑装饰构造是按照装饰设计的要求，选用合适的建筑装饰材料和制品，对建筑物内外面进行装饰和修饰的构造做法，是实施建筑装饰的重要手段，是装饰设计不可缺少的组成部分。

13.1 墙面装修构造

墙面装饰是建筑装饰的重要组成部分。墙面装饰可以保护墙面，提高墙体的耐久性；改善墙体的热性能、光环境、声环境、卫生条件等使用功能；还可以提高建筑的艺术效果，美化环境。

墙面装饰按部位不同可分为室外墙面装修和室内墙面装修。室外墙面由于受到风、霜、雨、雪的侵蚀，因此在装饰时应优先选用强度高、耐水性好、防腐耐候性能好的材料。室内墙面装修要根据空间的使用功能和装修标准确定。根据材料施工工艺的不同，可分为抹灰、贴面、涂料、裱糊、铺钉等，其中裱糊只能用于室内墙面装修，其他工艺做法室内外均可使用。

建筑外墙的装饰层应采用燃烧性能为 A 级的材料，但建筑高度不大于 50m 时，可采用 B1 级材料。

13.1.1 抹灰类墙面

抹灰类墙面是用各种加色的或不加色的水泥砂浆或石灰砂浆、混合砂浆、石膏砂浆，以及水泥石膏浆等做成的各种抹灰层。这种做法的优点是材料来源广泛，取材容易，施工方便，技术要求不高，造价较低，与墙体粘结牢固，并具有一定厚度，对保护墙体、改善和弥补墙体材料在功能上的不足有明显的作用；其缺点是多为手工操作，工效低，湿作业量大，劳动强度高，砂浆年久易产生龟裂、粉化、剥落等现象。

1. 抹灰类墙面的构造层次及类型

1)抹灰类墙面的构造层次

为保证抹灰平整、牢固,避免龟裂、脱落,抹灰应分层进行,每层不宜太厚。各种抹灰层的厚度应视基层材料的性质、所选用的砂浆种类和抹灰质量的要求而定。抹灰类墙面一般应由底层、中间层、饰面层3部分组成,如图13-1所示。

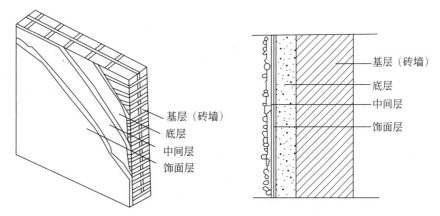

图 13-1 抹灰类饰面的构造层次

(1)底层抹灰。底层抹灰主要起着与基层墙体粘牢和初步找平的作用,又称刮糙。底层所用的材料与基层墙体材料有一定关系,不同的墙体其所用底层材料也不同。

抹灰类墙面的构造层次

① 砖墙面:由于砖墙面是手工砌筑,墙面灰缝中砂浆的饱和程度很难保证均匀,因此墙面一般比较粗糙,易造成凹凸不平。这种情况虽对墙体与底层抹灰间的黏结力有利,但若平整度相差过大,则对饰面不利。所以,底层厚度应控制在10mm左右,配比为1∶1∶6的水泥石灰砂浆是最普通的底层砂浆。

② 轻质砌块墙体:由于轻质砌块的表面孔隙大,吸水性极强,因此抹灰砂浆中的水分极易被吸收,从而导致墙体与底层抹灰间的黏结力较低,而且易脱落。其处理方法是在墙面满钉0.7mm直径镀锌钢丝网(网格尺寸20mm×20mm),再做抹灰。

③ 混凝土墙体:混凝土墙体大多采用模板浇筑而成,所以表面比较光滑,基层还有残留的脱模油,这将影响墙体与底层抹灰的连接。为保证墙体与底层抹灰二者之间有足够的黏结力,在做底层抹灰前,必须采取相关措施对基层进行处理。

(2)中间层抹灰。中间层是保证装饰质量的关键层,主要作用是找平与粘结,还可弥补底层砂浆的干缩裂缝等缺陷。根据墙体平整度与饰面质量的要求不同,中间层可以一次抹成,也可以分多次抹成,用料一般与底层相同。

(3)饰面层抹灰。饰面层主要起装饰作用,要求表面平整、色彩均匀、无裂纹,可以做成各种不同质感的表面。

2)抹灰类饰面的类型

抹灰按质量及工序要求分为3种标准。

（1）普通抹灰：一层底灰、一层面灰，适用于简易住宅、临时房屋及辅助性用房。

（2）中级抹灰：一层底灰、一层中灰、一层面灰，适用于一般住宅、公共建筑、工业建筑及高级建筑物中的附属建筑。

（3）高级抹灰：一层底灰、多层中灰、一层面灰，适用于大型公共建筑、纪念性建筑及有特殊功能要求的高级建筑。

2. 抹灰类墙面装修的细部构造

（1）分格条（引条线、分块缝）。室外抹灰由于墙面面积较大、手工操作不均匀、材料调配不准确、气候条件等影响，易产生材料干缩开裂、色彩不匀、表面不平整等缺陷。为此，对大面积的抹灰，用分格条（引条线）进行分块施工，分块大小按立面线条处理而定。其具体做法是底层抹灰后，固定引条，再抹中间层和面层。常用的引条材料有木引条、塑料引条、铝合金引条等，常用的引条形式有凸线、凹线、嵌线等。

抹灰类墙面装修的细部构造

（2）护角。室内抹灰多采用吸声、保温蓄热系数较小、较柔软的纸筋石灰等材料作面层。这种材料强度较差，室内突出的阳角部位容易被碰坏，因此在内墙阳角、门洞转角、砖柱四角等处用水泥砂浆或预埋角钢做护角。护角的做法是用高强度的水泥砂浆（1∶2水泥砂浆）抹弧角或预埋角钢，高度不小于2m，每侧宽度不小于50mm。

13.1.2　涂料类墙面

涂料类墙面装饰是指在墙面基层上，经批刮腻子处理，使墙面平整，然后在其上涂刷选定的涂料所形成的墙面装修做法。与其他装修做法相比，涂料类墙面装修构造最为简单，且具有工效高、工期短、材料用料少、自重小、造价低等优点，但耐久性略差。

涂料类墙面

涂料分为无机涂料和有机涂料两类。常用的无机涂料有石灰浆、大白浆、可赛银浆等，用于一般标准的装修。有机涂料根据成膜物质与稀释剂不同，分为溶剂型涂料、水溶性涂料和乳液涂料3类。常用的溶剂型涂料有传统的油漆、苯乙烯内墙涂料等；常见的水溶性涂料有改性水玻璃内墙涂料、聚合物水泥砂浆饰面涂料等；乳液涂料又称乳胶漆，常见的有乙丙乳胶漆、苯丙乳胶漆等。

1. 刷浆饰面

刷浆是指在表面喷刷浆料或水性涂料。适用于内墙刷浆工程的材料有石灰浆、大白浆、可赛银浆等。刷浆与涂料相比，价格低廉但不耐久。

（1）石灰浆：用石灰膏化水而成，根据需要可掺入颜料。为增强灰浆与基层的黏结力，可在浆中掺入108胶或聚醋酸乙烯乳液，其掺入量为20%～30%。石灰浆涂料的施工要待墙面干燥后进行，喷或刷两遍即成。石灰浆的耐久性、耐水性及耐污染性较差，主要用于室内墙面、顶棚饰面。

（2）大白浆：由大白粉掺入适量胶料配制而成。大白粉为一定细度的碳酸钙粉末。其常用胶料有108胶和聚醋酸乙烯乳液，其掺、渗入量分别为15%和8%～10%，以掺乳胶者居多。大白浆可掺入颜料而成色浆。大白浆覆盖力强，涂层细腻洁白，且货源充足，价格低，施工、维修方便，广泛应用于室内墙面及顶棚。

（3）可赛银浆：由碳酸钙、滑石粉与酪素胶配制而成，为粉末状材料。其产品颜色有白、杏黄、浅绿、天蓝、粉红等。使用时先用温水将粉末充分浸泡，使酪素胶充分溶解；再用水调制成需要的浓度即可。可赛银浆质细、颜色均匀，其附着力及耐磨、耐碱性均较好，主要用于室内墙面及顶棚。

2. 涂料类饰面

涂料是指涂敷于物体表面，能与基层牢固粘结并形成完整而坚韧的保护膜的材料。建筑涂料是现代建筑装饰材料中较为经济的一种，其施工简单、工期短、工效高、装饰效果好、维修方便。用于外墙面的涂料应具有良好的耐久、耐污染性能，内墙涂料除满足装饰要求外，还应有一定的强度和耐擦洗性能。

建筑涂料的种类很多，按成膜物质可分为有机涂料、无机高分子涂料、有机—无机复合涂料；按建筑涂料所用稀释剂分类，可分为溶剂型涂料、水溶性涂料、水乳型涂料（乳液型）；按建筑涂料的功能分类，可分为装饰涂料、防火涂料、防水涂料、防腐涂料、防霉涂料、防结露涂料等；按涂料的厚度和质感分类，可分为薄质涂料、厚质涂料、复层涂料等。

1) 水溶性涂料

水溶性涂料有聚乙烯醇水玻璃内墙涂料、聚乙烯醇缩甲醛内墙涂料等，俗称106内墙涂料和SJ-803内墙涂料。聚乙烯醇涂料以聚乙烯醇树脂为主要成膜物质。这类涂料的优点是不掉粉，造价不高，施工方便，有的还能经受湿布轻擦，主要用于内墙饰面。

由丙烯酸树脂、彩色砂粒、各类辅助剂组成的真石漆涂料是一种具有较高装饰性的水溶性涂料，膜层质感与天然石材相似，色彩丰富，具有不燃、防水、耐久性好等优点，且施工简便，对基层的限制较少，适用于宾馆、剧场、办公楼等场所的内外墙饰面装饰。

2) 乳液涂料

乳液涂料是各种有机物单体经乳液聚合反应后生成的聚合物，它以非常细小的颗粒分散在水中，形成非均相的乳状液。将这种乳状液作为主要成膜物质配成的涂料称为乳液涂料。当填充料为细小粉末时，所配制的涂料能形成类似油漆漆膜的平滑涂层，故习惯上称其为"乳胶漆"。

乳液涂料以水为分散介质，无毒，不污染环境。由于涂膜多孔而透气，因此其可在初步干燥的（抹灰）基层上涂刷。涂膜干燥快，对加快施工进度、缩短工期十分有利。另外，所饰面可以擦洗，易清洁，装饰效果好。乳液涂料施工须按所用涂料的品种、性能及要求（如基层平整、光洁、无裂纹等）进行，方能达到预期的效果。乳液涂料品种较多，属高级饰面材料，主要用于内外墙饰面。掺有类似云母粉、粗砂粒等粗填料所配得的涂料能形成有一定粗糙质感的涂层，称为乳液厚质涂料，通常用于外墙饰面。

3) 溶剂性涂料

溶剂性涂料是以高分子合成树脂为主要成膜物质，有机溶剂为稀释剂，加入一定量颜料、填料及辅料，经辊轧塑化、研磨、搅拌、溶解、配制而成的一种挥发性涂料。这类涂料一般有较好的硬度、光泽、耐水性、耐蚀性及耐老化性，但施工时有机溶剂挥发，污染环境。施工时要求基层干燥，除个别品种外，在潮湿基层上施工易产生起皮、脱落现象。这类涂料主要用于外墙饰面。

4) 氟碳树脂涂料

氟碳树脂涂料是一类性能优于其他建筑涂料的新型涂料。由于采用具有特殊分子结构的氟碳树脂，因此该类涂料具有突出的耐候性、耐沾污性及防腐性能。作为外墙涂料，其耐久性可达15~20年，可称为超耐候性建筑涂料。氟碳树脂涂料特别适用于有高耐候性、高耐沾污性要求和有防腐要求的高层建筑及公共、市政建筑，其不足之处是价位偏高。

3. 油漆类饰面

油漆涂料是由胶黏剂、颜料、溶剂和催干剂组成的混合剂。油漆涂料能在材料表面干结成漆膜，使之与外界空气、水分隔绝，从而达到防潮、防锈、防腐等保护作用。漆膜表面光洁、美观、光滑，改善了卫生条件，增强了装饰效果。常用的油漆涂料有调和漆、清漆、防锈漆等。

13.1.3 贴面类墙面

贴面类墙面装饰是将大小不同的块状材料采取粘贴或挂贴的方式固定到墙面上。这种装饰做法坚固耐用、色泽稳定、易清洗、耐腐蚀、防水、装饰效果丰富，内外墙面均可。

1. 直接粘贴式的基本构造

直接粘贴式的基本构造由找平层、结合层和面层3部分组成，其中找平层为底层砂浆，结合层为黏结砂浆，面层为块状材料。用于直接粘贴式的材料有陶瓷制品（陶瓷锦砖、釉面砖等）、小块天然或人造大理石、碎拼大理石、玻璃锦砖等。

（1）面砖饰面一般用于装饰等级要求较高的工程。面砖按特征分为上釉的和不上釉的，釉面又包含光釉和无光釉两种，表面有平滑和带纹理的。其构造做法是先用15厚水泥砂浆分两遍打底，再用5mm厚1:1水泥细砂砂浆粘贴，然后铺贴面砖，最后用水泥细砂浆填缝，如图13-2(a)所示。

（2）陶瓷锦砖饰面又称马赛克，其特点是质地坚硬、经久耐用、色泽多样、耐酸、耐碱、耐火、耐磨、不渗水、抗压力强、吸水率小，多用于内外墙面。断面有凹面和凸面，凸面多用于墙面，凹面多用于地面。其构造做法是先用15厚水泥砂浆打底，然后用3~4厚1:1水泥细砂砂浆做结合层，贴马赛克，待干后洗去纸皮，最后用水泥色浆擦缝，如图13-2(b)所示。

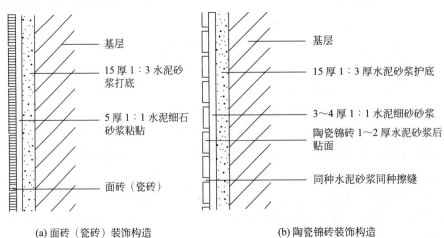

图13-2 面砖、陶瓷锦砖墙面装饰构造

2. 贴挂式的基本构造

当板材厚度较大、尺寸规格较大、粘贴高度较高时,应以贴挂式相结合,常用的有天然石材(如大理石、花岗石、青石板等)和大型预制板材(如水磨石、水刷石、人造大理石等)。其具体做法有湿法贴挂(贴挂整体法)和干挂法(钩挂件固定法)两种。构造层次分为基层、浇筑层(找平层和黏结层)和饰面层。这种做法相对较为保险,饰面板材绑挂在基层上,再灌浆固定。

(1) 湿法贴挂的构造做法。在砌墙时先预埋铁钩或用金属胀管螺栓固定预埋件,然后在铁钩上每间隔500~1000mm立竖筋,再在竖筋上按面板位置绑横筋,构成φ6的钢筋网。板材边缘钻小孔,用铜丝或镀锌钢丝穿过孔洞将材板绑在横筋上,上下板之间用铜钩钩住。石板与墙身之间预留30mm缝隙,分层灌水泥砂浆,最后用同色水泥砂浆擦缝,如图13-3所示。

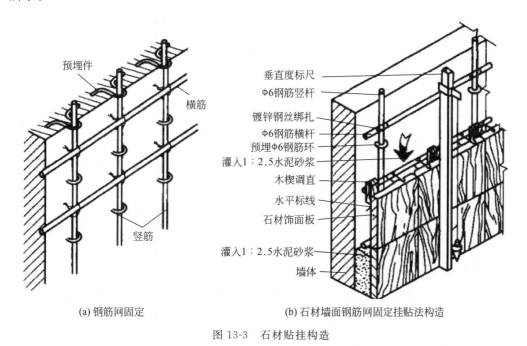

(a) 钢筋网固定　　(b) 石材墙面钢筋网固定挂贴法构造

图13-3　石材贴挂构造

(2) 干挂法的构造做法。在基层上按板材高度固定不锈钢锚固件,在板材上下沿开槽口将不锈钢销子插入板材上下槽口与锚固件连接,在板材表面的缝隙中填嵌密封材料,如图13-4所示。

13.1.4　裱糊类墙面

裱糊类墙面装饰是用裱糊的方法将墙纸、织物、微薄木等装饰在内墙面,具有装饰性好,色彩、纹理、图案较丰富,质感温暖,古雅精致,施工方便等特点。常见的饰面卷材有塑料墙纸、墙布、纤维壁纸、木屑壁纸、金属箔壁纸、皮革、人造革、锦缎、微薄木等。

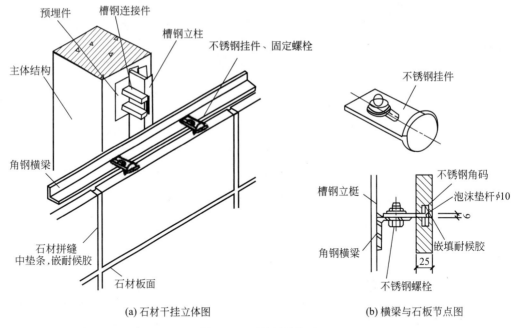

图 13-4 石材干挂构造

在裱糊过程中,要求基层表面平整、光洁、干净、不掉粉。为达到基层平整效果,通常要对基层刮腻子,可局部刮腻子或满刮腻子几遍,再用砂纸磨平。粘贴时应保持卷材表面平整,防止产生气泡,压实拼缝处。

13.1.5 铺钉类墙面

铺钉类墙面装修是采用木板、木条、竹条、胶合板、纤维板、石膏板、石棉水泥板、玻璃、金属板等材料制成各种饰面板,通过镶、钉、拼贴等做成的墙面。其构造与骨架隔墙相似,由骨架和面板两部分组成,特点是湿作业量小,耐久性好,装饰效果丰富。

13.2 楼地面装饰构造

楼地面是楼层地面和底层地面(地坪)的总称,它是建筑室内空间的一个重要部位,是人们日常生活、工作、生产、学习时必须接触的部分,也是建筑中直接承受荷载,经常受到摩擦、清扫和冲洗的部分。楼地面在人的视线范围内所占的比例很大,对室内整体装饰设计起十分重要的作用。因此,楼地面装饰设计除了要符合人们使用上、功能上的要求外,还必须考虑人们在精神上的追求和享受,做到美观、舒适。

楼面层一般由面层、结构层、附加层和顶棚层等基本层次组成。地坪层一般由面层、垫层、基层等组成,如图 13-5 所示。

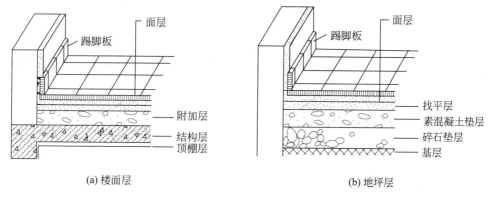

图 13-5 楼地面的组成

1. 面层

面层又称楼面或地面,主要起满足使用功能要求和装饰作用,同时对结构层起保护作用,使结构层免受损坏。根据各房间的功能要求不同,面层有多种不同的做法。

2. 结构层

楼地面装饰构造

结构层位于面层和顶棚层之间,是楼面层的承重部分。结构层承受整个楼盖的全部荷载,并对楼面层的隔声、防热、保温、防火等起主要作用。地坪层的结构层为垫层,垫层把所承受的荷载及自重均匀地传给地基。

3. 附加层

附加层通常设置在面层和结构层之间,有时也布置在结构层和顶棚层之间,主要有管线敷设层、隔声层、防水层、保温或隔热层等。其中,管线敷设层是用来敷设水平设备的暗管(线)的构造层,隔声层是为隔绝撞击声而设的构造层,防水层是用来防止水渗透的构造层,保温或隔热层是改善热工性能的构造层。

4. 顶棚层

顶棚层是楼盖下表面的构造层,也是室内空间上部的装修层,又称天花板、天棚。顶棚的主要功能是保护楼板、安装灯具、装饰室内空间及满足室内的特殊使用要求。

13.2.1 楼地面类型

根据楼板结构层所用的材料不同,楼地面主要分为整体式楼地面、块材楼地面、人造软质楼地面、木楼地面等类型。

楼地面类型

1. 整体式楼地面

整体式楼地面是采用在现场拌和的湿料,经浇抹形成的面层,具有构造简单、造价低的特点,是一种应用较广泛的楼地面。

1)水泥砂浆楼地面

水泥砂浆楼地面是在混凝土垫层或楼板上涂抹水泥砂浆而形成的面层,构造比较简单且坚固、耐磨、防水性能好,但导热系数大、易结露、易起灰、不易清洁,是一种被广泛采用的低档楼地面。水泥砂浆楼地面通常有单面层和双面层两种做法。单面层做法只抹一层15～20mm厚1∶2或1∶2.5水泥砂浆;双面层做法是先在结构层上抹10～20mm厚1∶3水泥砂浆找平层,表面层再抹5～10mm厚1∶2水泥砂浆。双面层做法平整不易开裂。

2) 现浇水磨石楼地面

现浇水磨石楼地面多采用双层构造,如图13-6所示。施工时,底层应先用10～15mm厚的水泥砂浆找平,然后按设计图案用1∶1的水泥砂浆固定分隔条(如铜条、铝条或玻璃条等),最后用1∶(1.5～2.5)的水泥石渣浆抹面,其厚度为12mm,经养护一周后磨光打蜡形成。

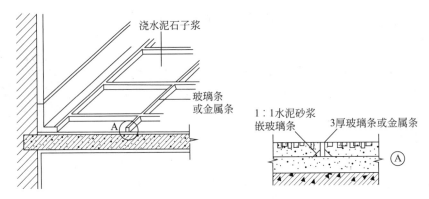

图13-6 现浇水磨石楼地面

现浇水磨石楼地面整体性好、防水、不起尘、易清洁、装饰效果好,但导热系数偏大、弹性小,适用于人群停留时间较短或需经常用水清洗的楼地面,如门厅、营业厅、厨房、盥洗室等。

2. 块材楼地面

块材楼地面是用胶结材料将块状的地面材料铺贴在结构层或找平层上的地面,如图13-7所示。有些胶结材料既起到找平作用又起到胶结作用。

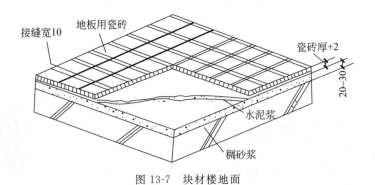

图13-7 块材楼地面

1) 砖、石地面

砖、石地面是用普通石材或烧结普通砖砌筑的地面。其砌筑方式有平砌和侧砌两种,常采用干砌法。这种地面施工简单,造价低,适用于庭院小道和要求不高的地面。

2) 水泥制品块地面

水磨石块地面、水泥砂浆砖地面、预制混凝土块地面等均属于水泥制品块地面。水泥制品块地面有两种铺砌方式：当预制块尺寸较大且较厚时，用干铺法，即在板下先干铺一层细砂或细炉渣，待校正找平后，用砂浆嵌缝；当预制块尺寸较小且较薄时，用水泥砂浆做结合层，铺好后再用水泥砂浆嵌缝。

3) 陶瓷地砖、陶瓷锦砖

陶瓷地砖又称为墙地砖，分为有釉面和无釉面、防滑及抛光等多种。其色彩丰富，抗腐耐磨，施工方便，装饰效果好。陶瓷锦砖又称为马赛克，是优质瓷土烧制的小尺寸瓷砖。

3. 人造软质楼地面

按材料不同，人造软质楼地面可分为塑料地面、橡胶地面、涂料地面和涂布地面等。人造软质楼地面施工灵活，维修保养方便，脚感舒适，有弹性，可缓解固体传声，且厚度小、自重小、柔韧、耐磨、外表美观。下面介绍几种人造软质楼地面。

1) 塑料地面

塑料地面是选用人造合成树脂（如聚氯乙烯等塑化剂）加入适量填充料，并掺入颜料，经热压而成的，其底面衬布如图 13-8 所示。塑料地面品种多样，有卷材和块材、软质和半硬质、单层和多层、单色和复色之分。常用的塑料地面有聚氯乙烯石棉地面、软质和半硬质聚氯乙烯地面。前一种可由不同色彩和形状拼成各种图案，施工时在清理基层后根据房间大小设计图案排料编号，在基层上弹线定位后，由中间向四周铺贴；后一种则是按设计弹线在塑料板底满涂胶黏剂 1～2 遍后进行铺贴。地面的铺贴方法是先将板缝切成 V 形，然后用三角形塑料焊条、电热焊枪焊接，并均匀加压 24h。

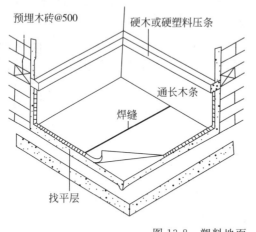

图 13-8 塑料地面

2) 橡胶地面

橡胶地面是在橡胶中掺入一些填充料制成的。橡胶地面的表面可做成光滑的或带肋的，也可制成单层的或双层的。双层橡胶地面的底层如改用海绵橡胶，其弹性会更好。橡胶地面有良好的弹性，耐磨、保温、消声性能也很好，行走舒适，适用于很多公共建筑，如阅览室、展馆和实验室。

3) 涂料地面和涂布地面

涂料地面和涂布地面的区别：前者以涂刷方法施工，涂层较薄；后者以刮涂方式施工，涂层较厚。用于地面的涂料有过氯乙烯地面涂料、苯乙烯地面涂料等，这些涂料施工方便，造价低，能提高地面的耐磨性和不透水性，故多适用于民用建筑；但涂料地面涂层较薄，不适用于人流较多的公共场所。

用于工业生产车间的地面涂料也称为工业地面涂料，一般常用环氧树脂涂料和聚氨酯涂料。这两类涂料都具有良好的耐化学品性、耐磨损和耐机械冲击性能。但是，由于水泥地面是易吸潮的多孔性材料，聚氨酯对潮湿的容忍性差，施工不慎易引起层间剥离、针孔等弊病，且对水泥基层的粘结力较环氧树脂涂料差。因此，当以耐磨、洁净为主要性能要求时，宜选用环氧树脂涂料；而以弹性为主要性能要求时，则宜选用聚氨酯涂料。

环氧树脂耐磨洁净地面涂料为双组分常温固化的厚膜型涂料，通常将其中的无溶剂环氧树脂涂料称为自流平涂料。环氧树脂自流平地面是一种无毒、无污染、与基层附着力强、在常温下固化形成整体的无缝地面，具有耐磨、耐刻画、耐油、耐腐蚀、抗渗且脚感舒适、便于清扫等优点，广泛用于医药、微电子、生物工程、无尘净化室等洁净度要求高的建筑工程中。

4. 木楼地面

木楼地面是一种高级楼地面，具有弹性好、不起尘、易清洁和导热系数小等特点，但是其造价较高，故应用不广。按构造方式，木楼地面可分为空铺式和实铺式两种。

1) 空铺式木楼地面

空铺式木楼地面的构造比较复杂，一般是将木楼地面进行架空铺设，使板下有足够的空间，以便于通风，保持干燥。空铺式木楼地面耗费木材量较多，造价较高，故多不采用，主要用于要求环境干燥且对楼地面有较高弹性要求的房间。

2) 实铺式木楼地面

实铺式木楼地面有铺钉式和粘贴式两种做法。当在地坪层上采用实铺式木楼地面时，必须在混凝土垫层上设防潮层。

实铺式木楼地面的构造

(1) 铺钉式木楼地面：在混凝土垫层或楼板上固定小断面的木搁栅，木搁栅的断面尺寸一般为50mm×50mm或50mm×70mm，其间距为400~500mm，然后在木搁栅上铺钉木板材。木板材可采用单层和双层做法，铺钉式拼花木楼地面的构造如图13-9(a)所示。

(2) 粘贴式木楼地面是在混凝土垫层或楼板上先用厚度为20mm的水泥砂浆找平，干燥后用专用胶黏剂粘结木板材，其构造如图13-9(b)所示。由于省去了搁栅，因此粘贴式木楼地面比铺钉式木楼地面节约木材，且施工简便、造价低，故应用广泛。

3) 复合木地板楼地面

复合木地板一般由4层复合而成。第1层为透明人造金刚砂的超强耐磨层；第2层为木纹装饰纸层；第3层为高密度纤维板的基材层；第4层为防水平衡层，复合木地板精度高，特别耐磨，阻燃性、耐污性好，在保温、隔热及观感方面可与实木地板媲美。

复合木地板的规格一般为8mm×190mm×1200mm，一般采用悬浮铺设，即在较平整的基层(在1m的距离内高差不应超过3mm)上先铺设一层聚乙烯薄膜作防潮层。铺设时，

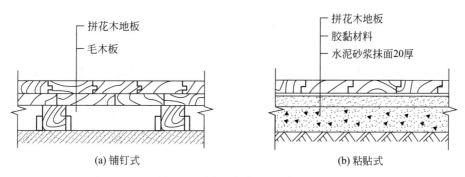

图 13-9 拼花木楼地面的构造

复合木地板四周的棒槽用专用的防水胶密封,以防止地面水向下浸入。

13.2.2 楼地面设计要求

1. 保护楼板或地坪

保护楼板或地坪是楼地面饰面应满足的基本要求。建筑结构的使用寿命与使用条件及使用环境有很大的关系,楼地面的饰面层在一定程度上缓解了外力对结构构件的直接作用,起到一种保护作用。它可以起到耐磨、防碰撞破坏,以及防止水渗透而引起楼板内钢筋锈蚀等作用,这样就保护了结构构件,尤其是材料强度较低或材料耐久性较差的结构构件,从而提高结构构件的使用寿命。

2. 满足正常使用要求

房屋的楼面和地面因房间的功能不同而有不同的要求,除一般要求坚固、耐磨、平整、不易起灰和易于清洁等以外,对于某些房间,还需要考虑其他使用要求。例如,对于起居室和人们长时间停留的房间,要求面层具有较好的蓄热性和弹性;对于厨房和卫生间等,则要求耐火和耐水等。因此,必须根据建筑的要求考虑以下功能。

1) 隔声要求

隔声包括隔绝空气传声和撞击声两个方面,其中后者更为重要。当楼地面的质量较大时,空气传声的隔绝效果较好,且有助于防止发生共振现象。撞击声的隔绝途径主要有两个:一是采用浮筑或弹性夹层地面;二是采用弹性地面。前一种构造施工较复杂,且效果一般;弹性地面主要是利用弹性材料作面层,做法简单,而且弹性材料的不断发展为隔绝撞击声提供了条件。

2) 吸声要求

在标准较高、室内音质控制要求严格、使用人数较多的公共建筑中,合理地选择和布置地面材料,对于有效地控制室内噪声具有积极的作用。一般来说,表面致密光滑、刚性较大的地面(如大理石地面)对于声波的反射能力较强,吸声能力极小;而各种软质地面可以起到较大的吸声作用(如化纤地毯的平均吸声系数可达到 0.55)。

3) 保温性能要求

从材料特性的角度考虑,水磨石地面、大理石地面等都属于热传导性较高的材料,而木地板、塑料地面等则属于热传导性较低的地面。从人的感受角度考虑,要注意人们会以某种地面材料的导热性能的认识来评价整个建筑空间的保温特性。因此,对于地面做法保温性能的要求,宜结合材料的导热性能、暖气负载与冷气负载的相对份额大小、人的感受及人在这一空间活动的特性等因素加以综合考虑。例如,起居室、卧室等采用水磨石、缸砖、锦砖等作为地面材料时,因这些材料在冬季容易传导人们足部的热量而使人感到不舒服。即使在采暖或空调建筑中,为保证楼地面的温度与该房间的温度相差不超过规定数值,也应在楼地面垫层中设置保温材料,以减少能量损失。

4) 弹性要求

当一个不太大的力作用于一个刚性较大的物体,如混凝土楼板时,此时楼板将作用于它上面的力全部反作用于施加这个力的物体之上;与此相反,当作用于一个有弹性的物体,如橡胶板时,则反作用力要小于原来所施加的力。这是因为弹性材料的变形具有吸收冲击能量的性能,冲力很大的物体接触到弹性物体后,其所受到的反冲力比原来的力要小得多。因此,人在具有一定弹性的地面上行走时感觉比较舒适。对一些装饰标准较高的建筑室内地面,应尽可能地采用具有一定弹性的材料作为地面的装饰面层。

5) 装饰方面的要求

楼地面的装饰是整个工程的重要组成部分,对整个室内的装饰效果有很大影响,其与顶棚共同构成了室内空间的上下水平要素。楼地面的装饰与空间的实用机能也有紧密的联系,如室内行走路线的标志具有视觉诱导功能。楼地面的图案与色彩设计对烘托室内环境气氛具有一定的作用。楼地面饰面材料的质感可与环境构成统一对比的关系,如环境要素中质感的主基调是精细的,楼地面饰面材料如选择较粗犷的质感,则可产生鲜明的对比。

6) 防火要求

为了防火安全,作为承重的构件,应满足建筑防火规范对楼面材料燃烧性能与耐火极限的要求。其中,钢筋混凝土是理想的耐火材料。对烟囱及暖炉等接触处,应用耐火材料隔离。对于压型钢板、钢梁等钢结构构件,因钢构件的耐火性能低,火灾时会丧失强度而发生倒塌,所以这些构件表面必须有防火措施(如外包混凝土或涂刷防火涂料),以满足防火规范耐火极限的要求。

7) 防水要求

用水较多的房间,如卫生间、盥洗室、浴室、实验室等需满足防水要求,选用密实不透水的材料,适当作排水坡,并设置地漏。对有水房间的地面还应设置防水层。

13.2.3 楼地面的构造

1. 楼地面的防潮

楼地面是直接与土壤接触的部分,土壤中的潮气易浸湿地面。因此,为了有效防止室内受潮,避免楼地面结构层受潮而破坏,必须对楼地面进行防潮处理。一般在楼地面垫层中采用一层60mm厚的C15素混凝土,也可再附加一层防水层,如图13-10所示。

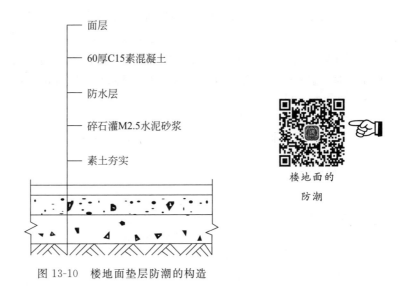

图 13-10 楼地面垫层防潮的构造

2. 楼地面的保温

楼地面应满足一定的保温要求,有利于建筑节能。楼地面的保温做法一般有以下两种。

(1) 在楼盖上做保温层,保温材料常用高密度聚苯板、轻骨料混凝土、膨胀珍珠岩制品等,如图 13-11(a)所示。

(2) 在楼盖下做保温层,可将保温层与楼盖浇筑在一起,然后抹灰,如图 13-11(b)所示。

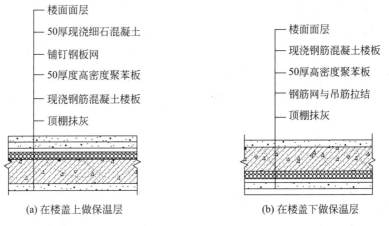

(a) 在楼盖上做保温层　　　　　　(b) 在楼盖下做保温层

图 13-11　楼地面的保温

13.2.4　楼地面的细部构造

1. 楼地面的排水与防水

为使楼地面排水畅通,需将楼地面设置一定的坡度,一般为 1‰～1.5‰,并在最低处设置地漏。为防止积水外溢,用水房间的地面应比相邻房间或走道的地面低 20～30mm,或在门口做 20～30mm 高的挡水门槛。

对于建筑物中的厕所、厨房、卫生间等，由于较易积水，处理不当容易发生渗水，对防水要求较高，一般在垫层或结构层与面层之间设防水层。为防止房间四周墙体受潮，将防水层沿四周墙体增高150mm，且在墙体四周设素混凝土翻边，门口处增加300mm宽，如图13-12所示。对于普通防水的楼地面，采用C15细石混凝土，从四周向地漏处找坡0.5%～1%（最薄处不小于30mm）。

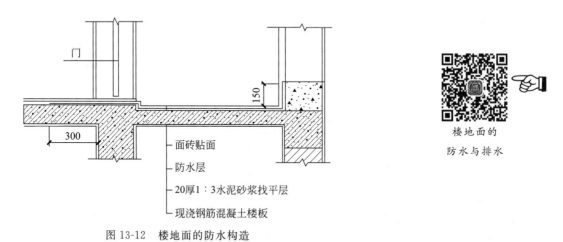

图 13-12　楼地面的防水构造

在楼地面防水的众多方案之中，现浇楼板是楼地面防水的最佳选择，面层也应选择防水性能较好的材料。对防水要求较高的房间，还需在结构层与面层之间增设一道防水层，常用材料有防水砂浆、防水涂料、防水卷材等。同时，将防水层沿四周墙身上升150～200mm，如图13-13所示。

当有竖向设备管道穿越楼板层时，应在管线周围做好防水密封处理。一般是在管道周围用C20干硬性细石混凝土密实填充，再用二布二油橡胶酸性沥青防水涂料做密封处理。热力管道穿越楼板时，应在穿越处埋设套管（管径比热力管道大），套管高出地面约30mm，如图13-13所示。

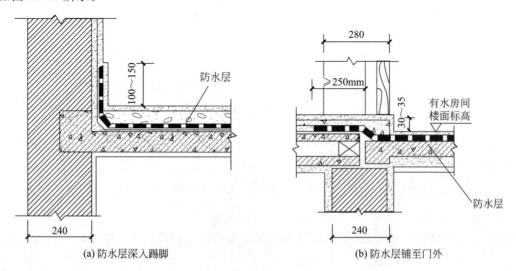

图 13-13　楼地面的防水与排水

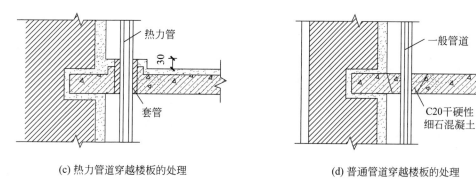

(c) 热力管道穿越楼板的处理　　　(d) 普通管道穿越楼板的处理

图　13-13(续)

2. 踢脚

踢脚是指楼地面与墙面交接处的构造。其作用不仅可以遮盖地面与墙面的接缝,增加室内美观度,同时也可以保护墙面根部及保持墙面清洁。踢脚所用材料种类很多,一般与地面材料相同,如水泥砂浆地面用水泥砂浆踢脚、石材地面用石材踢脚等。虽不是硬性规定,但实践经验证明这是保证设计效果的较为稳妥的方法。踢脚的高度一般为100～150mm。

踢脚按构造形式分为3种:与墙面相平、凸出和凹进。踢脚按材料和施工方式分为粉刷类和铺贴类两种。

粉刷类地面的踢脚做法与地面做法相同。当采用与墙面相平的构造方式时,为了与上部墙面区分,常做成凹缝,凹缝宽度为10mm左右,如图13-14所示。

踢脚

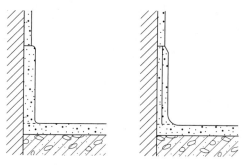

图 13-14　粉刷类踢脚的构造

3. 墙裙

墙裙又名台度、护壁,系位于室内墙面或柱面的下部,借以保护墙面、柱面免受污损,并起装饰作用的装修部分。墙裙常用水泥砂浆、水磨石、瓷砖、大理石、木材、塑料贴纸或油漆等材料做成,一般高度为1.0～1.8m。

墙裙根据材质不同分为很多种类,一般房间采用油漆和涂料或者木制墙裙,在浴室、厨房等容易受潮、被污染的房间一般采用水泥砂浆、水磨石、面砖做墙裙。墙裙的构造如图13-15所示。

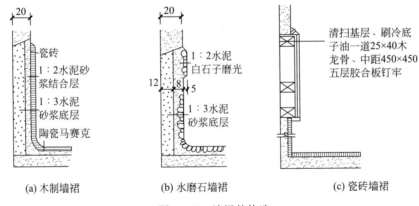

图 13-15 墙裙的构造

4. 楼地面的隔声

为避免上下楼层之间互相干扰,楼地面必须满足一定的隔声要求。对隔声的处理措施通常有以下几种,如图 13-16 所示。

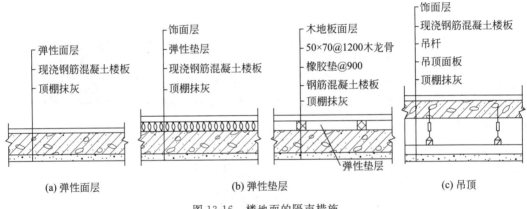

图 13-16 楼地面的隔声措施

（1）采用弹性面层：在面层上铺设弹性材料,如地毯等。

（2）采用弹性垫层：在楼板结构层与面层之间铺设弹性垫层材料,如软木板、矿棉毡等。

（3）设吊顶：在楼面下做吊顶,利用隔绝空气的措施阻止声音传播。

13.3　顶棚装饰构造

顶棚是楼板层下面的装修层,又称作天花板,顶棚是构成建筑室内空间三大界面的顶界面,在室内空间中占据十分显要的位置。顶棚装饰工程是建筑装饰工程的重要组成部分。顶棚材料的选择与构造设计应从建筑功能、建筑声学、建筑照明、建筑热工、设备安装、管线敷设、维护检修和防火安全等多方面综合考虑。

13.3.1 顶棚的作用

由于建筑具有物质和精神的双重性功能,因此顶棚兼有满足使用功能的要求和满足人们在生理、心理等方面的精神需求的作用。

1. 改善室内环境,满足使用功能要求

顶棚的处理不仅要考虑室内的装饰效果、艺术风格的要求,而且要考虑室内使用功能对建筑技术的要求。顶棚所具有的照明、通风、保温、隔热、吸声或声音反射、防火等技术性能直接影响室内的环境与使用效果,如剧场的顶棚要综合考虑光学、声学设计方面的诸多问题,才能保证其正常使用。

2. 装饰室内空间

顶棚是室内装饰的一个重要组成部分,不同功能的建筑和建筑空间对顶棚装饰的要求不尽一致,装饰构造的处理手法也有区别。顶棚选用不同的处理方法,可以取得不同的空间感觉。有的可以延伸和扩大空间感,对人的视觉起导向作用;有的可使人感到亲切、温暖、舒适,以满足人们的生理和心理需要。因此,顶棚的装饰处理对室内景观的完整统一及装饰效果有很大影响。

13.3.2 顶棚的分类

(1) 顶棚按顶棚外观的不同,可分为平滑式顶棚、井格式顶棚、悬浮式顶棚、分层式顶棚等,如图13-17所示。

① 平滑式顶棚。平滑式顶棚的特点是将整个顶棚呈现为平直或弯曲的连续体,常用于室内面积较小、层高较低或有较高的清洁卫生和光线反射要求的房间,如起居室、手术室、教室、浴室和卫生间等。

② 井格式顶棚。井格式顶棚根据或模仿结构上主、次梁或"井"字梁交叉布置的规律,将顶棚划分为格子状。这类顶棚既可直接在梁上做简单的饰面处理,结合灯具等设备的布置做成外观简洁的井格,也可仿古建筑藻井天花,结合传统彩画处理,做成外观富丽堂皇的井格。此类顶棚常用于大宴会厅、休息厅等场所。

③ 悬浮式顶棚。悬浮式顶棚的特点是把杆件、板材、薄片或各种形状的预制块体(如船形、锥形、箱形等)悬挂在结构层或平滑式顶棚下,形成格栅状、井格状、自由状或有韵律感、节奏感的悬浮式顶棚。有的顶棚上部的天然光或照明灯光通过悬挂件的漫反射或光影交错,使室内照度均匀、柔和,富有变化,并具有良好的深度感;有的顶棚通过高低不同的悬挂件对声音的反射与吸收,使室内声场分布达到理想的要求。悬浮式顶棚适用于大厅式房间(如影剧院、歌舞厅等)。

④ 分层式顶棚。分层式顶棚的特点是在同一室内空间,根据使用要求,将局部顶棚降低或升高,构成不同形状、不同层次的小空间,并且可以利用错层布置灯槽、送风口等设施,还可以结合声、光、电、空调的要求,形成不同高度、不同反射角度各种效果。这种顶棚适用于中型或大型室内空间,如活动室、会堂、餐厅、舞厅、多功能厅、体育馆等。

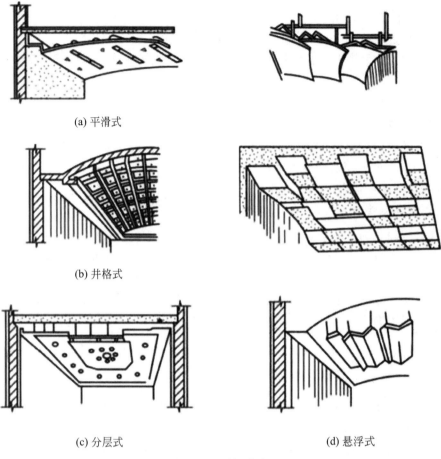

图 13-17 顶棚形式

（2）顶棚按施工方法的不同，可分为抹灰刷浆类顶棚、裱糊类顶棚、贴面类顶棚、装配式板材顶棚等。

（3）顶棚按装修表面与结构基层关系的不同，可分为直接式顶棚、悬吊式顶棚。

（4）顶棚按结构层（或构造层）显露状况的不同，可分为开敞式顶棚、隐蔽式顶棚等。

（5）顶棚按饰面材料与龙骨关系的不同，可分为活动装配式顶棚、固定式顶棚等。

（6）顶棚按装饰表面材料的不同，可分为木质顶棚、石膏板顶棚、金属板顶棚、玻璃镜面顶棚等。

（7）顶棚按承受荷载能力大小的不同，可分为上人顶棚和不上人顶棚。

13.3.3 顶棚的构造

1. 直接式顶棚

直接式顶棚包括直接喷刷涂料顶棚、直接抹灰顶棚及直接贴面顶棚 3 种。

（1）直接喷刷涂料顶棚：当要求不高或楼板底面平整时，可在板底嵌缝后喷（刷）石灰浆或涂料二道。

（2）直接抹灰顶棚：对板底不够平整或要求稍高的房间，可采用板底抹灰，一般在灰板条、钢板网上抹掺有纸筋、麻刀、石棉或人造纤维的灰浆。直接抹灰顶棚容易出现龟裂，甚至成块破损脱落，适用于小面积吊顶棚。

（3）直接贴面顶棚：对某些装修标准较高或有保温吸声要求的房间，可在板底直接粘贴装饰吸声板、石膏板、塑胶板等。

2. 吊顶

吊顶按设置位置的不同分为屋架下吊顶和混凝土楼板下吊顶，按基层材料的不同分为木骨架吊顶和金属骨架吊顶。

吊顶一般由基层和面层两大部分组成，如图 13-18 所示。

吊顶

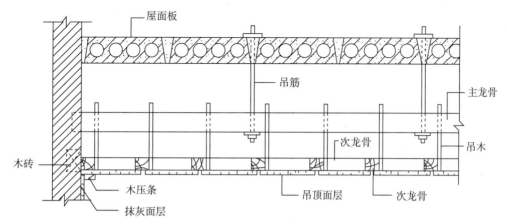

图 13-18 木基层吊顶的构造组成

1）基层

基层主要用来固定面板。基层承受吊顶的荷载，并通过吊筋传给屋顶或楼板承重结构。基层由吊筋和龙骨组成。吊顶龙骨分为主龙骨与次龙骨，主龙骨为吊顶的承重结构，次龙骨则是吊顶的基层。

主龙骨通过吊筋或吊件固定在屋顶（或楼板）结构上，次龙骨用同样的方法固定在主龙骨上。龙骨可用木材、轻钢、铝合金等材料制作，其断面大小视其材料品种、是否上人（吊顶承受人的荷载）和面层构造做法等因素而定。主龙骨断面比次龙骨大，间距通常为 1m 左右。悬吊主龙骨的吊筋为 $\phi 8 \sim \phi 10$ 钢筋，间距也是 1m 左右。次龙骨间距视面层材料而定，间距不宜太大，一般为 300～500mm；刚度大的面层不易翘曲变形，可允许扩大至 600mm。

2）面层

面层分为抹灰面层和板材面层两大类。抹灰面层为湿作业施工，费工费时；采用板材面层既可加快施工速度，又容易保证施工质量。吊顶面层板材的类型很多，一般可分为植物型板材（如胶合板、纤维板、木工板等）、矿物型板材（如石膏板、矿棉板等）、金属板材（如铝合金板、金属微孔吸声板等）等几种。

参 考 文 献

[1] 陈乔. 建筑识图与构造[M]. 上海:上海交通大学出版社,2015.
[2] 魏松,刘涛. 房屋建筑构造[M]. 北京:清华大学出版社,2021.
[3] 李睿璞. 建筑识图[M]. 北京:清华大学出版社,2020.
[4] 刘尊明. 建筑识图与构造[M]. 哈尔滨:哈尔滨工业大学出版社,2012.
[5] 焦欣欣,高琨,肖霞. 建筑识图与构造[M]. 北京:北京理工大学出版社,2018.